Alba-Modellbahn-Praxis

10

MODELLBAHN DIGITAL FAHREN

Fahren, schalten und melden mit digitalen Mehrzugsteuerungen – ein Vergleich der Startsysteme und ihrer Ausbaumöglichkeiten

von Werner Kraus

mit 42 Tabellen, 50 Zeichnungen und 54 Fotos

alba

Bildnachweis

Zeichnungen Seite 23 und 24	*Alba Publikation, Düsseldorf*
Alle anderen Zeichnungen	*Werner Kraus*
Abbildung Seite 18 oben	*Fa. Märklin, Göppingen*
Abbildung Seite 18 unten	*Fa. Trix, Nürnberg*
Abbildung Seite 72	*Alba Publikation, Düsseldorf*
Alle anderen Abbildungen	*Werner Kraus*

CIP-Kurztitelaufnahme der Deutschen Bibliothek

Kraus, Werner:
Modellbahn digital fahren : fahren, schalten und melden mit digitalen Mehrzugsteuerungen – ein Vergleich der Startsysteme und ihrer Ausbaumöglichkeiten ; mit 42 Tabellen / von Werner Kraus. - 3., unveränd. Aufl. - Düsseldorf : Alba, 1999
(Alba-Modellbahn-Praxis ; 10)
ISBN 3-87094-584-2

1. Auflage November 1997
2. unveränderte Auflage September 1999

Erschienen Oktober 1999

Titelfoto Egon Pempelforth

Herstellung L. N. Schaffrath, Geldern

ISBN 3-87094-584-2

Inhalt

Glossar

Analog-Lok, Triebfahrzeug mit konventioneller bzw. herkömmlicher Technik:

Modellbahnloks bzw Triebfahrzeuge aller Baugrößen, die sich mit einem Gleichstromfahrpult oder einem Wechselstromfahrpult (sog. Modellbahntrafo) hinsichtlich Fahrtrichtungswahl und Geschwindigkeit steuern lassen. Sie sind mit üblicher Fahrzeugtechnik ausgestattet, also Gleichstromloks mit Permanentmagnetmotoren und Wechselstromloks mit Reihenschlußmotoren (Allstrommotoren, Feldspule) und mechanischem Fahrtrichtungsrelais.

Analog-Stromkreis:

Stromkreis, in dem üblicherweise Analog-Loks (Gleichstrom- oder Wechselstromfahrzeuge) verkehren und mit einem Gleich- oder Wechselstromfahrpult gesteuert werden. Bei Gleichstrombahnen geschieht die Stromzufuhr zwischen Fahrpult und Fahrzeug über Zweileiter-Zweischienen-Gleise, bei Wechselstrombahnen über Zweileiter-Dreischienen-Gleise (symmetrischer Aufbau mit Mittelleiter in Form von Punktkontakten, beide Schienen als „Rückleiter").

Lok-Decoder, Lokempfänger:

In jeder Digital-Lok eingebaute Baugruppe (Empfänger), die aus der am Gleis anliegenden Spannung und aus einer Vielzahl unterschiedlicher Informationen (Daten), die für diese Lok bestimmte Nachrichten (Lokadresse, Fahrtrichtung, Geschwindigkeit, usw.) selbsttätig herausfiltert und in elektrische Signale umformt, welche den Motor in der gewünschten Drehrichtung (Fahrtrichtung) und mit der gewünschten Drehzahl (Geschwindigkeit) betreiben.

Digital-Lok:

Elektromechanische Antriebstechnik wie bei Analog-Loks, zusätzlich sind den Motoren bei Gleichstrom-Loks sog. Lok-Decoder vorgeschaltet. Bei Wechselstrom-Loks sind den Motoren ebenfalls sog. Lok-Decoder vorgeschaltet; sie ersetzen hier jedoch gleichzeitig das ansonsten bei Wechselstromfahrzeugen notwendige Fahrtrichtungsrelais.

Digital-Stromkreis:

Aus einer Zentraleinheit (Digital-Zentrale mit Fahrzeugsteuerung) mit Fahrspannung und Informationen (z.B. Daten wie Fahrtrichtung, Geschwindigkeit) versorgter Stromkreis, in dem üblicherweise Digital-Loks verkehren, deren Lok-Decoder (Empfänger) die jeweils für sie bestimmten Daten auswerten und in gewünschte Befehle für den Lok-Motor umformen.

Lastabhängige Geschwindigkeitsregelung, Motordrehzahlregelung:

Verfahren welches das lastabhängige Verhalten von Modellbahnmotoren (nahezu) egalisiert, also vom Bediener nicht gewünschte Geschwindigkeitsänderungen (wie Zunahme der Geschwindigkeit in Gefälleabschnitten) vermeiden hilft. Verfahren hat ursächlich mit Digitalsteuerungen nichts zu tun, erforderliche Schaltungen lassen sich jedoch gut in Lok-Decoder integrieren.

Vorwort

Lokomotive, Wagen und Schienen sollen angeschafft werden und „gezwungenermaßen" muß dazu auch noch ein „Modellbahntrafo" gekauft werden – sonst fährt ja nichts ...

Zur Wahl der Fahrtrichtung und zur Steuerung der Geschwindigkeit ist ein Modellbahntrafo unverzichtbar. Gleichwohl wird er von vielen Einsteigern eher als eine lästige Notwendigkeit, denn als Teil des Modellbahnvergnügens selbst empfunden.

Das Gefühl am „Führerstand des Lokführers" zu sitzen kommt tatsächlich bei kaum einem der angebotenen Einsteiger-Trafos auf. Dennoch sind solche Einfachst-Ausführungen fester Bestandteil fast jeder Modellbahn-Startpackung – also gerade jener Produkte, die das Modellbahnhobby schmackhaft machen sollen. Eine ganze Reihe von Faktoren tragen zu diesem Negativimage bei. Wo liegen die Ursachen? Stellen Digital-Einsteiger-Fahrpulte eine empfehlenswerte Alternative dar?

Nun bleibt es häufig nicht bei der Anfangspackung mit einem Gleisoval und einem Zug – weitere Züge folgen und mit denen will man schließlich auch rangieren und fahren. Zwangsläufig steht man vor der Frage: womit steuere ich den zweiten Zug? Und wie kann mein Freund mitspielen? Welche Möglichkeiten bieten Digitalsteuerungen im Vergleich zu konventioneller Technik beim Ausbau? Mit welchen Kosten ist zu rechnen?

Zweck dieses Buches ist es, insbesondere auch dem Hobby-Einsteiger Wege für einen abwechslungsreichen Fahrbetrieb aufzuzeigen. Schwerpunkt bilden die Möglichkeiten der neuen, mit Digitaltechnik ausgerüsteten Einsteiger-Fahrpulte einschließlich ihrer Erweiterungsmöglichkeiten.

Zur Veranschaulichung wird anhand zahlreicher, konkreter Fallbeispiele der direkte Vergleich zwischen herkömmlicher Analogtechnik und zukunftsorientierter Digitaltechnik angestellt. So werden die Vorzüge des jeweiligen Steuerungsverfahrens leicht verständlich.

Anschließend folgt eine ausführliche Beschreibung einzelner Geräte verschiedener Hersteller. So wird der Leser in die Lage versetzt, eine seinen Vorstellungen und Erwartungen entsprechende Wahl zu treffen, damit die Freude am Betrieb der Modellbahn möglichst lange währt.

Die Modellbahntechnik unterliegt gerade auf dem Sektor der Digitalsteuerungen einem vergleichsweise schnellen Wandel – dennoch hat die nun vorliegende zweite Auflage dieses AMP-Bandes nichts an Aktualität eingebüßt.

Was hat sich seit der ersten Auflage im Oktober 1997 geändert? Mittlerweile liegen detailliertere Erkenntnisse über den inzwischen erhältlichen Arnold Commander 9 vor, die im Bedarfsfall in der Fachzeitschrift *eisenbahn magazin* (Alba Publikation), Heft 9/98, nachzulesen sind. Die Fa. Lenz Elektronik hat mit dem Digital Plus Set 02 eine zweite, preiswertere Alternative für Digitaleinsteiger geschaffen. Die Preise sind leider nicht stabil geblieben. Von einer Aktualisierung wurde dennoch abgesehen, da die Relation zwischen den verschiedenen Produkten etwa gleich geblieben ist und auch die jeweiligen Absolutwerte außerordentlich stark streuen – hier hilft nur das konkrete Angebotsstudium in Fachzeitschriften und bei Fachhändlern.

Und noch etwas gilt es zu erwähnen: Im Herbst 1999 erscheint als konsequente Fortsetzung des vorliegenden Buches der völlig neue AMP-Band 11 *Modellbahn – Digital-Profi*.

Was unverändert gilt, ist die Empfehlung, die in den AMP-Bänden vermittelten Kenntnisse durch die in den Fachzeitschriften *eisenbahn magazin* und *N-Bahn-Magazin* (beides ALBA Publikationen) erscheinenden Testberichte „auf dem Laufenden" zu halten.

Werner Kraus

1 Grundsätzliches

Die Unterschiede zwischen herkömmlichen Modellbahnsteuerungen und modernen Digitalsteuerungen werden anhand vergleichender Beispiele beim Aufbau, bei der Bedienung und beim Betrieb einer Modellbahnanlage dargestellt. Weitere Themenschwerpunkte bilden die von den jeweiligen Systemen gebotenen Fahreigenschaften und die Erläuterung der Chancen und Grenzen eines freizügigen Digitalbetriebes.

Analog- und Digitaltechnik

Analoge Fahrzeugsteuerung

Unter technischen Gesichtspunkten kann man den Betrieb mit den bekannten Fahrpulten als analog, konventionell oder herkömmlich bezeichnen.

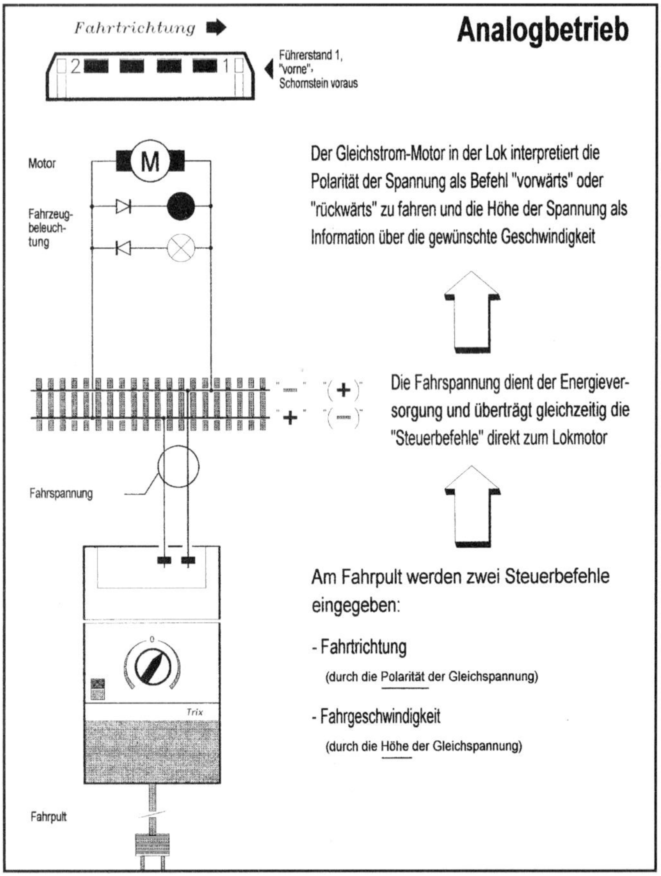

Merkmal dieser Technik ist es, über zwei Leitungen immer nur eine Lokomotive (fern)steuern zu können. Bei Gleichstrom-Fahrpulten liegt die Information über die Fahrtrichtung in der Polarität der Gleichspannung und die Information über die gewünschte Geschwindigkeit in der Höhe der Spannung. Der Fahrzeugmotor bestimmt die Fahrtrichtung über die Drehrichtung (Polarität der Gleichspannung) und die Fahrzeuggeschwindigkeit über seine Drehzahl (die mit zunehmender Spannung steigt).

Stellt man eine zweite Lok auf die Schienen, so verhält sie sich gleichartig. Weder ihre Fahrtrichtung, noch ihre Geschwindigkeit kann unabhängig von der ersten beeinflußt werden.

Loks mit dieser herkömmlichen, also konventionellen Technik werden im folgenden „Analog-Lok" genannt.

Alternativen zu den altbekannten Trafos gibt es sehr wohl, nämlich Einsteiger-Fahrpulte mit Digitaltechnik. Sie arbeiten mit nur zwei Leitungen. Fahrtrichtungs- und Geschwindigkeitsinformation werden hier durch eine dritte ergänzt. Dabei handelt es sich um eine Verschlüsselung, einen Code, den nur ein auf diesen Code eingestellter Decoder (Empfänger) decodieren, also entschlüsseln kann. Zudem werden diese Informationen digitalisiert, hintereinander (seriell) über die beiden Drähte übertragen und ständig wiederholt.

Die Codierung befindet sich für alle Fahrzeuge im Fahr-Gerät, die Decodierung in jeder einzelnen Lokomotive. Die lokbezogenen Informationen (Fahrtrichtung, Geschwindigkeit) werden im Fahr-Gerät mit einer Adresse verknüpft und ausschließlich eine auf diese Adresse eingestellte Lok kann die Informationen empfangen, auswerten und ausführen. Dazu benötigt jede Lok einen sog. Lok-Decoder. Solchermaßen ausgestattete Triebfahrzeuge bezeichnet man als „Digital-Loks“.

Mit der Digitaltechnik kann eine Vielzahl von Fahrzeugen individuell mit verschiedenen Fahrtrichtungen und unterschiedlichen Geschwindigkeiten über lediglich zwei Drähte – also praktisch ohne Verdrahtungsaufwand – gesteuert werden. Zusätzlich lassen sich Funktionen wie Licht, akustische Signale, Fahrzeugkupplungen u.ä.m. fernsteuern.

Der übliche Modellbahn-Start

Der Einstieg in das Eisenbahnhobby erfolgt zumeist über preiswerte Startsets. Trafo, Lok mit Wagen und ein Gleisoval sind in der Regel Bestandteile einer Anfangspackung.

Aber was kann man damit anfangen? Einen Zug mehr oder weniger schnell im Kreis herum fahren lassen und hinterhergucken... Oft hält das Interesse an einem solchen Spiel

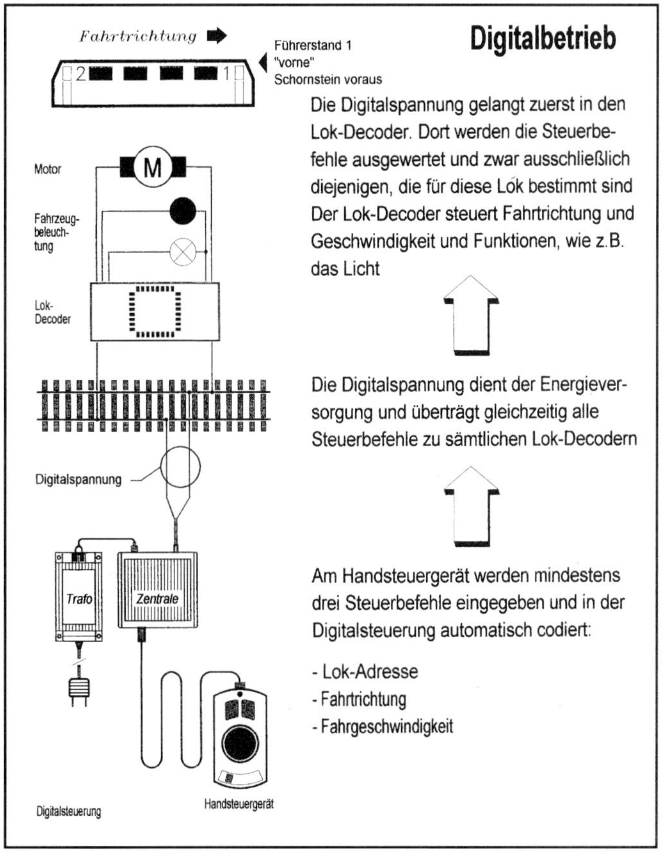

Digitale Fahrzeugsteuerung

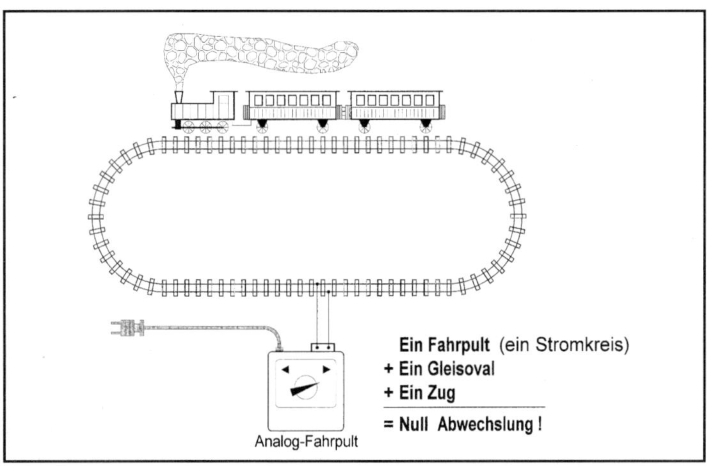

Eine aus einem Stromkreis bestehende Eisenbahnanlage mit herkömmlicher Stromversorgung durch einen Trafo. Konsequenz der Analog-Steuerung: auf der ganzen Anlage kann lediglich eine einzige Lok individuell gesteuert werden.

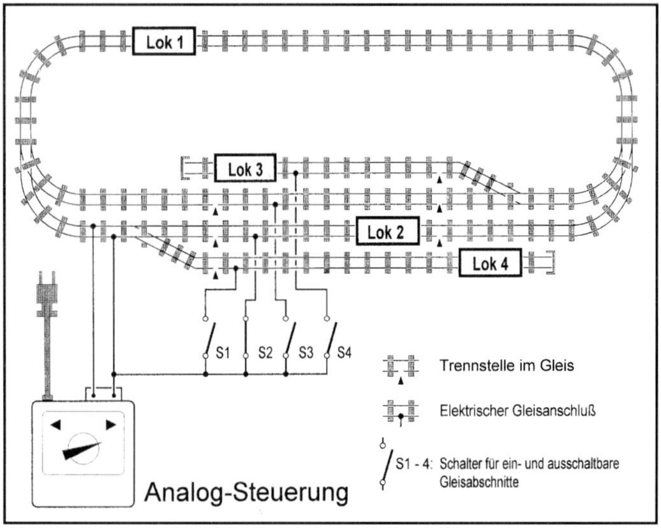

Eine analog gesteuerte, in Stromkreise aufgeteilte Eisenbahnanlage bietet etwas vielfältigere Betriebsmöglichkeiten – aber schon die ersten Ausbaumaßnahmen erfordern Verdrahtungsaufwand

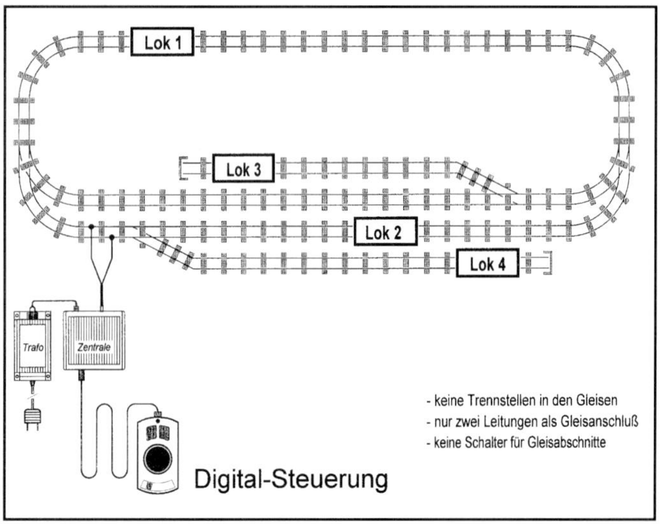

Anders bei einer digital gesteuerten Anlage: keine Verdrahtung, keine Schalter, keine Trennstellen in den Gleisen und trotzdem sind alle Züge unabhängig voneinander steuerbar.

nicht lange an. Abwechslung – insbesondere kurzweiliger Betrieb – ist gefragt. Meist mangelt es aber gerade daran.

Dynamik – die Eigenschaft der Eisenbahn schlechthin – fasziniert uns:

- Bewegung,
- Masse,
- optische (Licht) und akustische Reize (Geräusche, Signale),
- abwechslungsreiche Rangiermanöver (mit ferngesteuerten Fahrzeugkupplungen) und
- viel Betrieb mit mehreren Zügen.

Erweiterung – Verdrahtungsaufwand inclusive!

Für Abwechslung sorgt ein Entkupplungsgleis. Damit sind erste Rangiermöglichkeiten geschaffen. Der Zug hält an, die Lok wird abgekuppelt, das Triebfahrzeug fährt alleine weiter um später am anderen Ende des Zuges wieder anzukuppeln und in die entgegengesetzte Richtung zu fahren.

Meist werden jedoch sog. Erweiterungssets angeschafft. Sie enthalten in der Regel Weichen und Gleise. Damit lassen sich Abstellanlagen und Umfahrungsmöglichkeiten schaffen. Das alles klappt mit einem Trafo noch recht passabel.

Wenn aber der zweite Zug hinzukommt – weil beispielsweise das Umfahrungsgleis für Zugüberholungen oder Zugbegegnungen genutzt werden soll – beginnt der Verdrahtungsaufwand. Die beiden Züge müssen wechselweise fahren können; zumindest einer muß halten. Trennstellen einbauen, Kabel verlegen und Schalter montieren lautet die Konsequenz.

Drähte vertragen sich aber kaum mit schnell auf- und abbaubaren „Teppichboden- oder Wochenendanlagen". Wer also erweitern möchte, muß eine stationäre Anlage errichten, will er nicht jedesmal von neuem Strippen verlegen.

Weitere Trafos lautet eine zwangsläufige Folge der Anlagenerweiterung. Damit einher geht die Notwendigkeit zur Aufteilung der Gleisanlage in mehrere Stromkreise – also Verdrahtungsaufwand. Viele – insbesondere Einsteiger – empfinden das als kompliziert, als einen modellbahntypischen Nachteil, der eher von weiteren Schritten abhält, als die Neigung für dieses Hobby zu fördern.

Wie sieht das Ergebnis der Erweiterung aus? Die wenig ermutigende Antwort am Beispiel einer aus nur vier Stromkreisen aufgebauten Anlage: Zwar können jetzt bis zu vier Züge verkehren, aber jeder ausschließlich innerhalb der durch die starren Stromkreistrennstellen gesetzten Grenzen. Mit individueller, lokbezogener oder gar unabhängiger und trotzdem gleichzeitiger Steuerung mehrerer Züge hat eine solche Betriebsweise nichts zu tun!

Begrenzte Rangiermöglichkeiten bei Analogbetrieb

Das abstellen mehrerer Loks im Stumpfgleis eines Bahnbetriebswerkes setzt den Einbau von Trennstellen, das verlegen von Leitungen und die Montage von Schaltern voraus. Selbst bei diesem Schaltungsaufwand lassen sich die Loks nicht wie beim Vorbild direkt hintereinander, sondern lediglich innerhalb der jeweiligen, durch Trennstellen markierten Grenzen abstellen. Verhindert wird das durch den Umstand, daß die Länge der jeweils stromlos schaltbaren Abschnitte der längsten, abzustellenden Lok entsprechen muß. Dadurch ergeben sich teils beträchtliche, vorbildwidrig wirkende Abstände zwischen den einzelnen Loks. Andernfalls ließen sich die Fahrzeuge immer nur in derselben Reihenfolge abstellen.

Wenn nun eine Lok aus dem Bahnbetriebswerk in den Bahnhof zu den für sie bereit gestellten Wagen fahren soll, funktioniert auch das nur, wenn sich im Bahnhof keine andere Lok befindet, oder entsprechender Verdrahtungsaufwand betrieben wird. Dagegen funktionieren solche Rangiermanöver mit einer Digitalsteuerung ohne Verdrahtungsaufwand.

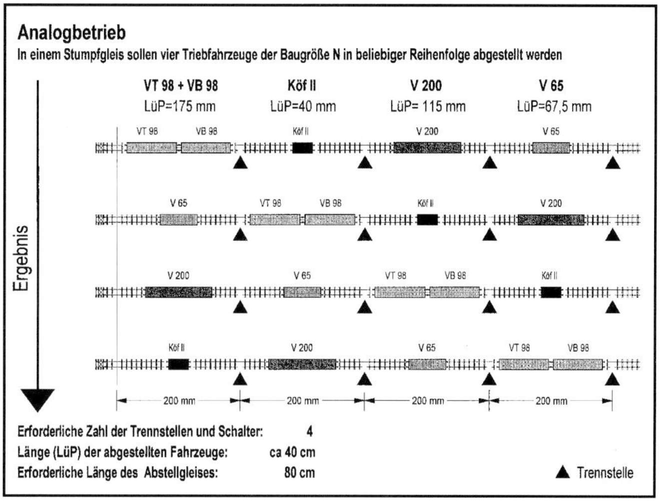

Beim Abstellen mehrerer Loks hintereinander muß sich bei Analogbetrieb die Länge jedes schaltbaren Gleisabschnittes am längsten, vorhandenen Triebfahrzeug orientieren. Ferner entsteht ein nicht zu vernachlässigender Verdrahtungsaufwand.

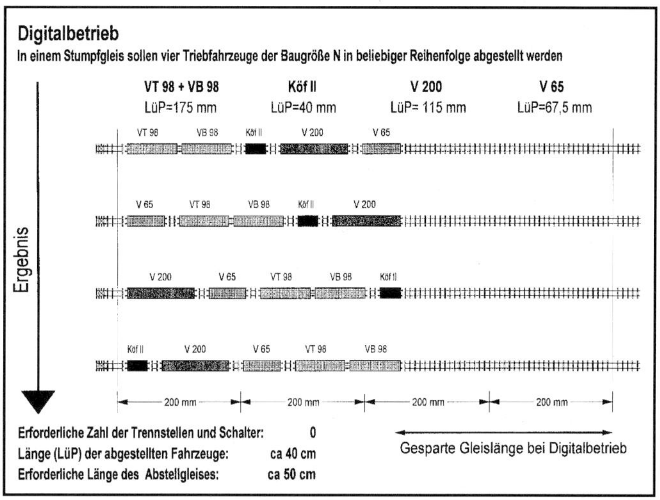

Anders bei Digitalbetrieb: hier können Lokomotiven und Triebwagen unterschiedlicher Länge und in beliebiger Reihenfolge direkt hintereinander abgestellt werden – bei Null-Verdrahtungsaufwand und in einem nur halb so langen Gleis!

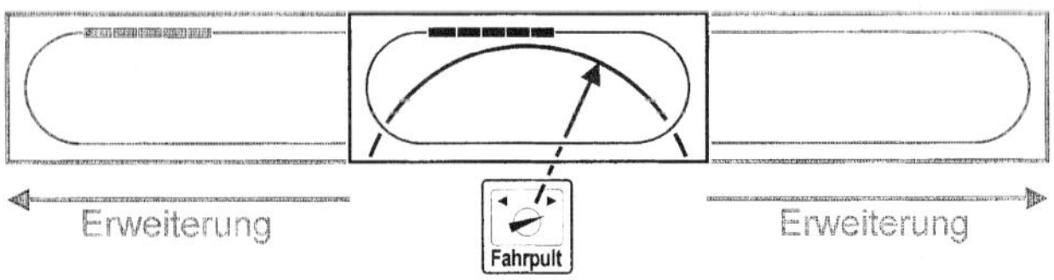

Schwere, ortsfeste Fahrpulte schränken Aktionsradius und Beobachtungsmöglichkeiten ein. Einen Zug steuern und gleichzeitig auf der Anlage von Hand einen Wagen abkuppeln funktioniert wegen der auf ca. 80 cm begrenzten Reichweite nur in einem begrenzten Bereich.

Jede Erweiterung einer Anlage verschlechtert diese Situation.

Üblicher Standard bei Analogsteuerungen: Eingeschränkter Aktionsradius durch schweres ortsfestes Fahrpult.

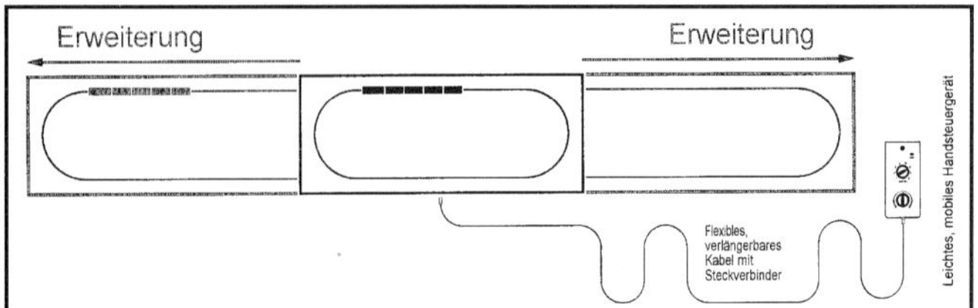

Die Alternative zu schweren, ortsfesten Fahrpulten heißt "leichtes, mobiles Handsteuergerät". Der Aktionsradius ist nahezu unbegrenzt. Man ist jederzeit auf der Höhe des Geschehens.
Anlagenerweiterungen beeinträchtigen den Aktionsradius nicht.

Viele Digitalsteuerungen sind anwenderfreundlicher; sie bieten als Alternative einen großen Aktionsradius durch leichte, mobile Handsteuergeräte.

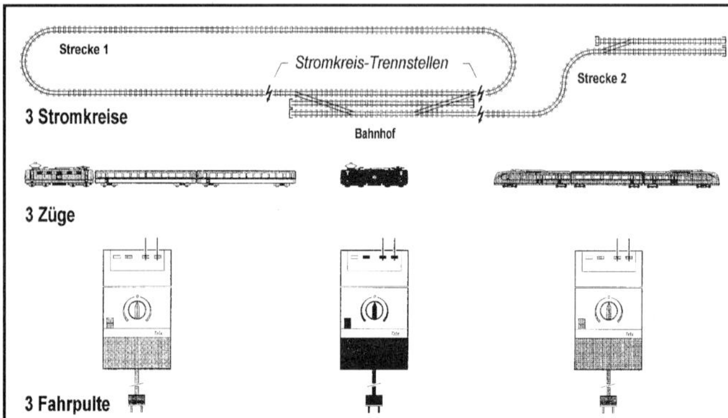

Trotz der Aufteilung der Anlage in drei Stromkreise - bei herkömmlichem Analogbetrieb kann in jedem Stromkreis immer nur ein Zug individuell gesteuert werden und dies auch nur innerhalb der jeweiligen Stromkreistrennstellen

Bei analog gesteuerten Anlagen kann selbst bei Verwendung mehrerer Trafos innerhalb jedes Stromkreises immer nur ein einziger Zug gesteuert werden.

Selbst einfache Rangiermanöver wie das beistellen eines Kurswagens an einen wartenden, mit einer Lok bespannten Zug bedingen zusätzlichen Verdrahtungsaufwand. Soll gar eine Vorspannlok („Doppeltraktion") an die erste Lok herangefahren werden, ist man mit herkömmlicher Technik fast am Ende.

Aktionsradius und Beobachtungsmöglichkeiten

Die Einschränkungen des Aktionsradius beginnen beim Netzanschlußkabel des Trafos. Die Nähe zu einer Steckdose ist notwendig. Übliche Modellbahnfahrpulte sind aufgrund des eingebauten Trafos schwer und damit ortsfest. Dadurch wird wiederum verhindert, stets auf der Höhe des gesteuerten Zuges zu sein – beispielsweise an jeder Stelle der Anlage Wagen an- und abzukuppeln, gleich den Trafo zu bedienen und wieder loszufahren. Die mit wachsenden Anlagenabmessungen zunehmende Entfernung zu den Zügen verhindert deren ständige und genaue Beobachtung – nicht nur Distanz zum detaillierten Äußeren der Modelle, sondern leider auch zu den sich bewegenden Kuppelstangen einer Dampflok. Das steht im Widerspruch zu einer alten Modellbahnerweisheit:

> Je besser ein Triebfahrzeug beobachtet werden kann, desto vorbildgetreuer wird es gesteuert und umso mehr Spaß bereitet das Modellbahnhobby. Leichte, ergonomische, mobile Bedienungseinrichtungen sind wünschenswert, die den Aktionsradius ausdehnen und nicht einengende, standortgebundene Trafos mit einem Gewicht von bis zu 1,5 kg.

Gemeinsames Spiel? – Fehlanzeige bei Analogsteuerungen!

Gemeinsames Spiel ist besonders reizvoll, wenn jeder aktiv teilnehmen kann, das heißt, seinen eigenen Zug steuern kann. Das führt zu der Philosophie: jeder Mitspieler braucht eine eigene Lok und damit ein eigenes Handsteuergerät.

Aber selbst wenn zwei Trafos und damit zwei Stromkreise vorhanden sind, kann bei herkömmlicher Technik der Bediener 1 seinen ICE an Bediener 2 nicht übergeben oder einen Güterzug von ihm übernehmen.

Ein anderer Grundgedanke: Je näher man bei der gesteuerten Lok ist, desto besser kann man sie beobachten und desto schneller kann man eingreifen (z.B. Wagen abkuppeln, Handweichen stellen).

Modellbahn-Profis werden ergänzen: je näher man bei der Lok ist, desto mehr vermag man die modellgetreue Nachbildung zu genießen, die Bewegung der Kuppelstangen zu beobachten und desto vorbildgerechter wird das Triebfahrzeug gesteuert.

Weitere Gesichtspunkte sind Anlagenabmessung und Anlagenform. Dies gilt insbesondere für den Fall, daß eine Bedienung von zwei räumlich voneinander entfernt liegenden Stellen – beispielsweise zwei betrieblichen Schwerpunkten (Bahnhöfen) einer Anlage – gewünscht wird.

Beides – Spiel im Team und Mobilität bei Bedienung/Beobachtung – sprechen gegen stationäre Fahrpulte und für mobile Handsteuergeräte.

Bedienungs- und Anzeigeelemente bei Analogsteuerungen

Startset-Trafos verfügen in der Regel noch nicht einmal über eine Betriebsanzeige. Ob der Junior nach beendetem Spiel den Stecker aus der hinterm Sofa befindlichen Steckdose gezogen hat, ist durch einen Blick auf das Fahrpult nicht erkennbar. Einzig stets vorhandene Bedienungseinrichtungen sind Fahrtrichtungswahl und Geschwindigkeitssteuerung. Wenn der Stecker in der Steckdose steckt, der Geschwindigkeitssteuerknopf aufgedreht ist und der Zug trotzdem nicht fährt – was ist dann los, vielleicht ein Kurzschluß in der Gleisanlage? Ein ent-

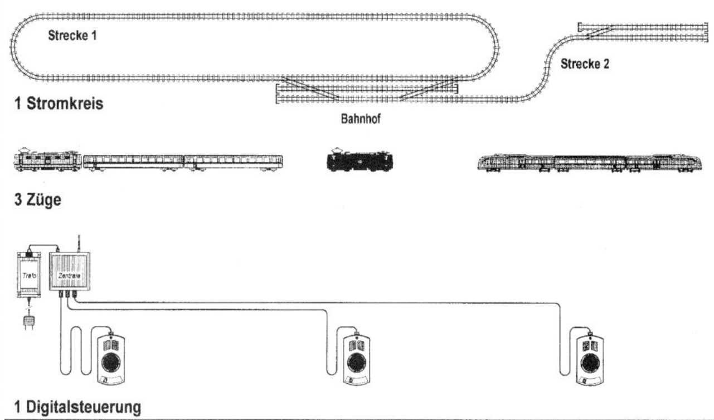

Bei Digitalbetrieb entfallen die Stromkreistrennstellen und vor allem kann jeder Zug freizügig auf der gesamten Anlage fahren. Darüber hinaus kann jeder Zug an jeden Mitspieler übergeben bzw von jedem Mitspieler übernommen werden.

Anders bei Digitalbetrieb: Hier kann jeder Mitspieler mit seinem Handsteuergerät einen Zug über die gesamte Anlage fahren und die Übergabe von einem Mitspieler zu einem anderen stellt kein Problem dar.

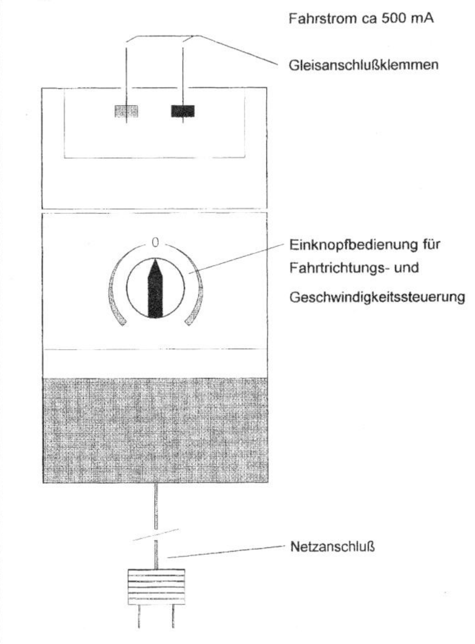

Eine spartanische Ausstattung kennzeichnet die meisten Start-Set-Fahrpulte bei Analogsteuerungen - keine Betriebsbereitschafts- und Kurzschlußanzeige, keine Not-Halt-Taste, usw. Hinzu kommt in der Regel noch eine geringe elektrische Leistung, die nur zum Betrieb eines Zuges ausreicht.

Startset-Fahrpult für herkömmlichen Analogbetrieb: Einfach zu bedienen, leistungsmäßig knapp ausgelegt und keinerlei Bedienungskomfort.

sprechendes Anzeigeelement haben nur teuere Fahrpulte. Nützlich wäre natürlich eine Not-Halt-Taste zur Vermeidung von Unfällen, aber darauf muß man selbst bei vielen hochwertigeren Analog-Fahrpulten verzichten.

Bedienungskonzepte – seriell kontra parallel bei Digitalsteuerungen

Liest man von der Möglichkeit, mit nur einem Fahrpult gleichzeitig, aber nach Fahrtrichtung und Geschwindigkeit voneinander unabhängig mehrere Loks steuern zu können, so liegen die Fragen nach der Bedienung dieser Funktionen nahe.

Bei der Zahl gleichzeitig beobachtbarer und von Hand steuerbarer Züge spielen natürlich Anlagengröße und Spurplan eine Rolle. In der Regel vermag ein Bediener maximal zwei Züge gleichzeitig zu bedienen und dabei zu überwachen. Der Betrieb von mehr Zügen erfordert automatisch geschaltete – also zuggesteuerte – Signale. Dazu dienen beispielsweise die schon erwähnten Selbstblocksteuerungen.

> Der Vorzug von Einsteiger-Digitalsteuerungen liegt folglich weniger in der Zahl steuerbarer Fahrzeuge, sondern vielmehr in der Möglichkeit, sie freizügig zu bewegen. Die in anderem Zusammenhang genannten Nachteile wie Verdrahtungsaufwand und vor allem die Einschränkungen beim Rangierbetrieb konventioneller Technik kehren schon die simpelsten Einsteiger-Digitalsteuerungen in spürbare Vorteile um.

Loks können in jedem Abstellgleis hintereinander oder in einem Bahnbetriebswerk beliebig abgestellt werden, jede Lok läßt sich gezielt aufrufen und wieder abstellen, Kurswagen abziehen und beistellen, Züge mit Doppeltraktion fahren, lange Züge auf Steigungen nachschieben, usw.

Aber wie funktioniert die unabhängige Steuerung? Zwei grundsätzlich verschiedene Prinzipien stehen zur Wahl.

Zunächst zur „parallelen" Zugsteuerung. Sollen beispielsweise vier Züge gesteuert werden, so wird jedem Zug (einmalig bei der erstmaligen Inbetriebnahme) ein eigenes Steuergerät fest zuordnet. Damit können gleichzeitig vier Personen je einen Zug steuern. Jede Lok ist jederzeit über ein Steuergerät bedienbar. Die Zahl der Züge (vier) ist demnach identisch mit der Zahl der Steuergeräte (vier). Dieses Bedienungskonzept braucht keinen Lokwahlschalter, dafür aber viele Steuergeräte. Zusammen mit jeder Lok muß auch ein Steuergerät gekauft werden.

Die zweite Möglichkeit ist die „serielle" Zugsteuerung. Sollen wiederum vier Züge gesteuert werden, so geht das mit einem einzigen Steuergerät mit Lokwahlschalter. Hier werden die Fahrzeuge nicht mehr separaten Geräten, sondern verschiedenen Lokwahlschalterstellungen (auch einmalig bei der erstmaligen Inbetriebnahme) fest zugeordnet. Vier Züge erfordern vier Lokwahlschalterstellungen, aber nur ein Steuergerät.

Lok 1 wird mit Lokwahlschalterstellung 1 aufgerufen, Fahrtrichtung und Geschwindigkeit eingestellt und die Lok fährt. Anschließend wird Lok 2 mit Lokwahlschalterstellung 2 aktiviert und Fahrtrichtung sowie Geschwindigkeit lassen sich direkt bestimmen. Währenddessen fährt Lok 1 mit ihren Einstellungen unverändert weiter, sie kann momentan nicht über das Fahrpult (wohl aber über Signalstellungen) beeinflußt werden. Erst wenn der Lokwahlschalter wieder in Position 1 gedreht wird – was natürlich jederzeit möglich ist – kann Lok 1 erneut mit dem Steuergerät direkt gesteuert werden. In diesem Fall nimmt die Lok die aktuell am Geschwindigkeitssteuerknopf eingestellte Geschwindigkeit an. Geschwindigkeitsänderungen lassen sich vermeiden, wenn der Steuerknopf in etwa wieder in die Position gedreht wird, die er beim letzten Aufruf der Lok 1 hatte. Wenn man so will, werden bei diesem Bedienungskonzept die Loks nacheinander (seriell) – und nicht gleichzeitig – betrieben.

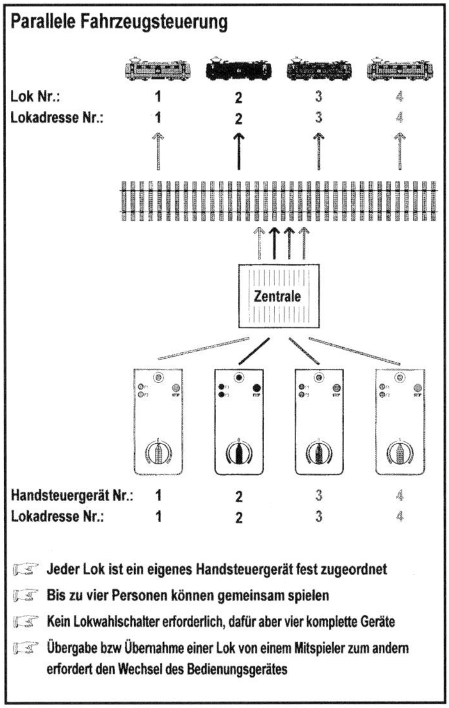

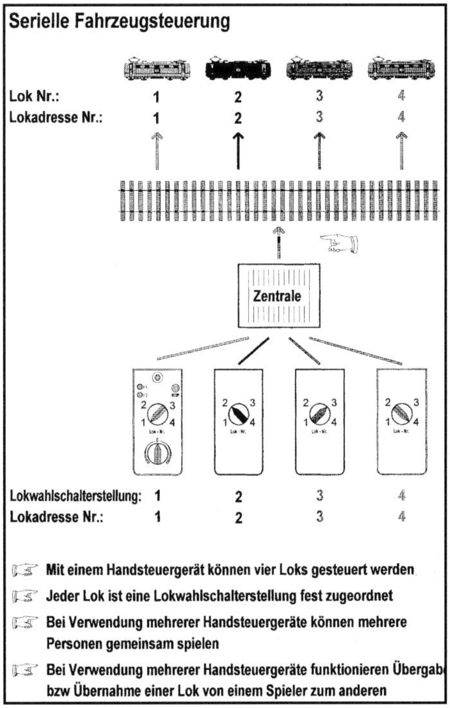

Links: Parallele Fahrzeugsteuerung

Rechts: Serielle Fahrzeugsteuerung

Will Bediener 1 seinen Zug dem Bediener 2 zur Steuerung übergeben – beispielsweise bei der Ausfahrt vom Bahnhof zur freien Strecke – dann funktioniert das bei einem parallelen Bedienungskonzept durch einen Wechsel der Steuergeräte, weil in der Regel jedem Steuergerät stets derselbe Zug zugeordnet ist.

Bei einem seriell arbeitenden System läßt sich das erste Steuergerät durch ein zweites ergänzen. So schafft man auf Wunsch eine zusätzliche Bedienungsstelle, mit der ein zweites Fahrzeug durch die Wahl einer anderen Lokwahlschalterstellung ebenfalls gleichzeitig bedient werden kann. Auch die Übergabe bzw. Übernahme von Zügen zwischen den beiden Steuergeräten ist dann realisierbar.

Jedes Bedienungskonzept weist spezifische Vorteile auf; entscheidend ist die praktische Ausführung.

Optische, akustische und betriebliche Reize

Optische Effekte – wie eine Innenbeleuchtung von Reisezugwagen – vermögen zu faszinieren. Allerdings ist die Illusion dahin, wenn das Licht erst bei Höchstgeschwindigkeit des Zuges erkennbar wird und die armen Reisenden bei Zughalt am Bahnsteig im Dunkeln sitzen müssen. Freude bereiten dagegen vom Bediener ein- und ausschaltbare, geschwindigkeitsunabhängig arbeitende Beleuchtungen. Und der Rauchgenerator einer Dampflok wirkt eben erst so richtig, wenn er auch bei einer im Bahnbetriebswerk abgestellten Lok qualmt.

Betriebsgeräusche, wie sich mit dem Zug nähernde und wieder entfernende Auspuffschläge einer Dampflok oder das sonore Tuckern eines Dieselmotors erregen Aufmerksamkeit. Vom Bediener schaltbare Sig-

Abwechslungsreicher Verladebetrieb mit digital gesteuertem Märklin Drehkran und die Wagen können mit einer Digital-Lok mit fernsteuerbarer TELEX-Kupplung in den Arbeitsbereich des Drehkranes rangiert werden. Solche Funktionen verleihen dem Spiel eine neue Qualität (Photo Märklin).

Einen stimmungsvollen Anblick bieten beleuchtete Loks und Wagen – dank Digitalstromversorgung gleichmäßig hell bei allen Geschwindigkeiten (Photo Trix).

nale – beispielsweise der Pfiff einer Lok vor dem Bahnübergang – machen Spaß.

Rangiertechnische Einrichtungen – wie fernsteuerbare Triebfahrzeugkupplungen – stellen für den rangierbegeisterten Modellbahner geradezu ein Muß dar. Märklin bietet seine TELEX-Kupplung mit digitaler Fernsteuerung an – das ist das Optimum für den Rangierbetrieb. Schwer verständlich bleibt, warum Märklin immer noch der einzige H0-Hersteller ist, der überhaupt eine fernsteuerbare Fahrzeugkupplung anbietet. In Baugröße N gibt es von Arnold die sog. SIMPLEX-Kupplung. Der Nutzen dieser Fahrzeugkupplung steigt bei digital gesteuerten Fahrzeugen beträchtlich.

Das gilt ebenso für das be- und entladen von Güterwagen mittels eines fernsteuerbaren Kranes – egal ob es sich um einen stationären Drehkran oder einen schienenfahrbaren Kran handelt.

> Das alles funktioniert mit herkömmlichen Analogsteuerungen – wenn überhaupt – nur unzureichend, klappt aber mit Digitalsteuerungen geradezu perfekt.

Aber an dieser Stelle sei eine kritische Anmerkung zum Thema fernsteuerbarre Funktionen erlaubt: Lok-Decoder und separate Funktions-Decoder mit vielen fernsteuerbaren Ausgängen sind natürlich ein Leistungsmerkmal guter Digitalsteuerungen. Aber die Fernsteuerbarkeit der Ausgänge allein hat für den Anwender nur einen begrenzten Nutzen. Er kann damit in der Regel lediglich Beleuchtungen (z.B. von Steuerwagen) schalten. Was angebotsseitig ergänzt werden sollte sind Schaltungen, welche an diese decoderseitigen Funktionsausgänge angeschlossen werden können, wie beispielsweise Geräuschsimulationsbausteine (Läuten, Pfeifen, Bimmeln). Miniaturlautsprecher mit 9 mm Durchmesser sind auf dem Markt verfügbar, aber der Modellbahner kann in der Regel die Schaltungen im notwendigen Miniaturisierungsgrad nicht selbst bauen.

Fahreigenschaften – sie entscheiden über die Modellbahnzukunft!

Vermutlich hat dieses Thema beim Hobby-Einsteiger zunächst einmal keinen primären Stellenwert. So werden weniger gute Langsamfahreigenschaften kaum beim Kauf im Laden registriert, sondern erst zu Hause beim rangieren. Aber aus Einsteigern werden Profis. Und vor allem sollte man bedenken:

1. Optimale Fahreigenschaften sind die Grundlage für die Zukunft des Modellbahnhobbys. Wenn Dynamik und Betrieb den Reiz der Modellbahn ausmachen, dann bilden gute Fahreigenschaften die Basis dieser Eigenschaften. Wenn sich jedoch Züge eher ruckartig als samtweich bewegen, ist es mit der Freude am Modellbahnhobby ganz schnell vorbei!

2. Die Fahreigenschaften einer Lok hat man ein ganzes Lokomotivleben lang – sie sind nur durch sehr teuere mechanische Umbauten oder durch den Tausch des Lok-Decoders gegen eine leistungsfähigere Ausführung zu verbessern.

3. Wer rangieren möchte, ist auf Fahrzeuge mit passablen Langsamfahreigenschaften zwingend angewiesen. Wagen beistellen, an- und abkuppeln, Güterwagen unter den Auslegerbereich eines Drehkranes zu rangieren, Spezial- bzw Funktionswagen in Schüttgutanlagen be- und entladen, eine Lok vorsichtig an den bereitgestellten Zug heranfahren, Kurswagen an- und abkuppeln – das sind Vorgänge, die eine besonders feinfühlige Geschwindigkeitssteuerung erfordern.

4. Fahrkomfort setzt eine einwandfreie Stromübertragung mit sauberen Schienen, Rädern und Stromabnahmeschleifern voraus. Akzeptables Fahrverhalten hängt aber ebenso von der Triebfahrzeugtechnik – also letztlich von der Kaufentscheidung des Anwenders – ab. Folglich sollte man Fahrzeugen den Vorzug geben, die einen mehrpoligen Motor haben, über eine mechanische

Ruckartig verlaufende Brems- und Anfahrvorgänge sind nicht nur vorbildwidrig, sondern begünstigen sogar Entgleisungen durch in Radien und in Gefälleabschnitten nachschiebende Wagen

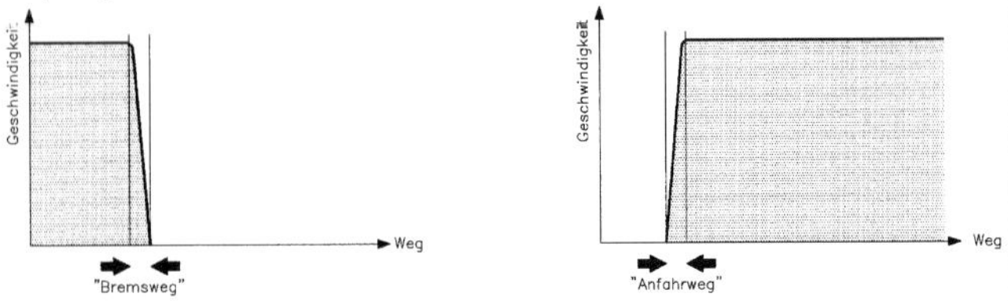

In der Realität bewirkt die Zugmasse einen für Reisende und Güter angenehm sanften Verlauf von Brems- und Anfahrvorgängen. So muß es auch auf der Modellbahn sein.

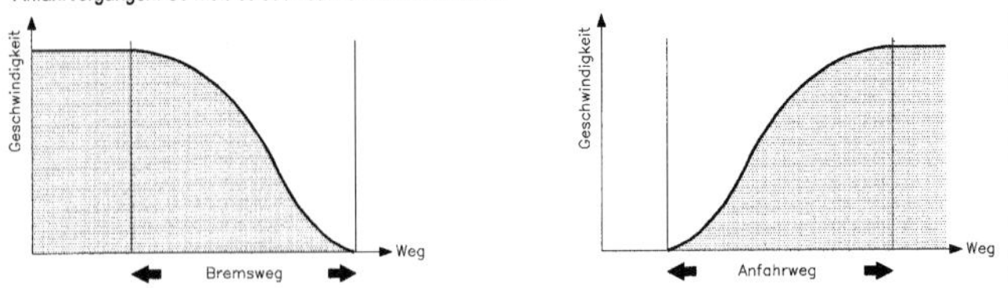

Ruckartige, abrupte Geschwindigkeitsänderungen sind vorbildwidrig – Profis erwarten vielmehr vorbildgerecht verzögerte Bremsvorgänge und allmähliche Beschleunigungsverläufe.

Schwungmasse verfügen, ein verlustarmes Getriebe besitzen und möglichst viele Stromabnahmeschleifer für eine unterbrechungsfreie Stromübertragung aufweisen.

Dies sind allgemeingültige Hinweise, aber worauf sollte man speziell bei der Anschaffung von Digital-Loks achten?

Digital-Loks bieten im Vergleich zu Analog-Loks deutlich bessere Möglichkeiten zur Optimierung des Fahrverhaltens. Die im Lok-Decoder angewandte Technik beeinflußt maßgeblich die Fahreigenschaften. Eine von Trix bereits seit Einführung der Selectrix-Mehrzugsteuerung im Jahre 1983 (!) und inzwischen auch von anderen Herstellern angewandte Methode heißt Motordrehzahlregelung. Zwar hat diese Schaltungstechnik ursächlich nichts mit Digitalsteuerungen zu tun, aber erst die Integration einer solchen Schaltung in einen Lok-Decoder (und nicht etwa in ein stationäres Fahrpult) bringt eine deutliche Verbesserung der Fahreigenschaften unter allen Betriebsbedingungen. Diese Technik bietet folgende Vorzüge:

– gleichmäßiger Fahrzeuglauf auch bei niedrigen (Rangier-)Geschwindigkeiten und wechselnden Fahrwiderständen (z.B. bei geschobenen Zügen über Weichenstraßen)

– Züge behalten ihre Geschwindigkeit unabhängig von der Streckenführung (Ebene, Steigung, Gefälle) bei. Das heißt, sie bleiben auf Steigungen nicht stehen. Und sie rasen auf Gefälleabschnitten nicht los, so daß eine Entgleisung droht

– eine Erhöhung der Geschwindigkeit erübrigt sich somit beim befahren von Steigungsabschnitten, was insbesondere bei zuggesteuerten Betriebsabläufen (Stichwort: automatischer Selbstblockbetrieb) wichtig ist. Sinngemäß gilt dies für Gefälleabschnitte; hier verhindert die Motordrehzahlregelung eine betriebsgefährdende Geschwindigkeitszunahme (Entgleisungsgefahr).

– Zugkrafterhöhung, weil die Maßnahme in ihrer Wirkung einer „Schlupfregelung" gleichkommt,

– Triebfahrzeuge fahren unabhängig von ihrer Anhängelast und der Streckenführung immer bei Fahrstufe 01 an

– weil jede Lok bei Fahrstufe 01 anfährt, stehen zur Geschwindigkeitssteuerung stets alle Fahrstufen zur Verfügung; positive Folge ist eine feinfühligere Geschwindigkeitseinstellung

– die Anpassung des Bremsweges von Zügen in Signalhalteabschnitten ist unabhängig von der Lage der Halteabschnitte (Ebene, Steigung und Gefälle) und der jeweiligen Anhängelast der Lok möglich; es kann immer der maximal mögliche Bremsweg ausgenutzt werden. Ohne Regelung muß der Bremsweg stets auf den ungünstigsten Fall (langer, schwerer Zug, betriebswarme Lok, Signalhalteabschnitt im Gefälle) abgestimmt werden, was zur Folge hat, daß die Züge in sehr unterschiedlichen Entfernungen vor den Signalstandorten halten.

– eine Motordrehzahlregelung schafft (aus technischen Gründen) die Voraussetzung für eine lokspezifische Höchstgeschwindigkeitseinstellung

– durch andere, gleichzeitig im Digitalstromkreis anfahrende Züge (Belastungsspitzen für die Stromversorgung) hervorgerufe Geschwindigkeitseinbrüche unterbleiben und

– in gewissem Umfang Reduzierung teuerer, elektromechanischer Fahrzeugumbauten.

Die Geschwindigkeit von Analog-Loks wird mit dem Fahrpult (fast) stufenlos gesteuert. Bei Digitalbetrieb geschieht die Geschwindigkeitssteuerung stufenförmig – in Form von lauter einzelnen Geschwindigkeitsschritten. Dieses Verfahren ist technisch begründet und muß durchaus keinen Nachteil darstellen, wenn die Geschwindigkeitsschritte klein genug sind, das heißt, wenn genügend Fahrstufen zur Verfügung stehen. In diesem Punkt unterscheiden sich die Digitalsteuerungen erheblich. Viele arbeiten mit nur 14 bzw. 15 Geschwindigkeitsstufen, andere – wie z.B. Digital Plus und Trix Selectrix – mit 28 bzw 31 Stufen.

Geschwindigkeitsänderungen verlaufen beim Vorbild keineswegs abrupt, sondern vielmehr kontinuierlich. Denken Sie nur einmal an den Verlauf eines Beschleunigungsvorganges oder an einen Bremsvorgang bei Ihrer letzten Bahnfahrt. Zudem beschleunigt ein schwerer langer Güterzug viel langsamer, als ein kurzer leichter Eilzug. Und ein ICE erreicht natürlich eine ungleich größere Maximalgeschwindigkeit als ein Schienenbus. Erfahrungsgemäß kommt bei Modellbahn-Einsteigern sehr schnell der Wunsch auf, auch solche Vorbildsituationen auf der eigenen Anlage mit den eigenen Zügen nachbilden zu wollen. Dies funktioniert aber nur, wenn gleich zu Beginn der Modellbahnerkarriere Fahrzeuge mit dafür geeigneten Lok-Decodern angeschafft werden. Vielfach kann man mit den Einsteiger-Digital-Fahrpulten noch nicht alle in den Lok-Decodern bereits integrierte Funktionen (Beschleunigung, Verzögerung, lokspezifische Höchstgeschwindigkeit) nutzen. Aber wenn eines Tages das Einsteiger-Digital-Gerät durch die entsprechende Profiversion ersetzt wird, stehen alle diese Funktionen – ohne daß an den Digital-Loks Eingriffe notwendig sind – zur Verfügung. Deshalb sollte man bei den Fahrzeugen und ihren Lok-Decodern nicht sparen.

Fahreigenschaften sind mit Worten schwer zu beschreiben – gerade deshalb sollte man versuchen, sich vor der Entscheidung für eine Digitalsteuerung selbst von der gebotenen Leistung zu überzeugen.

Die bisherigen Aussagen zum Thema Fahreigenschaften gelten für den sog. handgesteuerten Betrieb. Handgesteuerter Betrieb heißt, daß mit einem Handsteuergerät ein Triebfahrzeug gesteuert wird. Dabei bestimmt im wesentlichen der Modellbahner selbst den Verlauf der Fahrzeugbewegungen, also das Beschleunigungs- und Bremsverhalten, sowie die Geschwindigkeit.

Fahreigenschaften und Signale

Neben dem handgesteuerten gibt es auch den (automatischen) zuggesteuerten und signalstellungsabhängigen Betrieb.

Das einfachste Beispiel – das übrigens gar nichts mit Automatik zu tun hat – ist ein simples Signal mit Zugbeeinflussung.

Fährt ein Zug auf ein HALT zeigendes Hauptsignal zu, so soll er nicht etwa hinter dem Vorsignal vorbildwidrig abrupt stehen bleiben, sondern ab dem Vorsignalstandort kontinuierlich bremsen und kurz vor dem Hauptsignal zum halten kommen. Bei auf FAHRT gehendem Signal soll jeder Zug ebenso allmählich beschleunigen bis er seine ursprüngliche Höchstgeschwindigkeit wieder erreicht hat.

Damit Züge in Abhängigkeit der Signalstellungen vorbildgerecht bremsen und anfahren, werden bei Analogsteuerungen sog. Brems-/Anfahrbausteine verwendet. Die Länge eines Signalhalteabschnittes muß so bemessen sein, daß Brems- und Anfahrvorgang innerhalb des Halteabschnittes ablaufen können.

Für einige – aber eben nicht alle – Digitalsteuerungen sind in ihrer Wirkung vergleichbare Bausteine erhältlich. Dabei ist von großem Vorteil, daß Signalhalteabschnitte

Auch in Abhängigkeit von Signalstellungen sind nur allmählich verlaufende Geschwindigkeitsänderungen vorbildgerecht – hier müssen Brems-/Anfahrschaltungen eingesetzt werden, wobei sich die Halteabschnittslängen und die Signalstandorte bei Analog- und Digitalbetrieb unterscheiden.

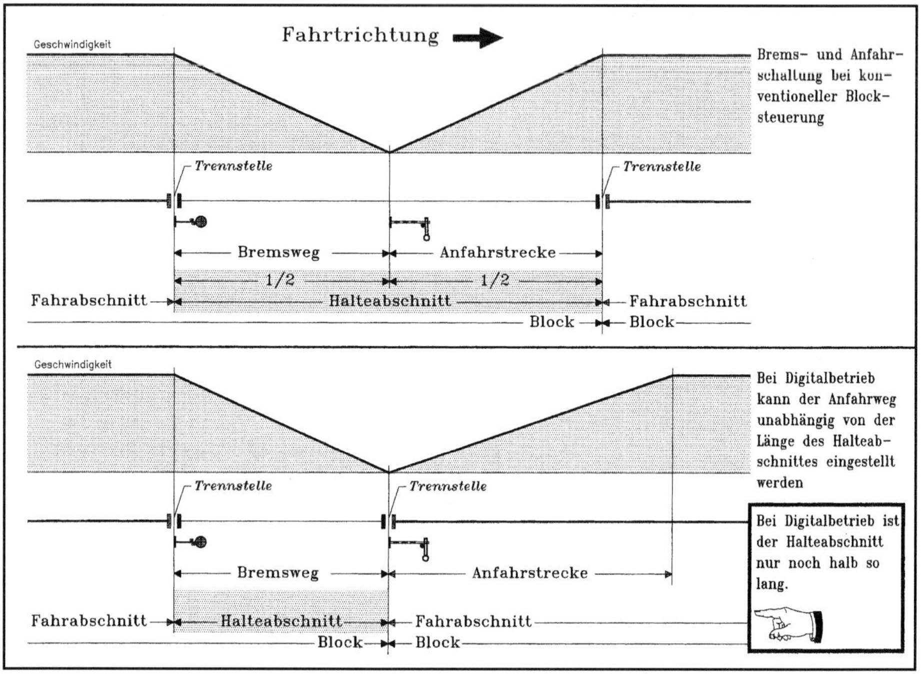

Die bei Digitalbetrieb nur halb so langen Signalhalteabschnitte bieten beim Anlagenbau nutzbare Vorteile – beispielsweise längere Bahnhofsgleise, weil die Weichenstraßen unmittelbar hinter dem Einfahrsignal beginnen dürfen.

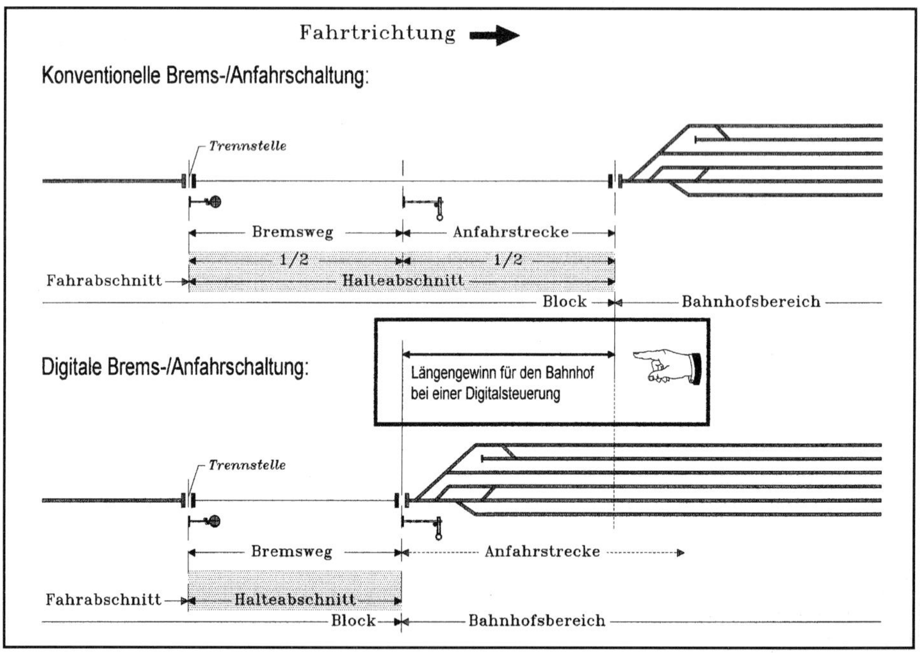

bei Digitalsteuerungen nur halb so lang wie bei Analogsteuerungen sein müssen. Dies hat technische Gründe. Die Länge jedes Signalhalteabschnittes muß nur an der Bremsweglänge ausgerichtet werden; der Beschleunigungsvorgang beginnt hinter dem Signalstandort und damit außerhalb des Signalhalteabschnittes.

Bei vollautomatischen Betriebsabläufen werden gleichzeitig mehrere Züge gesteuert. Fahrvorgänge werden nicht mehr unmittelbar vom Bediener, sondern durch Signalstellungen beeinflußt. Der zuggesteuerte Blockbetrieb auf freien Strecken stellt einen häufigen Anwendungsfall dar. Zuggattungsgerechte, unterschiedliche Geschwindigkeiten, sowie allmähliche Brems- und Anfahrvorgänge in Signalhalteabschnitten sind jetzt für einen realitätsnahen, vorbildorientierten Eindruck besonders wichtig. Einfach ausgedrückt: ein Schienenbus sollte eben sichtbar langsamer als ein IC-Zug fahren und ein langer, schwerer Güterzug entsprechend langsamer beschleunigen als ein kurzer, leichter Eilzug.

Für den Digitaleinsteiger ist zunächst einmal wichtig zu wissen, daß er einer Digitalsteuerung den Vorzug geben sollte, die später auch einmal ein vorbildgerechtes Fahrverhalten in Abhängigkeit von Signalstellungen – und nicht nur bei einzelnen, von Hand gesteuerten Zügen – gewährleistet.

Wahl der Baugröße

Digitalsteuerungen sind für nahezu alle Modellbahnbaugrößen erhältlich – von Baugröße N bis hin zu Spur I.

Oftmals erlaubt nur die Baugröße N den Aufbau einer stationären Modellbahn. Wer aber genügend Platz hat – und damit die Baugröße „frei" wählen kann – sollte sich vor seiner Entscheidung sehr wohl überlegen, was er vom Spiel mit der digitalen Modellbahn erwartet und welche Vor- und Nachteile die jeweilige Baugröße speziell unter dem Gesichtspunkt des Digitalbetriebes hat.

Als Einstieg eine vergleichende Übersicht der Modellbahnmaßstäbe von Nenngröße Z bis zur Nenngröße I hinsichtlich der möglichen Zuglängen und der erforderlichen Anlagenflächen.

Bei Baugröße N steht eine große Fahrzeugauswahl von verschiedenen Herstellern (Arnold, Fleischmann, Roco, Trix, usw.) in guter Detaillierung zur Auswahl. Kupplun-

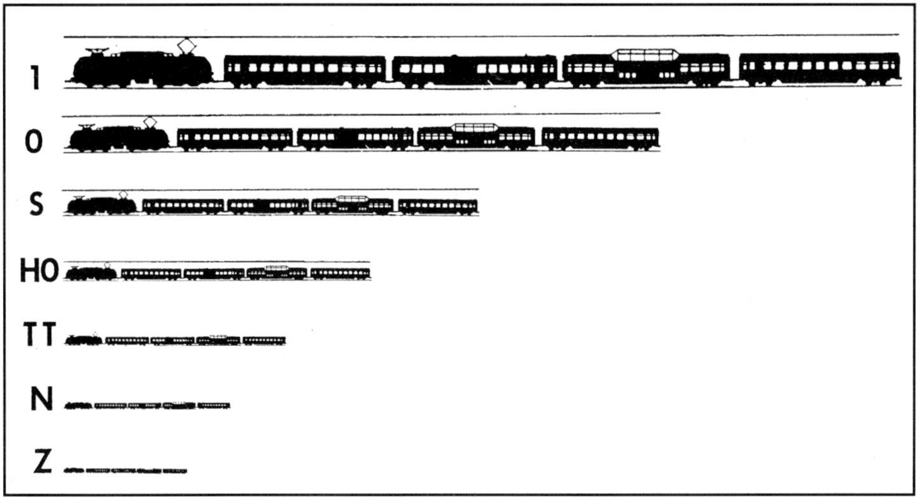

Der Vergleich der Zuglängen zeigt, welche Längenausdehnung einer Modellbahnanlage und vor allem welche Bahnsteiglängen bei der jeweiligen Nenngröße notwendig sind.

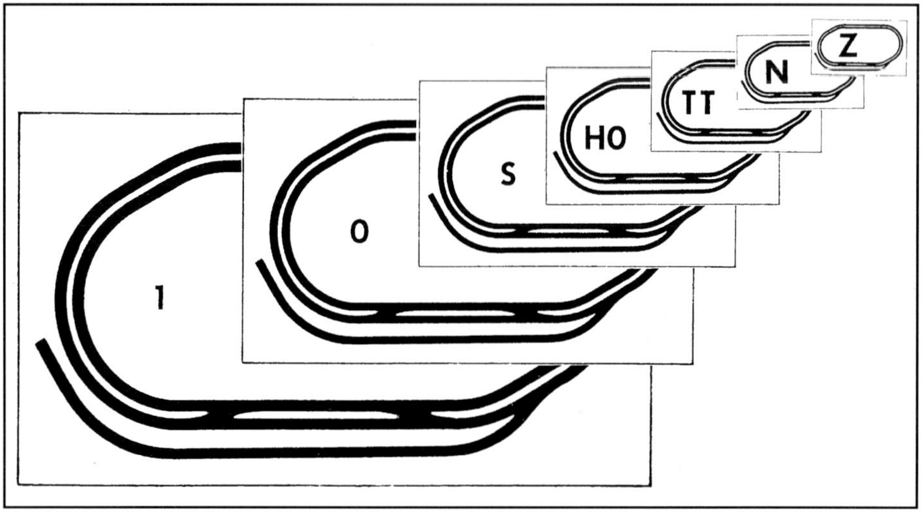

Der Vergleich der Fläche einer Anlage verdeutlicht die Unterschiede beim Platzbedarf zwischen den Nenngrößen.

gen und herkömmliches Stromversorgungssystem sind identisch. Auf kleiner Fläche lassen sich lange Strecken, zahlreiche Weichen, Signale, Drehscheiben, usw unterbringen und natürlich entsprechend viele Züge einsetzen. Fahren mit vorbildgerecht langen Reise- und Güterzügen stellt bei dieser Baugröße kein Problem dar. Auf betriebsintensiven Anlagen kommen natürlich die Vorzüge von Digitalsteuerungen besonders gut zur Geltung. Die Fahreigenschaften sind – vorausgesetzt es werden Lok-Decoder mit integrierter Motordrehzahlregelung verwendet – durchaus akzeptabel, weil zeitgemäße Lok-Decodertechnik selbst aus vergleichsweise weniger gut laufenden Analog-Loks Digital-Loks mit guten Fahreigenschaften macht.

Reibungsloser Betrieb – unabhängig davon, ob er analog oder digital gesteuert werden soll – erfordert in Baugröße N beim Unterbau und beim Gleisbau sorgfältige Arbeit, denn die kleineren Fahrzeuge verzeihen Fehlstellen kaum. Das Raumangebot in N-Triebfahrzeugen ist begrenzt, so daß der Einbau von Lok-Decodern in Fremdfabrikate oftmals nicht gerade einfach ist. Fernsteuerbaren Funktionen sind aus räumlichen Gründen Grenzen gesetzt; Licht, schaltbare Dampfentwickler und fernsteuerbare Lokpfeifen sind das Maximum bei Baugröße N. Arnold bietet als einziger Hersteller Fahrzeuge mit der sog. SIMPLEX-Rangierkupplung an. Arnold-Digital-Loks sind in Verbindung mit dieser Kupplung natürlich für Rangieraufgaben prädestiniert. Wer sich keinen Beschränkungen hinsichtlich der Triebfahrzeugauswahl unterwerfen möchte, muß bei Baugröße N eine Digitalsteuerung wählen, die auch den Einsatz von Analog-Loks im Digitalstromkreis erlaubt.

Der Aufbau von H0-Anlagen erfordert ebenfalls Sorgfalt, ist aber allein schon durch die größeren Abmessungen (stabilere Ausführung) von Gleisen, Weichen, Signalen, usw einfacher. Die Güte der elektromechanischen Triebfahrzeugkonstruktionen erreicht zumeist einen höheren Standard. Der Lok-Decodereinbau funktioniert – von wenigen Ausnahmen abgesehen – aufgrund der größeren Fahrzeugabmessungen reibungsloser. Ab der Baugröße H0 vermögen Digitalsteuerungen zusätzliche Vorzüge auszuspielen. Relativ einfacher Einbau und ferngesteuerter Betrieb von Geräuschsimulationsbausteinen (Themen: Läuten, Pfeifen, Bimmeln, Fahrzeuggeräusche), sowie von Funktionen (das reicht von ein- und ausschaltbaren Dampfentwicklern, fernsteuerbaren Fahrzeugkupplungen über heb- und senkbare Stromabnehmer, fernbetätigte Türen bis hin zum voll funktionsfähigen Kranwagen) sind ab dieser Baugröße aufgrund der Fahrzeugabmessungen realitätsnah zu verwirklichen. Die Fahreigenschaften von H0-Modellen sind im allgemeinen gut und werden durch den Einbau von Lok-Decodern weiter verbessert. Märklin bietet – als bislang einziger Hersteller in den Baugrößen H0 und I – Digital-Loks mit fernsteuerbarer TELEX-Kupplung an – für den rangierbegeisterten Modellbahner stellen diese Fahrzeuge geradezu ein Muß dar! Nur so lassen sich Wagen freizügig abstellen. Stationäre Entkupplungsgleise bilden dafür keinen Ersatz.

Der Aufbau betriebsintensiver H0-Anlagen erfordert vergleichsweise viel Platz. Das H0-Angebot erscheint auf den ersten Blick beeindruckend. Aber man bewegt sich bei der Baugröße H0 in einem Systemdschungel unterschiedlicher Kupplungen und Stromversorgungssysteme. An der Grundsatzentscheidung zwischen Zweischienen-Zweileiter-Gleichstrombahnen (Fleischmann, Roco, Trix, usw) und Zweischienen-Dreileiter-Wechselstrom-Bahnen (Märklin, Hag) kommt der Hobbynewcomer nicht vorbei. Ist diese Entscheidung getroffen, dann reduziert sich das zur Wahl stehende Fahrzeugangebot mitunter beträchtlich. Denn der Hobby-Einsteiger kann sich nicht am ersten Tag mit Tauschradsätzen und dem Wechsel von Kupplungen auseinandersetzen. Mit der Systementscheidung ist auch hinsichtlich der verwendbaren Digitalsysteme eine Vorauswahl getroffen. Wer sich beispielsweise für eine Märklin-H0-Bahn entscheidet, ist auf die Verwendung von Märklin-Digital angewiesen.

Betriebsorientierten Digital-Modellbahnern mit begrenzter Anlagenfläche wird zu Baugröße N geraten. Wer entweder über ausreichend viel Platz verfügt, oder sich auf die Optimierung einzelner Fahrzeuge mit vielen fernsteuerbaren Funktionen konzentrieren möchte, dem sei die Baugröße H0 oder größer empfohlen.

Genormte Digitalsteuerungen?

In Europa wird eine Vielzahl verschiedener Digitalsysteme angeboten, die überwiegend nicht zusammenpassen. Die für die Normung zuständigen Ausschüsse Normen Europäischer Modellbahnen – kurz NEM – haben sich dem Problem der sog. Datenübertragungsformate von Digitalsteuerungen – vereinfachend gesagt „ihrer Sprache" – bislang nicht angenommen. Anders in den USA. Dort gibt es die sog. „National Model Railroad Association", die nationale Modelleisenbahnvereinigung NMRA. Sie hat im Herbst 1994 eine Entscheidung zugunsten des bei Digital Plus verwendeten Datenübertragungsformates der Fa. Lenz-Elektronik getroffen. Dies spricht mit Sicherheit für dieses System!

Allmählich kristallisieren sich bei uns in Deutschland zwei Gruppen heraus. Die eine entspricht dem NMRA-Standard und wird hierzulande auch als „Lenz-Familie" bezeichnet. Steuerungsvarianten aus den USA kommen mehr und mehr hinzu, beispielsweise die Einsteiger-Steuerung „Challenger" (Digitrax). Daß sie mitunter mehr können und gleichzeitig weniger kosten als manches inländische Produkt soll keineswegs unerwähnt bleiben. Aber die Bezugsmöglichkeiten sind (noch) ein Problem.

Die zweite Gruppe ist ein – allerdings sehr potenter – Einzelgänger, nämlich Märklin mit dem sog. Motorola Standard. Folgende Gerätefamilien zählen dazu:

Zur sog. Motorola-Familie zählende Digitalsteuerungen für Wechselstrombahnen

Nr.	Anbieter	Bezeichnung
1	Märklin	Delta Control (H0)
2	Märklin	Delta Station (H0 und I)
3	Märklin	Märklin Digital (H0 und I)

Soviel zur Normungssituation bei Digitalsteuerungen. Unter dem Gesichtspunkt des praktischen Nutzwertes für den Interessenten ist die Sache etwas anders zu bewerten. Denn die Bedeutung der NMRA – mit wel-

Digitalsteuerungen für Gleichstrombahnen verschiedener Baugrößen nach NMRA-Standard (Auszug)

Nr.	Anbieter	Bezeichnung	Bemerkungen
1	Lenz Elektronik	Digital Plus	
2	Roco	Roco Digital	
3	Lehmann	LGB Digital	
4	Märklin	Märklin Digital=	im Angebot der Fa. Märklin von Herbst 1989 bis Herbst 1996, baugleich mit Arnold Digital „alt"
5	Arnold	Arnold Digital (alt)	wird in der mit Märklin Digital= identischen Ursprungsausführung nicht mehr hergestellt, wurde angeboten von der ehemaligen Fa. Arnold von Dezember 1988 bis Mai 1995
6	Arnold	Commander 6 „alt"	wird inzwischen nicht mehr produziert, wurde angeboten von der ehemaligen Fa. Arnold von Herbst 1992 bis Mai 1995
7	Rivarossi/Jouef/ Lima/Arnold	Commander 9	Commander 9 „neu", angekündigt ab 1997, Neuheit nach Integration der Fa. Arnold in den Firmenverbund Rivarossi/Jouef/Lima/Arnold
8	Rivarossi/Jouef/ Lima/Arnold	Arnold Digital (neu)	Arnold Digital „neu", angekündigt ab 1997, Neuheit nach Integration der Fa. Arnold in den Firmenverbund Rivarossi/Jouef/Lima/Arnold

cher die Hersteller hierzulande so gerne werben – relativiert sich schnell. Arnold Commander 6, Arnold-Digital (alt), Digital Plus, LGB Digital und Märklin-Digital= erlauben beispielsweise den Einsatz einer herkömmlichen Analog-Lok im Digitalstromkreis. Die ebenfalls „genormte" Roco-Variante gestattet dies gerade nicht und zwingt damit zum Einbau eines Lok-Decoders in jede Lok. Oder wirft man einen Blick auf die Zahl der Fahrstufen: Die meisten Einsteiger-Steuerungen bieten eher bescheidene 14 Stufen, die ebenfalls genormte Challenger-Steuerung und natürlich Digital Plus „feinfühlige" 28 Fahrstufen – also das Doppelte.

Fleischmann FMZ und Trix Selectrix lassen sich in diese beiden großen Gruppen nicht einordnen. Aber am Beispiel von Selectrix 2000 wird deutlich, daß die technische Innovation schneller und wirkungsvoller arbeitet als Normungsgremien. Denn mit der Trix-Steuerung lassen sich – neben Loks mit hauseigenen Selectrix-Lok-Decodern – auch alle Fahrzeuge mit nach NMRA-Standard genormten Lok-Decodern steuern.

Das Kriterium „genormte Steuerung nach NMRA" hilft also bei der Systementscheidung nicht immer weiter. Andererseits stellt eine Entscheidung zugunsten einer Steuerung nach NMRA-Standard sicher keinen Nachteil dar. Die internationale Konkurrenz dürfte mittelfristig vorteilhaft auf die Preisentwicklung wirken.

Bedeutung der Kompatibilität für Ein- und Umsteiger

Kompatibilität – also die Vereinbarkeit mit Produkten und „Stromsystemen" anderer Hersteller – spielt für den Einsteiger in der Regel noch keine nennenswerte Rolle. Aber man sollte vorausschauend handeln. Denn mitunter wird aus dem Einsteiger schnell ein „Profi" und dann sind die Weichen womöglich falsch gestellt – und dies nur, weil bei der Systemauswahl nicht an die Zukunft gedacht wurde.

Märklin Einsteiger gelten als besonders markentreu und wer mit Märklin-Delta beginnt, bleibt in der Regel bei Märklin. Besitzt aber ein „Märklinist" bereits Triebfahrzeuge mit konventioneller Technik (also elektromechanischen, elektronisch unterstützten oder vollelektronischen Fahrtrichtungsschaltern), dann gewinnt die Kompatibilität plötzlich an Stellenwert. Für ihn ist es durchaus entscheidend, ob er mit Märklin Delta vorhandene Loks ohne jede Änderung weiterbetreiben

Systemeigenschaften von Einsteiger-Digitalgeräten für Gleichstrombahnen

Anbieter:	**Roco**	**Lehmann**	**Lenz Elektronik**	**Arnold**	**Trix**	**Fleischmann**	**Fleischmann**
Einsteiger-Geräte:	Roco Digital	LGB-Digital	Digital Plus	Commander 9	Central Control 2000	DIGITAL-control	FMZ-Control 4
Zahl steuerbarer Digital-Loks	8	8	99	9	9	5	4
Zahl der im Digital-Stromkreis steuerb. Analog-Loks	–	1	1	–	–	1) 7)	1) 7)
Digital-Lok i. Analog-Stromkreis steuerbar	ja	ja	ja	ja	nein	nein	nein
Digital-Loks anderer Digital-Systeme einsetzbar	–	–	–	–	ja, bis zu vier Loks	–	–
Mobile Fahrzeugsteuerung und -bedienung	ja	ja	ja	nein	nein	nein 8)	ja
Gemeinsames Spiel mehrerer Partner möglich	ja, bis zu 4 Bedienungseinrichtungen	ja, bis zu 8 Bedienungseinrichtungen	ja, bis zu 30 Bedienungseinrichtungen	nein	nein	ja, max. 2 Bedienungseinrichtungen	ja, bis zu 4 Bedienungseinricht. 2)
Übergabe bzw. Übernahme v. Zügen zw. den Bedienungseinrichtungen	ja	ja	ja	entfällt	entfällt	nein	ja 3)
Fahreigenschaften bei Digital-Loks besser als bei Analogbetrieb	nein	nein	ja, erheblich besser	ja, (Ankündigung d. Hersteller)	ja, erheblich besser	ja, erheblich besser 6)	ja, erheblich besser 6)
Vorhandener Analog-Trafo weiterverwendb.	Trafo i. Startpackung enth.	nein 4) versorgung	ja, zur Strom-	ja versorgung	ja, zur Strom-	nein	nein 4)
Einsteiger-Digital-Gerät b. Wechsel auf Vollversion d. Digital-Steuerung weiterverwendbar	nur der Trafo	nur der Trafo	ja, beim Start Set 01 handelt es sich bereits um die Vollversion!	ja, als Bremsgenerator in Signalhalteabschnitten (Ankündig.)	ja, als vollwertige Digitalzentrale	nein	ja, als Booster
Lok-Decoder bei Wechsel auf die Vollversion weiterverwendbar	ja	ja	ja	ja	ja	ja	ja
Lok-Decoder mit Schnittstellenstecker im Angebot	ja, nur für H0- Modelle	ja	ja, nur für H0- Modelle	ja, nur f. H0-Modelle (Ankündig.)	ja	nein	nein

1) Anzahl steuerbarer Analog-Loks hängt v. d. Zahl zusätzlich eingesetzter Analog-Trafos (jeweils ergänzt um FMZ-Koppler) ab

2) Anzahl der Bedienungseinrichtungen von 1) abhängig

3) Übergabe bzw Übernahme durch Wechsel des Handsteuergerätes machbar

4) Verwendung üblicher Trafos zwar möglich, führt aber zu Leistungseinbußen

6) Aussage gilt für die 1997 vorgestellten Lok-Decoder mit integrierter Motordrehzahlregelung

7) Bei dieser Betriebsweise müssen serienmäßige 14 V-Birnchen in allen Analog-Fahrzeugen – also auch Innenbeleuchtungen in Wagen – durch spannungsfestere 24 V-Lämpchen ersetzt werden

8) Eine Lok nach Ergänzung mit Handsteuergerät

Systemeigenschaften von Einsteiger Digitalgeräten für Wechselstrombahnen

Anbieter:	**Märklin**	**Märklin**
Einsteiger-Geräte:	Delta-Control	Delta-Station
Zahl steuerbarer Digital-Loks	5	4
Zahl d. im Digital-Stromkreis steuerbaren Analog-Loks	–	–
Digital-Lok im Analog-Stromkreis steuerbar	1)	1)
Digital-Loks anderer Digital-Systeme einsetzbar	nein	nein
Mobile Fahrzeugsteuerung und -bedienung	nur eine Lok mit Delta-Pilot	ja
Gemeinsames Spiel mehrerer Partner möglich	ja, max. 2 Bedienungs-einrichtungen	ja, bis zu 4 Bedie-nungseinrichtungen
Übergabe bzw Übernahme von Zügen zwischen den Bedienungseinrichtungen	nein	ja
Fahreigenschaften bei Digital-Loks besser als bei Analogbetrieb	nein 2)	nein 2)
Vorhandener Analog-Trafo weiterverwendbar	ja, Märklin-Fahrpult notwendig	nein 3)
Einsteiger-Digital-Gerät bei Wechsel auf Vollversion der Digital-Steuerung weiter verwendbar	ja, als Booster	nein
Lok-Decoder bei Wechsel auf die Vollversion weiterverwendbar	ja	ja

1) Nur nach manueller Umstellung der Betriebsart in der Lok ist diese Betriebsart noch möglich

2) Fahreigenschaften sind deutlich besser, wenn anstelle des Delta-Lok-Decoders der Digital-Antriebs-Set, Artikel Nr. 6090, in die Loks eingebaut wird

3) Verwendung üblicher Trafos zwar möglich, führt aber zu Leistungseinbußen

kann. Das funktioniert leider nicht. Die Folge: in jede Märklin-Lok muß anstelle des Fahrtrichtungsschalters ein Lok-Decoder eingebaut werden. Auch der umgekehrte Fall funktioniert inzwischen nur noch bedingt. Der früher problemlos mögliche Betrieb von Delta-Loks mit herkömmlichen Märklin-Trafos auf Wechselstromanlagen setzt bei Delta-Lok-Decodern neuer Fertigung eine manuelle Umstellung in der Lok auf diese Betriebsart voraus – ein Beispiel für einen technischen Rückschritt zum Nachteil des Anwenders.

Für Gleichstrom-Modellbahner – egal ob sie sich nun der Baugröße N oder H0 verschrieben haben – besitzt die Kompatibilität von vorneherein einen hohen Stellenwert, denn hier besteht nicht nur eine größere Auswahl an Steuerungen, sondern auch ein ungleich umfangreicheres Angebot freizügig einsetzbarer Fahrzeuge. Zwangsläufig fällt die Antwort zum Thema Kompatibilität hier differenzierter aus. Wer beispielsweise mit einer Roco Startpackung beginnt, verbaut sich die Möglichkeit, später einmal Loks mit Fleischmann FMZ-Lok-Decodern oder Trix-Loks mit Selectrix-Lok-Decodern auf seiner Anlage einsetzen. Wer dagegen mit dem Central Control 2000 einsteigt, der kann neben Selectrix-Loks auch Fahrzeuge mit Arnold-, Digital Plus, Märklin= oder Roco-Lok-Decodern auf seiner Anlage verwenden.

Wer bereits Gleichstrom-Loks mit herkömmlicher Technik besitzt und von konventioneller auf digitale Steuerung umsteigen möchte, für den stellt sich die Situation wiederum anders dar.

Für Umsteiger ist es wichtig, daß man mit den Systemen von Lehmann (LGB-Digital), Lenz Elektronik (Digital Plus) und Fleischmann (DIGITALcontrol, FMZ Control 4) – dagegen nicht mit Roco (Roco Digital) – neben Lokomotiven mit Lok-Decodern auch ganz normale Gleichstrom-Loks mit konventioneller Technik zusammen mit Digital-Loks fahren lassen kann.

Der Vorteil ist offenkundig: es müssen nicht gleich zu Beginn der Umstellung sämtliche Fahrzeuge mit einem Lok-Decoder nachgerüstet werden; vielmehr erlaubt dieser Systemvorteil einen schrittweisen, allmählichen – an den finanziellen Möglichkeiten orientierten – Übergang von „analog" auf „digital".

Bei Digital Plus, LGB Digital und Roco Digital kommt als weiterer Vorzug hinzu, daß Digital-Loks selbst auf konventionellen Anlagen mit üblichen Gleichstrom-Trafos gesteuert werden können.

Arnold Digital (neu) und Trix-Selectrix sind artreine Systeme. Wer auf diese Fabrikate von konventioneller Technik umsteigt, der muß alle Loks auf einmal mit Lok-Decodern ausstatten.

Für Umsteiger ist auch von Bedeutung, ob beispielsweise vorhandene Trafos weiterverwendbar sind. Gleichermaßen interessant für Ein- wie Umsteiger ist die Frage, ob und gegebenenfalls welche Konsequenzen ein späterer Aufstieg zu den Vollversionen der jeweiligen Digital-Steuerungen hat. Was geschieht in diesem Fall mit den Digital-Einsteiger-Geräten? Sind sie weiterhin verwendbar? Funktionieren die Lok-Decoder auch zusammen mit den Vollversionen?

Diese Beispiele zeigen, daß die zunächst vielleicht einfach erscheinende Systementscheidung weitreichende Konsequenzen für den künftigen Ausbau der Modellbahn hat.

Genormte Elektrische Schnittstellen

Einbaukosten und Wartezeiten für die Lok-Decodermontage sind nicht im Sinne des Anwenders. Deshalb hat beispielsweise Trix für N-Bahnen eine zwischenzeitlich genormte Schnittstelle (NEM 651, sowie NMRA RP 9.1.1) für den einfachen und fehlerfreien Umstieg von Analog- auf Digitalbetrieb entwickelt, die sogenannte S-Schnittstelle (wie Small = klein). Für Gleichstrom-Fahrzeuge der Baugröße H0 wurde eine prinzipiell vergleichbare Schnittstelle durch die Firmen Roco und Lenz entwickelt und genormt (NEM 652) und auch für Wechselstromfahrzeuge gibt es eine entsprechende Norm (NEM 653). Auch für Großbahnen (LGB, Märklin I und Maxi) liegt eine Schnittstellennorm vor (NEM 654). Die Grundsätze dieser Normen sind in der NEM 650 festgelegt und zwar handelt es sich hierbei sowohl um die fahrzeugseitige wie die lokdecoderseitige Ausführung (Abmessungen, Anordnung von Buchsen und Steckern, elektrische Belastbarkeit der Steckverbindungen, Farben von Kabeln, usw.).

Genormte Schnittstelle für Baugröße N. Hier als Beispiel eine Minitrix-Lok mit Analog-Platine, aus der Steckverbindung gezogener Platine (leerer Platinenausschnitt) und eingestecktem Lok-Decoder.

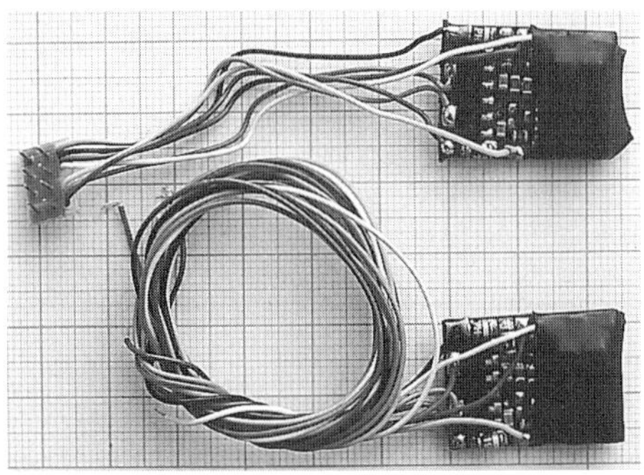

Lok-Decoder mit Schnittstellen-Stecker (oben) im Vergleich zu einem Exemplar mit üblichem Kabelanschluß (unten)

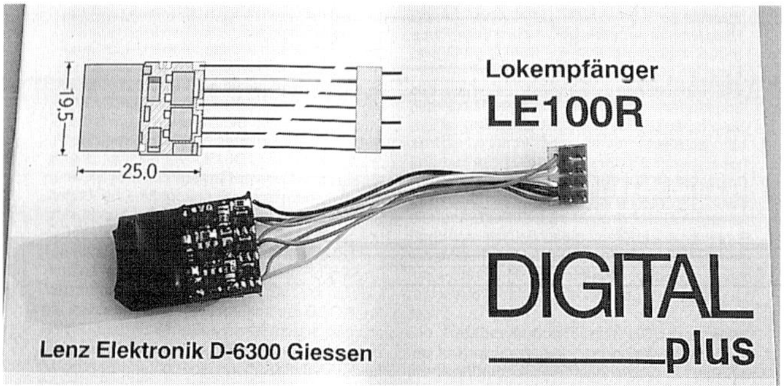

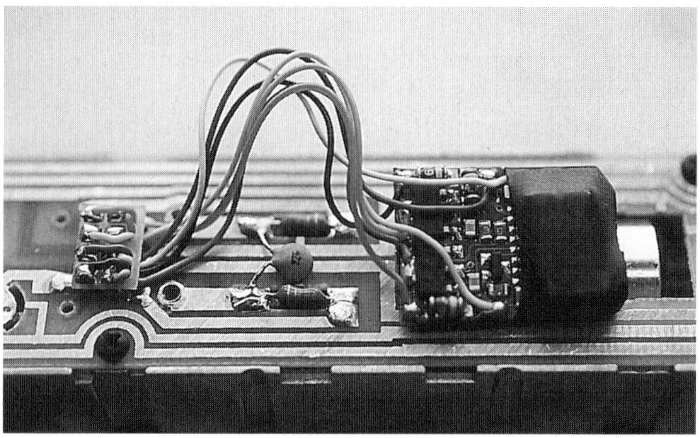

Für den Anwender ist entscheidend, ob ein Hersteller Fahrzeuge und Lok-Decoder mit genormten „Elektrischen Schnittstellen" ausrüstet oder nicht. Denn bei Fahrzeugen und Decodern mit Schnittstellen entstehen weder Wartezeiten für Umrüstungen, noch Umbaukosten für Loks.

Die Schnittstellentechnik baut Systemschranken ab – künftig kann in eine Fleischmann-Lok auch ein Roco-Lok-Decoder eingebaut werden – und hilft darüberhinaus Zeit und Geld sparen.

Die Schnittstelle erlaubt dem Handel nur einen Typ jeder Lok – also nicht etwa eine Analoglok und zusätzlich noch eine Digitalversion – vorzuhalten. Außerdem genügt für alle Fahrzeuge ein einziger Lok-Decodertyp mit einheitlichem Stecker.

Folgekosten des Digitalbetriebes

In der Regel schwebt schon jedem Anfänger eine große Modellbahn mit vielen Zügen, Weichen und Signalen vor. Demnach sollten neben den Einstiegskosten auch die Folgekosten der neuen Technik beim späteren Ausbau bedacht werden. Für die Triebfahr-

Lok-Decoder mit Schnittstellenstecker der Fa. Lenz für genormte Schnittstelle in Zweischienen-Zweileiter-Gleichstrom-Loks der Baugröße H0

Roco-Lok mit betriebsfertig angeschlossenem Lok-Decoder (links der in der Buchse steckende Stecker, rechts der Lok-Decoder)

Normung elektrischer Schnittstellen gemäß NEM 650; hier eine ergänzte Darstellung

Norm	NEM 651	NEM 652	NEM 653	NEM 654
Ausführung der Schnittstelle:	Klein (S)	Mittel (M/a)	Mittel (M/b)	Groß (L)
Bevorzugte Anwendung für Baugröße:	N	H0, Motor mit Permanentmagnet	H0, Motor mit Feldwicklungen	Großbahnen, wie z.B. LGB, Märklin I
Schnittstellenanschlüsse und Layout der Kontaktanordnung:	6, 1 x 6	8, 2 x 4	9, 1 x 9	4, keine Vorgaben
Schnittstellenausführung in der Lok:	Buchse	Buchse	Buchse	Stecker
Raster (Kontaktabstand) in mm:	1,27	2,54	1,5	keine Vorgabe
Stiftform (am Lokdecoder):	rund	rund	rund	rund
Stiftlänge in mm:	5	4	4	7,5
Stiftdurchmesser in mm:	0,25	0,5	0,5	1,25
Zulässiger Dauerstrom in Ampere	0,5	1,5	1,5	4,0
Spitzenstrom in Ampere	0,75	3,0	3,0	6,0

zeuge gilt, daß die Lok-Decoderkosten durch deren Vorteile – hier insbesondere das hohe Maß an freizügigen Betriebsmöglichkeiten ohne Verdrahtung – mehr als nur aufgewogen werden.

Hinsichtlich der Aufwendungen für vorbildgerecht verzögerte Brems- und Anfahrvorgänge vor Signalen fällt der Vergleich zwischen neuer und alter Technik schon schwerer. Wie noch gezeigt wird, braucht man dazu bei einem Digitalsystem lediglich eine billige Diode, bei anderen Fabrikaten aber gleich mehrere Zusatzgeräte, deren Preis dem konventioneller Anfahr/Bremsschaltungen zumindest nicht nachsteht.

Denkt man gar an das digitale Schalten von Weichen, Signalen, Entkupplungsgleisen, usw., dann stehen dem bei konventioneller Technik mitunter erheblichen Verdrahtungsaufwand keineswegs vernachlässigbare Ausgaben für Digitalstellpulte und Magnetartikeldecoder gegenüber. Von einer Ausnahme (Digital Plus) abgesehen sind Einsteiger-Geräte nicht zum Schalten von Magnetartikeln ausgelegt. Das heißt, daß hierzu die jeweilige Vollversion des Einsteiger-Gerätes gebraucht wird. Digitales Schalten wird im Vergleich zu konventioneller Technik interessant, wenn nicht nur einzelne Weichen und Signale, sondern gleich ganze Fahrstraßen per Knopfdruck gestellt werden sollen. Bei solchen Anwendungen bietet die Digitaltechnik eine mit Relaisschaltungen nicht erreichbare Flexibilität.

Neben dem Fahren und dem Schalten besteht bei Modellbahnen ein drittes Aufgabenfeld, nämlich das Melden von Zuständen. Darunter fällt beispielsweise die Information des Bedieners über freie und besetzte Gleisabschnitte. Auch diese Aufgabe erfordert in der Regel die Vollversion der jeweiligen Digitalsteuerung, wobei man schon beim Einstieg wissen sollte, daß nicht alle Vollversionen für die Übertragung von Meldungen ausgelegt sind. Auch auf diesem Sektor reduziert die Digitaltechnik den Verdrahtungsaufwand beträchtlich; insbesondere wird die noch verbleibende Verdrahtung sehr übersichtlich. Aber wie schon das digitale Schalten, so erfordert auch das digitale Melden nicht zu vernachlässigende finanzielle Aufwendungen.

So erscheint es durchaus sinnvoll, wenn zumindest anfänglich die meisten Einsteiger eine Kombination aus digitalem Fahren und konventionellem Schalten und Melden bevorzugen.

> Bei der Entscheidung für ein Einsteiger-Digitalsystem müssen immer auch die Eigenschaften der zugehörigen Vollversion im Auge behalten werden – nur so kann zukunftsorientiert entschieden werden.

Freizügiger Betrieb – Chancen und Grenzen

Freizügiger Betrieb mit vielen Zügen ohne den geringsten Verdrahtungsaufwand lautet ein übereinstimmender und oft zitierter Vorzug aller Einsteiger-Digitalsteuerungen.

Aber der Objektivität willen müssen auch die Grenzen aufgezeigt werden. Die Sicherheit des Betriebes bei der großen Eisenbahn beruht auf der Einteilung aller Strecken in einzelne Abschnitte, sogenannte Blöcke. Jeder Block ist durch ein Signal gesichert. Und ein Zug darf erst in den nächsten Blockabschnitt einfahren, wenn sich in diesem Block kein anderer Zug mehr befindet.

Diese „Blocksteuerung" läßt sich leicht vom Vorbild auf das Modell übertragen und erlaubt auch hier den gleichzeitigen, signaltechnisch gesicherten Betrieb mehrerer Züge. Damit ein Zug – ohne Zutun des Bedieners – auf eine Signalstellung reagiert, muß in einem Gleisabschnitt, dem sog. Signalhalteabschnitt, die Betriebsspannung bei HALT zeigendem Signal ausgeschaltet und bei FAHRT zeigendem Signal wieder eingeschaltet werden. Jeder Signalhalteabschnitt ist durch Isolierungen an beiden Enden von der übrigen Anlage elektrisch getrennt und über eine separate, schaltbare Stromzuführung versorgt. Die Verwendung von Signalen zieht also einen gewissen Verdrahtungsaufwand nach sich – auch bei Digitalsteuerungen.

Ein weiteres Beispiel dafür, daß es nicht ganz ohne Drähte geht, ist die sogenannte Gleisbesetztanzeige. Zur Überwachung – zum Beispiel in einem unterirdischen Abstellbahnhof – müssen die Gleise durch den Einbau von Isolierungen (Trennstellen) in einzelne Abschnitte aufgeteilt werden und jeder Abschnitt erhält eine separate Stromzuführung. In jede Zuleitung wird ein sogenannter Gleisbelegtmelder eingebaut, der Frei- und Besetztzustand erfaßt und meldet.

> Es wäre demnach eine Illusion zu glauben, daß mit der Verwendung von Digitalsteuerungen auch bei großen Anlagen alle Verdrahtungsarbeiten der Vergangenheit angehören. Aber die verbleibende Verdrahtung ist ungleich einfacher auszuführen, weil sie systematischer – und damit leichter überschaubar – ist.

Einsteiger-Digitalangebote

Grundsätzlich bieten sich zwei Wege an:

– Einstieg über betriebsfertige Digital-Start-Packungen oder

– Ein- und Umstieg (von Analog- zu Digitalbetrieb) mit individuell zusammengestellten Digitalgeräten und Digital-Loks

Die Offerte an Einsteiger-Digitalgeräten ist inzwischen bemerkenswert umfangreich. Deshalb zunächst eine Übersicht mit Angaben zur Eignung hinsichtlich der Baugröße und des „Stromversorgungssystems".

Ausgehend vom eigenen Wunschsystem kann man nun die Auswahl eingrenzen. So werden sich Märklin-Anhänger auf die beiden Delta-Versionen konzentrieren, während Gleichstrom-Fahrer ihren Blick vorwiegend auf die Angebote von Arnold, Digital Plus, Fleischmann, LGB, Roco und Trix richten dürften.

Digital-Lok-Angebot

> Gerade Hobby-Einsteiger winken ab, wenn ihnen der Fachhändler etwas von Umrüstbetrieben, Wartezeiten und zusätzlichen Umbaukosten erzählt. Das Geschäft funktioniert vielmehr nach dem Prinzip: Ladenbesuch, gewünschtes Produkt gleich mitnehmen, zu Hause aufbauen und spielen – möglichst ohne vorheriges Studium der Betriebsanleitung.

Eignung von Einsteiger-Digital-Geräten in Abhängigkeit der Baugröße und des Stromversorgungssystems

Baugröße:	**Z**	**N**	**H0 Gleich-strom**	**H0 Wechsel-strom**	**IIm (Leh-mann)**	**0**	**I**
Spurweite in mm:	6,5	9	16,5	16,5	45	32	45
Maßstab:	1 : 220	1 : 160	1: 87	1 : 87	1 : 22,5	1 : 45	1 : 32
Anbieter, Bezeichnung:							
Märklin, Delta Control				X			
Märklin, Delta Station				X			X
Roco, Roco Digital			X				
Lehmann, LGB Digital					X		
Lenz, Digital Plus		X	X		X	X	X
Arnold, Commander 9		X	X				
Trix, Central Control 2000		X	X				
Fleischmann, DIGITALcontrol		X	X				
Fleischmann, FMZ Control 4		X	X				

Der Kunde erwartet „mitnahmefertige, betriebsbereite Digital-Loks". Dies gilt in besonderem Maße für Anbieter „artreiner" Digitalsteuerungen wie Märklin, Roco und Trix.

Eine Digital-Lok unterscheidet sich von einer herkömmlichen Analog-Lok durch den eingebauten Lok-Decoder. Den aus diesem Bauteil resultierenden Preisunterschied sieht man den Komplettpreisen der Digital-Einsteiger-Sets natürlich nicht an. Aber dieser Aufpreis erlangt spätestens bei der Anschaffung der zweiten Digital-Lok an Bedeutung. Deshalb sollte man sich vor der Entscheidung für ein Digitalsystem die Fragen stellen:

– Wie umfangreich ist das Angebot an betriebsfertig angebotenen Digital-Loks?

– Wird das Angebot kontinuierlich erweitert, oder bleibt es auf wenige Typen begrenzt?

– Werden Lok-Decoder (zur Ausrüstung von Fremdfabrikaten oder zur Umrüstung vorhandener Analog-Loks) separat angeboten?

– Bietet der Hersteller ein Nachrüstkonzept für vorhandene Analog-Loks an, oder muß man sich zum Einbau von Lok-Decodern an eine Spezialwerkstatt wenden?

– Was kostet ein einzelner Lok-Decoder (Lieferpreis)?

– Was kostet der Einbau eines Lok-Decoders in eine Analog-Lok?

Grundsätzlich fährt der Anwender beim Kauf betriebsfertiger Digital-Loks günstiger, als beim Kauf einer Analog-Lok in Verbindung mit einem nachträglichen Lok-Decodereinbau. Folglich verbuchen in der Regel diejenigen Digitalanbieter Vorteile, die zahlreiche betriebsfertige Digital-Loks anbieten.

Aber selbst die Lieferung betriebsfertiger Digital-Loks vermag zwei Probleme nicht zu lösen:

– Umbau von Fremdfabrikaten und

– Nachrüstung bereits vorhandener Lokomotiven.

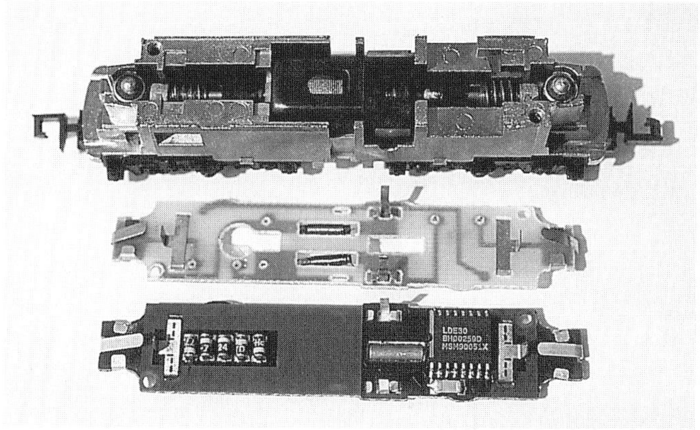

Das von Arnold angebotene Nachrüstungsverfahren stellt einen anwenderfreundlichen Weg zum Einbau von Lok-Decodern in N-Loks dieses Herstellers dar. Dabei wird aus dem Fahrgestell (oben) die Platine der konventionellen Lok (Mitte) ausgebaut und einfach durch ein Exemplar mit integriertem Lok-Decoder (unten) getauscht – quasi automatisch ist so eine betriebsfertige Verdrahtung hergestellt.

Die ehemalige Fa. Arnold hat als interessante Variante bereits 1989 mit Einführung von Arnold Digital (alt) das sogenannte Nachrüstungsverfahren kreiert. Dabei wird einfach die komplette Platine einer Arnold-Analog-Lok durch eine neue Platine mit integriertem Lok-Decoder ersetzt. Das Verfahren besticht durch Einfachheit, Zuverlässigkeit, Schnelligkeit und ist zudem kostengünstig.

Das Nachrüstungsverfahren hilft Besitzern von Arnold-Loks ungeheuer – aber was macht man mit Fahrzeugen von Märklin, Trix, Roco, Fleischmann, Hobbytrain, usw.? Eine Fleischmann-Lok ist nun einmal nicht mit betriebsfertig eingebautem Arnold-Lok-Decoder lieferbar. Die Folge: zusätzliche Kosten und Wartezeiten entstehen für Umrüstungen in Spezialwerkstätten. Lok-Decoder müssen demnach auch einzeln erhältlich sein. Ihre Lieferpreise schwanken je nach Digitalsystem zwischen etwa 50,– DM und ca. 130,– DM, wobei für die meisten Decoder um die 90,– DM zu veranschlagen sind.

Nun bestimmt nicht allein der Lieferpreis die Mehrkosten der „Digitalisierung", sondern in erster Linie ist der Einbau kostenbestimmend. Und auch in diesem Punkt unterscheiden sich die Herstellerangebote beträchtlich. So gibt es Modellbahnanbieter, die ein fabrikatsgebundenes Nachrüstungs-

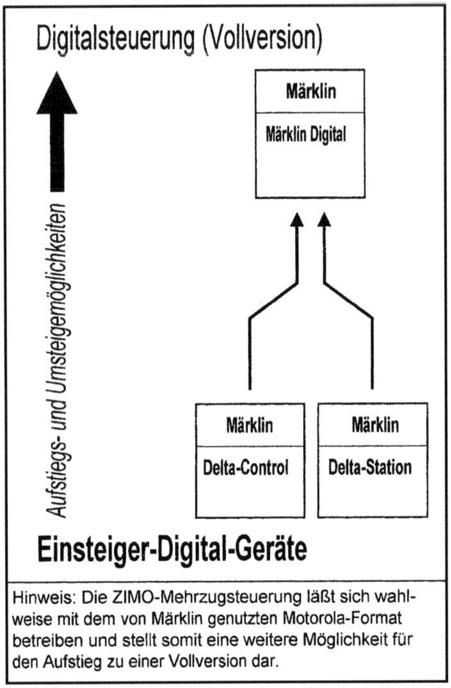

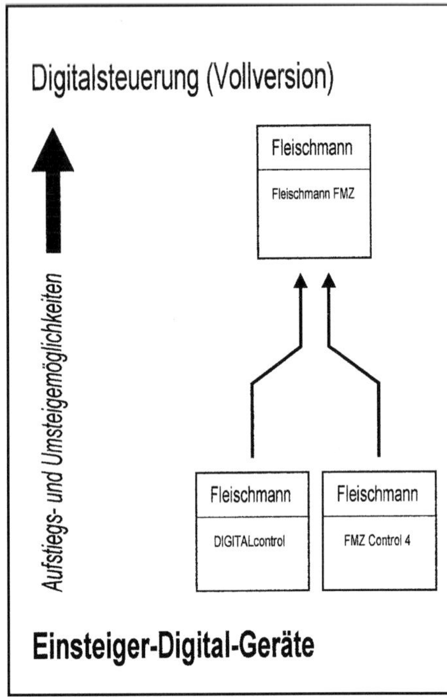

Links: Märklin-Einsteiger-Digital-Fahrpulte und zugehörige Aufstiegsmöglichkeit zur vollwertigen Digitalsteuerung Märklin Digital für Wechselstrombahnen.

Rechts: Einsteiger-Digital-Fahrpulte von Fleischmann für Gleichstrombahnen der Baugrößen N und H0 und zugehörige Aufstiegsmöglichkeit zur Vollversion der Digitalsteuerung.

konzept entwickelt haben. Dort beschränkt sich der Digitalisierungsaufwand auf den Austausch der vorhandenen Analog-Platine gegen ein Exemplar mit integriertem Lok-Docoder – zweifellos eine interessante Methode. Aber was tun, wenn man ein Fremdfabrikat – beispielsweise eine Fleischmann-Lok – mit einem Arnold-Lok-Decoder ausrüsten will? Dann ist man in der Regel auf die Hilfe einer Spezialwerkstätte angewiesen.

Fabrikatsbindung und Aufstiegsmöglichkeiten zu Vollversionen

Diese Themen gewinnen im Zusammenhang mit modernen Fahrzeugsteuerungen einen neuen Stellenwert. Eine Märklin-Digital-Lok fährt nicht mit Fleischmann FMZ-Geräten und eine Selectrix-Lok nicht mit einer Digital-Plus-Steuerung – so ist die Situation.

Die Systemschranken sind durch moderne Digital-Steuerungen leider nur noch ausgeprägter geworden. Insbesondere der Einsteiger vermag den Systemdschungel kaum zu durchschauen.

Die folgenden drei Skizzen zeigen in der unteren Reihe jeweils die zur Auswahl stehenden Einsteiger-Digitalsteuerungen. In der oberen Reihe sind die Vollversionen dargestellt, zu denen später aufgestiegen werden kann. Die Verbindungspfeile symbolisieren mögliche Aufstiegs- und Umstiegsmöglichkeiten unter Beibehaltung der bei den Einsteiger-Digitalsteuerungen verwendeten Digital-Loks und – soweit zutreffend – auch der Analog-Loks. Es sind nicht alle denkbaren Kombinationen dargestellt, sondern nur die wichtigsten. Je dicker ein Verbindungspfeil, desto empfehlenswerter ist die entsprechende Lösung.

Wer mit Märklin-Delta oder mit der Fleischmann FMZ Control 4 anfängt, der muß auch

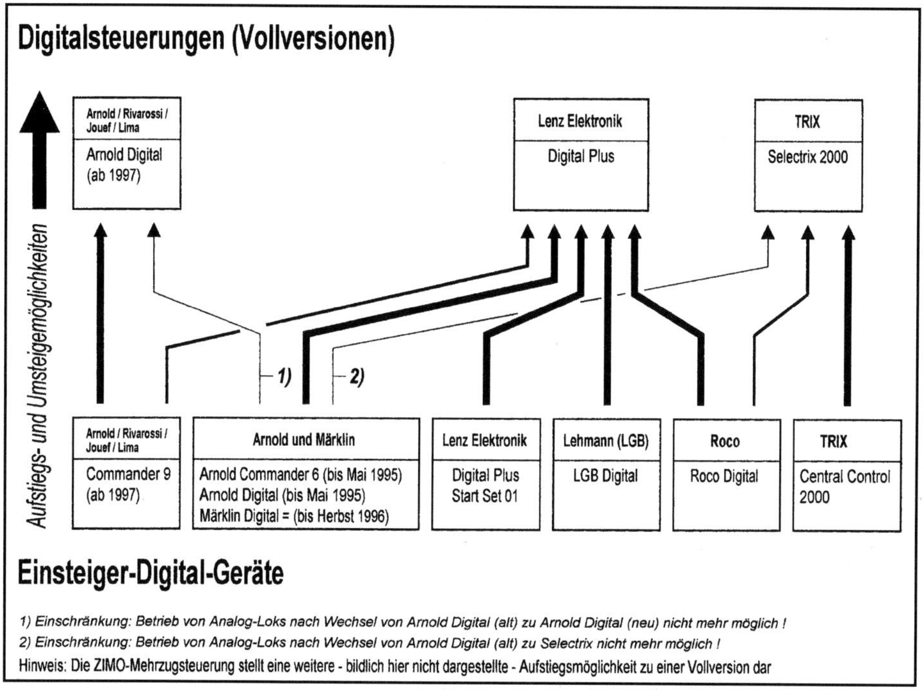

Einsteiger-Digital-Fahrpulte für Gleichstrombahnen und zugehörige Auf- und Umstiegsmöglichkeiten zu vollwertigen Digitalsteuerungen

später bei Märklin-Digital bzw Fleischmann FMZ bleiben – bei diesen beiden Herstellern herrscht strikte Fabrikatsbindung; es handelt sich in beiden Fällen um „in sich geschlossene Systeme". Deshalb sind diese Fabrikate auf separaten Abbildungen dargestellt.

Wer beispielsweise mit einer Roco-Digital-Startpackung beginnt, hat später eine vergleichsweise breite Gerätepalette zur Auswahl. Das beginnt bei Digital Plus und reicht bis hin zu Trix Selectrix. Denn mit der Central Control 2000 von Trix lassen sich in ein- und demselben Digital-Stromkreis neben Triebfahrzeugen mit Trix-Lok-Decodern auch Fahrzeuge mit Lok-Decodern von Arnold (alt), Roco, Märklin= (Gleichstrom) und Digital Plus betreiben. Aber mit der Selectrix-Steuerung können die Fahrzeugeigenschaften dieser Hersteller nicht programmiert werden – wenn man so will stellt dies bereits eine wesentliche Einschränkung dar.

Unproblematisch erscheint dagegen der Aufstieg von Arnold Commander 6 (alt), Arnold Digital (alt), Märklin Digital= (Gleichstrom), LGB Digital und Roco Digital zu Digital Plus. In diesen Fällen lassen sich die Lok-Decoder der Einsteigersysteme mit Digital Plus programmieren. Vor allem ist bei einem Aufstieg zu Digital Plus auch weiterhin der Einsatz von Analog-Loks im Digital-Stromkreis gewährleistet.

Das bislang nur avisierte, neue Digitalsystem vom Firmenverbund Arnold/Rivarossi/Jouef/Lima wurde zwar in die Abbildung aufgenommen. Nach Auslieferung muß aber erst einmal durch ausgiebige Praxistests untersucht werden, inwieweit die vom Hersteller angekündigte „uneingeschränkte Kompatibilität" tatsächlich erfüllt ist. Heute läßt sich nämlich schon feststellen, daß Betreiber von Arnold Digital (alt) eben nicht ohne Abstriche zu Arnold Digital (neu) aufsteigen können – sie müssen auf jeden Fall auf den Einsatz ihrer bislang mit dem alten System einsetzbaren Analog-Loks beim angekündigten Arnold Digital (neu) verzichten.

Einen weiteren Sonderfall stellt der österreichische Hersteller ZIMO dar. Er bietet seit Jahren eine vielfältig nutzbare Mehrzugsteuerung für Profis an, aber eben kein mit Märklin, Fleischmann oder Roco vergleichbares Einsteiger-Gerät.

Neuerdings lassen sich mit dieser Profi-Steuerung (zusätzlich zum firmeneigenen Standard) auch nach dem NMRA-Standard und nach dem Motorola-Standard arbeitende Triebfahrzeuge mit Lok-Decodern betreiben.

Somit bietet sich – klammert man einmal Fleischmann- und Selectrix-Einsteiger aus – allen anderen Digital-Einsteigern eine weitere Aufstiegsmöglichkeit zu einer Profi-Digitalsteuerung – nämlich ZIMO. Für Spezialisten lohnt sich eine Prüfung dieser Offerte.

Zusammenfassung

Schon beim Aufbau einer Modellbahnanlage für den Betrieb mit wenigen Zügen wird ein wesentlicher Vorteil von Digitalsteuerungen gegenüber herkömmlichen Trafos deutlich, nämlich der Wegfall komplizierter Verdrahtungsarbeiten. Bei der Bedienung sind ein erweiterter Aktionsradius und die Möglichkeit zum gemeinsamen Spiel mehrerer Partner als Pluspunkte zu verzeichnen. Schließlich überzeugen einige Einsteiger-Digitalgeräte mit guten Fahreigenschaften und fernsteuerbaren Funktionen – also einem deutlichen Gewinn an Spielfreude. Andererseits dürfen Konsequenzen des Digitalbetriebes wie Fabrikatsbindung und Folgekosten bei der Entscheidung für ein System nicht übersehen werden.

2 Märklin Delta Control

Dies ist eine sehr preiswerte, einfach zu bedienende, speziell für Märklin-H0-Bahnen entwickelte Einsteiger-Digitalsteuerung zum Betrieb von bis zu vier bzw. fünf Zügen. Voraussetzung für den Digitalbetrieb ist die Ausrüstung sämtlicher Triebfahrzeuge mit einem sogenannten Delta-Lok-Decoder, der das mechanische Fahrtrichtungsrelais ersetzt. Ein späterer Aufstieg zum Profi-System Märklin Digital ist unter Beibehaltung der Delta-Loks problemlos möglich.

Einstiegsvarianten

Sämtliche Delta Komponenten werden separat angeboten. Es gibt aber auch sog. Delta Startpackungen. Sie enthalten neben einem leistungsfähigen Märklin-Trafo ein Triebfahrzeug mit einem Delta-Lok-Decoder, aber kein Delta Control. Letzteres muß beim Kauf der zweiten Delta-Lok zusätzlich erstanden werden.

Kompatibilität

Märklin Delta ist eine artreine Mehrzugsteuerung, denn alle in einem Delta-Stromkreis eingesetzten Triebfahrzeuge müssen mit einem Delta-Lok-Decoder ausgerüstet sein.

Ferner können sämtliche Märklin-Digital-Loks für den Delta Betrieb verwendet werden. In diesen Fahrzeugen eingebaute Funktionen – wie Licht, Telex-Kupplung, Rauchgenerator – funktionieren bei Delta-Betrieb allerdings nicht.

Konventionelle Märklin Lokomotiven mit

– mechanischen Fahrtrichtungsrelais

– elektronisch unterstütztem Fahrtrichtungsrelais

– vollelektronischen Fahrtrichtungsschaltern und

– konventionellem Hochleistungsantrieb (Fünf-Sterne-Antrieb)

lassen sich in Delta-Stromkreisen nicht einsetzen.

Märklin-Digital-Loks lassen sich bekanntlich mit jedem Märklin-Trafo auf jeder konventionellen Märklin-Anlage fahren – ein wichtiger Systemvorzug.

Dies galt bis vor kurzem auch ohne Einschränkung für Delta-Lok-Decoder. Während früher die Delta-Lok-Decoder selbsttätig erkannten, ob sie mit einem herkömmlichen Wechselstrom-Trafo auf einer konventionellen Märklinanlage fahren sollen, oder in einem Digital-Stromkreis mit einem Digital-Fahrgerät gesteuert werden, bedarf es heute einer manuellen Einstellung der Betriebsart durch den Anwender. Dazu muß die Lok geöffnet werden. Dann ist an einem vierpoligen Miniaturschalter die Betriebsart „Analogbetrieb" oder eine der vier Delta-Adressen einzustellen.

Eine Kompatibilität des Deltasystems mit Mehrzugsteuerungen anderer Hersteller besteht nicht.

Die Tabelle zeigt die Kombinationsmöglichkeiten verschiedener Fahrzeugsteuerungsarten innerhalb des Märklin-H0-Wechselstrom-Programmes. Die geschilderten Möglichkeiten sind zwar nicht durchweg erklärtes Ziel der Delta-Konzeption, sie veranschaulichen jedoch die technisch durchdachte und „durchgängige" Systemkonzeption.

Aufbau

Der gesamte Aufbau besteht aus der Ergänzung eines herkömmlichen Märklin-Trafos durch ein Gerät mit Lokwahlschalter namens Delta Control. Mit diesen beiden stationären Geräten können bereits bis zu vier Delta-Lo-

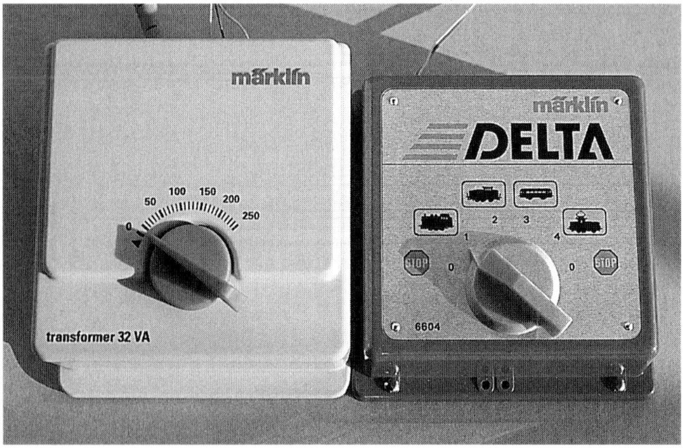

Märklin-Trafo ergänzt um ein Delta Control

komotiven ohne Verdrahtungsaufwand gesteuert werden.

Erweitert werden kann diese Anordnung durch ein als Delta Pilot bezeichnetes, mobiles, kabelgebundenes Handsteuergerät. Damit ist eine fünfte, auf Adresse 80 eingestellte Märklin-Digital-Lok – aber keine Lok mit Delta-Decoder! – einsetzbar. Folglich erlaubt Märklin Delta nicht nur den Betrieb von vier, sondern von bis zu fünf Triebfahrzeugen. Wird diese Kapazitätsgrenze erreicht, kann zu Märklin-Digital aufgestiegen werden. Dort lautet das Limit 80 Digital-Loks.

Bedienungskonzept

Im Grundsatz handelt es sich um eine „serielle" Steuerung, denn eine Lok wird nach der anderen aufgerufen (und gesteuert). Dazu besitzt das Delta Control einen Lokwahlschalter. Im Gegensatz zu anderen Mehrzugsteuerungen ist aber weder ein Fahrtrichtungsschalter, noch ein Geschwindigkeitssteuerknopf auf dem Delta Control vorhanden. Beide Funktionen werden vom Märklin-Trafo aus bedient, der darüberhinaus als Stromversorgung für das Delta Control dient. Daraus folgt dreierlei:

– das Delta Control läßt sich ausschließlich mit einem Märklin-Trafo kombinieren

– die Ausgangsleistung des Delta Control ist auf die des Märklin-Trafos von 32 VA begrenzt und

– schon aufgrund des Trafogewichtes handelt es sich um eine ortsfeste Digitalsteuerung

Die Ergänzung durch das Handsteuergerät Delta Pilot erlaubt die standortunabhängige Bedienung eines Triebfahrzeuges. Die Lok muß auf die Digitaladresse 80 eingestellt werden können. Diese Adresseneinstellung ist in der Regel nur bei teuereren Triebfahrzeugen der Märklin-Digital-Serie (nicht aber bei Delta-Loks) möglich.

Kompatibilität des Deltasystems mit anderen Märklin-Fahrzeugsteuerungsarten

	Fahrtrichtung und Geschwindigkeit steuerbar mit:			
	Märklin-Trafo	Delta Control	Delta-Station	Märklin Digital
Konventionelle Märklin-Lok	ja	nein 1)	nein 1)	nein 1)
Lok mit Delta-Lok-Decoder 6603	ja 5)	ja	ja	ja 2)
Lok mit Digital-Lok-Decoder 6080, 6081, 6090 und 6095	ja	ja 3) 4)	ja 3) 4)	ja

1) Loks fahren mit gleichmäßig hoher Geschwindigkeit, Fahrtrichtung und Geschwindigkeit sind nicht steuerbar, Beeinflussung der Fahrt nur durch Signale mit Zugbeeinflussung möglich

2) Am Control 80, 80f, und Infra Control 80f muß die entsprechende Delta-Lok-Adresse eingestellt werden

3) Am Lok-Decoder muß eine der vier Delta-Adressen eingestellt werden

4) Zusatzfunktionen von Digital-Loks (Licht, Telex-Kupplung) sind bei Delta-Betrieb nicht funktionsfähig

5) Betrieb einer Delta-Lok mit einem Märklin-Trafo setzt eine manuelle Betriebsartenumstellung in der Lok voraus

Stromversorgung

Neben der Fahrtrichtungs- und Geschwindigkeitssteuerung dient der Märklin-Trafo der Stromversorgung des Delta Control und des Fahrbetriebes. Da zumindest in der Theorie bis zu vier bzw fünf Loks gleichzeitig mit dem Delta Control fahren können, muß die leistungsfähigste Trafoausführung – also der Typ 6631 mit einer Gesamtausgangsleistung von 32 VA – verwendet werden. Pro Lok ist ein Leistungsbedarf von 9 VA anzusetzen. Damit wird deutlich, daß dem gleichzeitigen Betrieb mehrerer Züge Grenzen gesetzt sind. Bei drei fahrenden Zügen ist die Leistungsgrenze erreicht. Die Ausgangsstufe des Delta Control ist durch einen Thermoschalter mit Bimetallkontakt geschützt.

Das als Nachteil hinzustellen wäre jedoch nicht sachgerecht. Kaum eine Einsteiger-Anlage erlaubt den gleichzeitigen Betrieb so vieler Züge und kein Bediener kann mehr als bestenfalls zwei Züge gleichzeitig beobachten und steuern. Der Vorteil solcher Mehrzugsteuerungen ist vielmehr darin zu sehen, daß mehrere Triebfahrzeuge an jeder beliebigen Stelle einer Anlage ohne den geringsten Verdrahtungsaufwand abgestellt werden können; ein bestimmtes Fahrzeug läßt sich gezielt auswählen, fahren, danach wieder abstellen, ein anderes wählen und fahren.

Die VDE-Sicherheitsbestimmungen erfüllt die Delta-Mehrzugsteuerung quasi automatisch, weil der zur Stromversorgung notwendige Märklin-Trafo diese Vorgaben erfüllt.

Anschluß

Das Delta Control wird zwischen Märklin-Trafo und Gleisanlage eingefügt. Drei Leitungen zwischen Trafo und Delta-Gerät und zwei Leitungen vom Trafo zu den Gleisen bilden die gesamte „Verdrahtung". Die eindeutige, farbliche Kennzeichnung der Klemmen bzw Buchsen erleichtert den einfachen Anschluß zusätzlich. Andererseits bleibt unverständlich, weshalb der Trafo mit praktischen Schnellspannklemmen ausgestattet wurde, beim Delta Control aber Modellbahnbuchsen eingebaut sind, so daß zuerst einmal Stecker an die Leitungen montiert werden müssen.

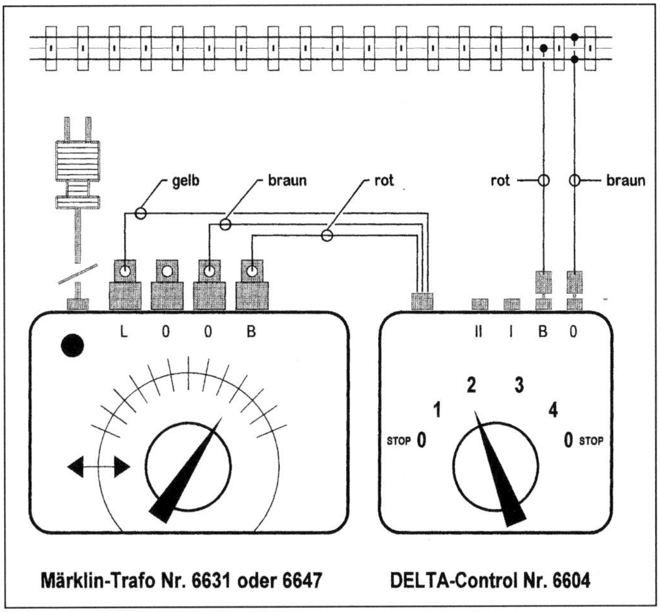

Anschluß des Delta Control an Trafo und Gleise

Inbetriebnahmevorbereitungen

Da den vier Lokwahlschalterstellungen des Delta Control und dem Delta Pilot fünf Digitaladressen fest zugewiesen sind, fallen an den stationären Geräten keine Inbetriebnahmevorbereitungen an. Etwas anders ist mittlerweile die Situation bei den Delta-Loks. Anfänglich gab es nur vier Delta-Loks mit vier verschiedenen, ab Werk am Delta-Lok-Decoder fest eingestellten Adressen. Lokwahlschalter auf das entsprechende Piktogramm (Loktypsymbol) einstellen und ohne weitere Vorbereitungen losfahren – das war alles.

Nachdem das Delta-Fahrzeugangebot inzwischen erheblich erweitert wurde, muß heute – wie bei anderen Digitalsystemen auch –

Lok-Symbol auf DELTA-Control	Lokwahlschalter-stellung	Digital-Adresse	Einstellung am DELTA-Decoder (alte Bauform)	Einstellung am DELTA-Decoder (neue Bauform)	Einstellung am Digital-Decoder
Dampflok	1	78		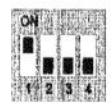	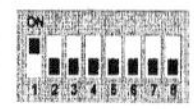
Diesel-Lok	2	72		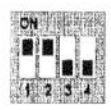	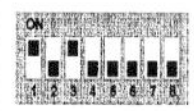
Triebwagen	3	60		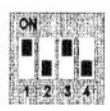	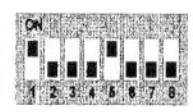
E-Lok	4	24			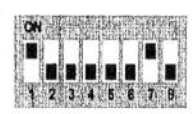
DELTA-Pilot	--	80			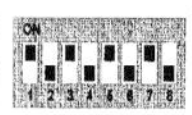

Lokwahlschalter-adressen und zugehörige Einstellungen der Miniaturschalter an Lok-Decodern

vor der erstmaligen Inbetriebnahme an einem in der Lok befindlichen, vierpoligen Miniaturschalter eine der vier Delta-Adressen des Delta Control eingestellt werden.

Zur Adresseneinstellung muß die Lok geöffnet werden und man braucht auch noch eine Tabelle zur richtigen Einstellung der vier Miniaturschalter. Deshalb erscheint das Märklin-Programmierverfahren – verglichen mit anderen Digial-Einsteiger-Systemen – fast etwas antiquiert.

Bedienung

Das Delta Control ist ein leichtes, pultförmig gestaltetes Gerät. Es ist etwas kleiner als der Märklin-Trafo und unterscheidet sich derzeit recht deutlich im Design vom gerade überarbeiteten Trafo. Gummifüßchen würden das ständige Hin- und Herrutschen von Trafo und vor allem dem leichten Delta Control verhindern. Auf der Oberfläche befindet sich ein griffgünstig gestalteter Drehschalter. Er hat vier eindeutig mit Lokomotivsymbolen und zusätzlich mit Ziffern gekennzeichnete Stellungen. Außerdem besitzt der Drehschalter zwei weitere mit „STOP" beschriftete Stellungen – sie fungieren als Not-Halt. Die Anschlüsse befinden sich auf der Geräterückseite.

Erste Bedienungshandlung ist naturgemäß die Auswahl der Lok, die man steuern möchte. Soll dies beispielsweise Lok Nr. 1 sein, so ist der Lokwahlschalter am Delta Control in Stellung 1 zu drehen und anschließend können am Märklin-Trafo in gewohnter Weise Fahrtrichtung und Geschwindigkeit der ausgewählten Lok bestimmt werden.

Die eigentliche Fahrzeugsteuerung unterscheidet sich also in keiner Weise von der bisher gewohnten. Das ist gerade für Anwender, die von konventionellem Betrieb auf Delta-Betrieb umsteigen, ein wesentlicher, bedienungstechnischer Pluspunkt.

Soll zusätzlich Lok 4 gesteuert werden, so dreht man den Lokwahlschalter in Stellung 4 und kann dann Lok 4 wie üblich mit dem Trafo steuern. Währenddessen fährt Lok 1 mit der zuletzt eingestellten Fahrtrichtung und der gewählten Geschwindigkeit solange weiter, bis sie erneut angewählt wird.

Zwischen Betätigung des Lokwahlschalters und der anschließenden, erstmaligen Reaktion einer Lok auf Fahrtrichtungs- und Geschwindigkeitsbefehle vergehen laut Bedienungsanleitung etwa 2 sec. Ursache ist die Drehschalterfunktion. Würden die Fahrzeuge (bei aufgedrehtem Geschwindigkeitssteuerknopf am Trafo) sofort nach der Einstellung einer bestimmten Drehschalterstellung losfahren, dann würden beispielsweise die auf der Anlage abgestellten Loks 2 und 3 starten, weil ja beim drehen des Schalters von Stellung 1 nach Stellung 4 die Stellungen 2 und 3 zwangsläufig überstrichen werden müssen. Die geräteinterne Logik geht also davon aus, daß eine länger als etwa 2 sec gleichbleibende Lokwahlschalterstellung wirksam sein soll. In der Fahrpraxis ist diese Wartezeit kaum registrierbar, denn während man mit der Hand vom Lokwahlschalter auf den Geschwindigkeitsteuerknopf am Trafo wechselt, ist die Reaktionszeit bereits vorbei.

Eine weitere Besonderheit dieser Steuerung ist die sog. Pausenschaltung. Wenn bei allen Adressen (sprich: Delta-Loks) die Fahrstufe „0" (Geschwindigkeitssteuerknopf in Null-

Stellung) eingestellt ist, schaltet das Delta Control nach kurzer Zeit die Spannung am Gleis ab. Dieses Verfahren soll bewirken, daß beim aufgleisen von Fahrzeugen Kurzschlüsse vermieden werden. Die Arbeitsweise der Pausenschaltung läßt sich leicht nachvollziehen, wenn zwischen Mittelleiter und Rückleiterschiene ein Modellbahnbirnchen angeschlossen wird. Die Problematik der Pausenschaltung wird in anderem Zusammenhang aufgezeigt.

Zur Fahrtrichtungs- und Geschwindigkeitssteuerung wird der übliche Märklin-Trafo verwendet. Deshalb geschieht der Richtungswechsel, indem der Geschwindigkeitssteuerknopf über die Nullstellung hinaus nach links gedreht wird. Dabei ist ein gut fühlbarer Druckpunkt zu überwinden. Natürlich sorgt die Elektronik dafür, daß die Fahrzeuge beim Fahrtrichtungswechsel nicht rucken. Beim Märklin-Trafo werden die Funktionen Fahrtrichtung und Geschwindigkeit mit einem einzigen Drehknopf bedient. Das hat den Vorteil, daß vor jeder Fahrtrichtungsänderung der Geschwindigkeitssteuerknopf zwangsläufig zuerst in Null-Stellung gedreht werden muß; zumindest ist damit ein Richtungswechsel bei voller Geschwindigkeit unterbunden.

Zur Geschwindigkeitseinstellung stehen lediglich 14 Fahrstufen zur Verfügung – die Voraussetzungen für eine besonders feinfühlige Steuerung sind damit – insbesondere bei Rangiergeschwindigkeiten – schon von der Theorie her nicht besser, als bei den anderen Einsteiger-Geräten (lobenswerte Ausnahmen: Selectrix mit 31 Fahrstufen und Digital Plus mit 28). Der relativ geringe Drehwinkel des Geschwindigkeitssteuerknopfes erleichtert eine präzise Geschwindigkeitseinstellung auch nicht gerade. Allerdings ist um den Einstellknopf nicht einfach ein in Richtung höherer Geschwindigkeit breiter werdender Strich, sondern eine Skala mit Ziffern aufgedruckt. Sie vereinfacht die Wiederholung einer einmal eingestellten Geschwindigkeit. Form- und Farbgebung des Geschwindigkeitssteuerknopfes erscheinen zweckmäßig. Zum einen hebt sich der rote Knopf deutlich vom weißen Gehäuse ab und zum anderen ist er griffgünstig gestaltet. Der in den Knopf integrierte Zeiger läßt einen nie im unklaren über die momentan eingestellte Geschwindigkeit.

Daß der Not-Halt nicht am Trafo – also unmittelbar neben dem Geschwindigkeitssteuerknopf – sondern auf dem Delta Control angeordnet ist, erscheint aus konstruktiven Gründen verständlich. Eine praxisgerechte Lösung ist das aber nicht, zumal ein Drehschalter sich nicht so schnell und eindeutig bedienen läßt wie eine Not-Halt-Taste. Dreht man den Schalter in eine der beiden Endlagen, so halten alle Triebfahrzeuge sofort an. Folglich handelt es sich um einen System-Not-Halt. Aufgehoben wird die Not-Halt-Funktion, indem man den Drehschalter wieder in eine der mit Loksymbolen gekennzeichnete Stellung dreht. Waren vor der Auslösung der Not-Halt-Funktion mehrere Loks in Betrieb, so fahren alle gleich wieder mit der ursprünglichen Fahrtrichtung und der vorherigen Geschwindigkeit weiter. Wurde zwischenzeitlich die Stellung des Geschwindigkeitssteuerknopfes verändert, so nimmt diejenige Lok nach einer kurzen Wartezeit die neue Geschwindigkeit an, auf deren Position nun der Lokwahlschalter steht.

Eine optische Überlastanzeige am Delta Control vermißt man, zumal beim neuen

Bedienungsoberfläche Delta Control und Delta Pilot

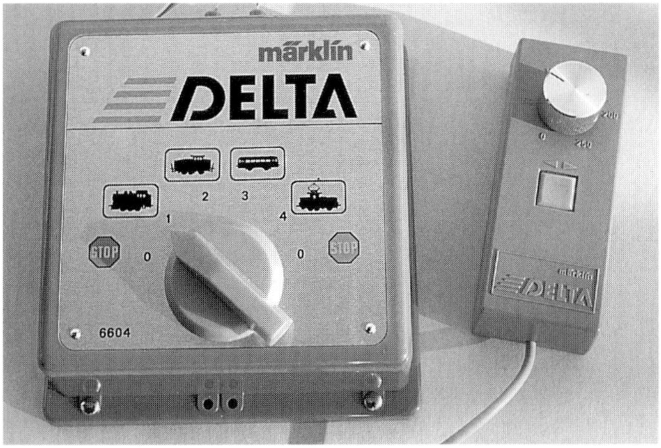

Trafo auch noch die beim Vorgängermodell vorhandene Meldeleuchte eingespart wurde. Begrenzte Abhilfe schafft ein zwischen Mittelleiter und einer Rückleiterschiene angeschlossenes Modellbahnbirnchen.

Ein vom Märklin-Digital-System her bekanntes Manko hat auch das Deltasystem, nämlich die Vorzugsfahrtrichtung. Stellt man eine Lok mit Fahrtrichtung rückwärts ab, schaltet die Anlage einige Stunden aus und anschließend wieder ein, dann fährt die Lok nicht – wie erwartet – rückwärts, sondern vorwärts. Wer seine Züge in einem Schattenbahnhof abstellt, der weiß, was diese Eigenschaft für die Bedienung in der Praxis bedeutet.

Weitere Bedienungsstellen

Zwar bietet Märklin mit dem sog. Delta Pilot eine zweite Bedienungseinrichtung an, sie dient aber nicht der wahlweisen Steuerung von normalerweise mit dem Delta Control aufgerufenen Fahrzeugen, sondern dem zusätzlichen Betrieb einer Lok mit Märklin-Digital-Lok-Decoder.

Der Delta Pilot ist eine kabelgebundene Walk-Around-Control, ein leichtes mobiles Handsteuergerät. Gesteuert werden kann nur ein auf die Adresse 80 eingestelltes Fahrzeug. Weil sich diese Adresse nur an Märklin-Digital-Decodern – und nicht etwa an Delta-Lok-Decodern – einstellen läßt, muß eine Digital-Lok angeschafft werden.

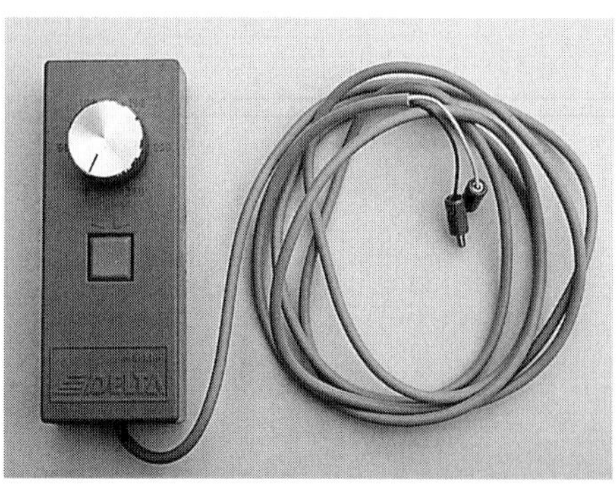

Der Delta Pilot, ein ortsveränderliches, kabelgebundenes Handsteuergerät zur Ergänzung des ortsfesten Delta Control

Wenn man so will, ist damit der Aufstieg zu Märklin Digital vorgezeichnet.

Der Delta Pilot wird über ein zweiadriges, 1,5 m langes Kabel mit zwei kleinen Modellbahnsteckern am Delta Control angeschlossen. Insbesondere Kinder ziehen im Eifer des Gefechtes häufig an dem Kabel. Wegen der fehlenden Zugentlastung vermag diese Anschlußart nicht ganz zu überzeugen; Reparaturen an den beiden Steckern sind die lästige Folge. Andererseits ermöglicht die Verwendung von Modellbahnsteckern eine Verlängerung des Kabels, wobei selbst bei 5 m keine Funktionsbeeinträchtigung des Delta Pilot auftrat.

Abweichend vom bei Märklin üblichen Bedienungskonzept sind beim Delta Pilot die Funktionen Fahrtrichtungswechsel und Geschwindigkeitsteuerung auf zwei Bedienungselemente verteilt.

Eine konsequente Übernahme des gewohnten Bedienungskonzeptes von den anderen Märklin-Fahr-Geräten auf den Delta Piloten wäre sinnvoller, als die Einführung einer neuen, vom gewohnten Standard abweichenden Bedienungsart.

Der als Einhandbedienung gedachte Delta Pilot hat zur Geschwindigkeitssteuerung einen griffgünstig geriffelten Drehknopf mit knapp ausreichendem Durchmesser und einem großen Drehwinkel von ca. 270°. Selbst an eine Strichmarkierung auf der Knopfoberfläche zur leichteren Erkennbarkeit der Knopfstellung wurde gedacht. Der erhoffte Nutzen des Drehwinkels von 270° stellt sich in der Praxis nicht ein. Zwischen dem Anschlag für Fahrzeugstillstand und der ersten Reaktion eines Fahrzeuges liegen schon mehr als 30° toter Drehwinkel und im oberen Geschwindigkeitsbereich bietet sich ein ähnliches Bild.

Unterhalb des Geschwindigkeitssteuerknopfes ist eine separate, rote Taste zur Fahrtrichtungsumschaltung vorhanden. Damit kann die Fahrtrichtung jederzeit – also selbst bei Höchstgeschwindigkeit – per Tastendruck geändert werden. Das mag Spaß bereiten und schadet den robusten Märklin-Loks wohl kaum, aber zumindest Modellbahnern fällt es schwer, sich mit dieser Eigenschaft anzufreunden.

Auch das Fehlen einer Not-Halt-Funktion auf dem Handsteuergerät kann nicht als Pluspunkt gewertet werden. Wird jedoch am Delta Control die Not-Halt-Funktion ausgelöst, so hält auch die mit dem Delta Pilot gesteuerte Lok, weil mit dieser Funktion die Digitalspannung am Gleis ausgeschaltet wird.

Weil der Delta Pilot mit der fest zugeordneten Adresse 80 arbeitet – also keinen Drehschalter zur Lokauswahl besitzt – kann mit diesem Gerät immer nur ein- und dieselbe Digital-Lok gefahren werden.

Die Übergabe einer Lok vom Delta Control (Bediener 1) zum Delta Pilot (Bediener 2) und umgekehrt ist nicht möglich – zweifellos stellt dies für das gemeinsame Spiel einen Nachteil dar.

Bedienungsanleitung

So einfach Anschluß und Handhabung der Delta-Komponenten sind, so verständlich und kurz gerieten die zugehörigen Bedienungsanleitungen. Eine Einleitung zum Delta-Mehrzugbetrieb, die Erläuterung des Geräteanschlusses mit einer farbigen Zeichnung, Bedienungshinweise und einige Anregungen zum späteren Übergang auf Märklin Digital sind die verständlich abgehandelten Themen.

So sollten alle Bedienungsanleitungen für Einsteiger-Geräte aussehen!

Delta Startpackungen

Begonnen hat die Delta-Serie vor gerade einmal fünf Jahren mit zwei nur in Startpackungen erhältlichen Loks und – in Anlehnung an die vier auf dem Delta-Modul aufgedruckten Fahrzeugsymbole – einer einzeln erhältlichen Dampflok BR 086, einer Diesel-Lok BR 216, einem Triebwagen BR 515 und einer E-Lok BR 140.

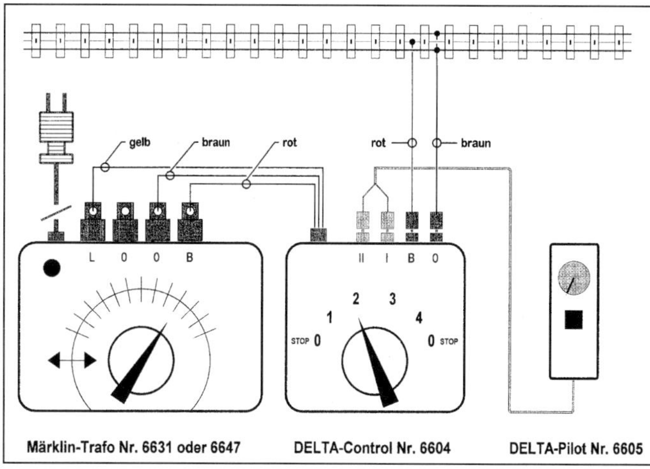

Anschluß Delta Control mit Delta Pilot

Im Märklin Katalog 1996/97 umfaßt das Angebot bereits fünf Startpackungen mit Delta-Loks (BR 089, BR 024, BR 041, BR 120 und ICE) und verschiedene Delta Sonderzugpackungen. Der Inhalt der Startpackungen variiert vom einfachen Gleisoval bis hin zu großen Ovalen mit Weichen und Gleisen für ein Überholungsgleis. Damit bietet Märklin ein breit gefächertes Startpackungsangebot für den Einsteiger.

Gemeinsam ist allen Startpackungen, daß in den darin enthaltenen Triebfahrzeugen ein Delta Lok-Decoder eingebaut ist. Bestandteil jeder Startpackung ist der leistungsfähigste Märklin Trafo. Dies ist sinnvoll, weil später nur mit dem 32 VA-Modell ein Mehrzugbetrieb funktioniert. Das Delta-Control zählt nicht zum Packungsinhalt, obwohl man dies aus der Bezeichnung schließen könnte. Da jede Delta Lok bei einer entsprechender Einstellung ihres Lokadressenschalters auch mit einem herkömmlichen Märklin Trafo gesteuert werden kann, ist jede Startpackung voll nutzbar. Damit kann ein Zug fahren. Das Delta Control benötigt man erst bei Anschaffung einer zweiten Lok mit Delta Lok-Decoder. Diese Systemeigenschaft führt zu günstigen Delta Startpackungspreisen. Die zweite Delta Lok wird natürlich durch das dann zusätzlich anzuschaffende Delta Control entsprechend teurer.

Beispiel einer Delta Startpackung mit leistungsfähigem Trafo, Delta Lok, Wagen, Gleisen, Weichen, usw – aber ohne Delta Control.

BR 086 mit eingebautem Decoder anstelle des elektromechanischen Fahrtrichtungsrelais.

Fahrzeugangebot

Im Märklin Katalog 1996/97 werden annähernd 40 verschiedene, einzeln erhältliche Loks mit eingebautem Delta-Lok-Decoder angeboten. Darüberhinaus ist der Delta-Lok-Decoder einzeln erhältlich. Jeder autorisierte Fachhändler kann fast jede Märklin-Lok auf Delta-Technik umrüsten. Folglich ist das Angebot an Delta-Loks als konkurrenzlos vielfältig einzustufen.

Elektrische Schnittstelle

Der Ausbau eines Fahrtrichtungsrelais und der Einbau eines Lok-Decoders verursacht Montagekosten. Es fallen immer noch Löt- und Kabelverlegearbeiten an. Derartige Arbeiten stellen eine vermeidbare Fehlerquelle dar. Eine Buchsen/Steckerkombination, also eine Elektrische Schnittstelle nach NEM 653, würde die Umrüstung nicht nur erheblich erleichtern, sie wäre auch schneller und in jedem Fall fehlerfrei durchführbar. Dies ist die eine Seite. Dennoch beabsichtigt Märklin offenbar nicht den Einbau genormter Elektrischer Schnittstellen in Loks und an Lok-Decodern. Warum? Drei Argumente werden angeführt: Zum einen verursachen Schnittstellenbuchse und Schnittstellenstecker bei jedem Lokmodell und jedem Lok-Decoder Mehrkosten und zum zweiten stellt jede lösbare Steckverbindung eine (vermeidbare) Fehlerquelle dar. Kontakte können korrodieren und so zu Funktionsstörungen führen. Bei Lötverbindungen kann eine solche Störung verfahrensbedingt garnicht auftreten. Und zum Dritten handele es sich beim Decodereinbau in der Regel eine einmalige Angelegenheit. Dafür sei der Aufwand zur ständigen Vorhaltung einer Buchsen/Steckerkombination kaum zu rechtfertigen.

Delta-Lok-Decoder

Wie erwähnt sind Delta Lok-Decoder auch einzeln erhältlich. Der Einbau dieser Decoder in vorhandene Märklin-Loks ist insofern einfach, als der notwendige Einbauraum durch den Ausbau des nicht mehr notwendigen Fahrtrichtungsrelais quasi automatisch zur Verfügung steht.

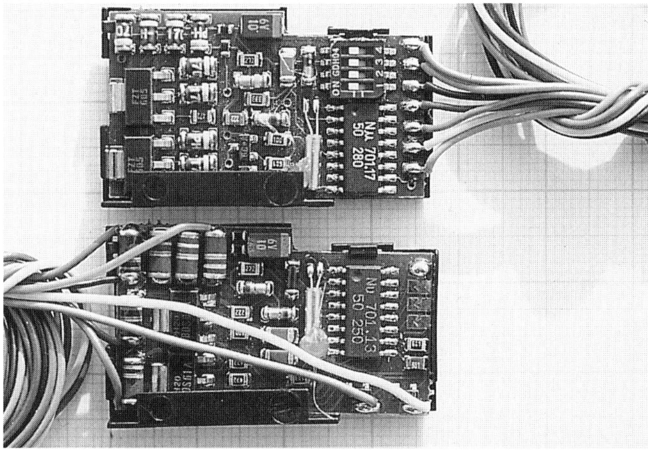

Alter, mit Lötbrücken (unten) und neuer, mit einem Miniaturschalter (oben) ausgerüsteter Delta-Lok-Decoder im Vergleich

Eine kostenaufwendige, spanabhebende Bearbeitung von Fahrgestellen zur Schaffung von Einbauraum für Lok-Decoder – wie sie zuweilen bei Gleichstromfahrzeugen erforderlich wird – entfällt bei Märklin-Loks.

Anfänglich waren die Adressen der Delta-Lok-Decoder mit Lötbrücken praktisch fest eingestellt. Nachdem das Delta-Fahrzeugangebot zwischenzeitlich beträchtlich erweitert worden ist , wurde die Adresseneinstellung von Lötbrücken auf vierpolige Miniaturschalter umgestellt. Nun können die Adres-

Fest programmierte Adressen am Lokwahlschalter des Delta Control und beim Delta Pilot, sowie zugehörige Adressen an Delta-Lok-Decodern

Lokwahlschalter-stellung am Delta Control	Zugehörige Adresse im Delta Control bzw. am Delta Pilot	Erforderliche Adressen-einstellung am Delta- bzw. Digital-Lok-Decoder
1	78	78
2	72	72
3	60	60
4	24	24
Delta Pilot	80	80 1)

1) Adresse 80 läßt sich nur an einem Digital-Lok-Decoder – nicht aber an einem Delta-Lok-Decoder – einstellen

sen vom Anwender gewählt werden. Das ist die positive Seite der geänderten Decoder.

Aber es gibt eine weitere Änderung: Loks mit alten Delta-Decodern erkennen automatisch, ob sie mit einem Märklin-Trafo in einem Wechselstrom-Stromkreis eingesetzt sind, oder mit einem Digital-Steuergerät in einem Digital-Stromkreis fahren sollen.

Bei der neuen Generation von Delta-Decodern muß der Anwender selbst am Miniaturschalter innerhalb der Lok einstellen, ob sie mit einem herkömmlichen Märklin Trafo gesteuert werden soll (diese Situation ist beispielsweise beim Erwerb einer Delta Startpackung gegeben), oder ob das Fahrzeug in einem Delta- bzw Digital-Stromkreis fahren soll.

Es gibt also nur noch entweder Analogbetrieb, oder Digitalbetrieb. Der Rückschritt ist nicht allein in den jetzt notwendigen manuellen Eingriffen in die Fahrzeuge, sondern vor allem darin zu sehen, daß nun eine Kombination von Wechselstrom- und Digital-Stromkreisen auf einer Anlage ausgeschlossen ist.

Früher mußten lediglich die Stromkreistrennstellen mit einer Trennstellenwippe ausgerüstet werden und schon erkannten und überfuhren die Delta-Loks die Stromkreisgrenzen. Heute erkennen sie die Art der Stromversorgung nicht mehr. Das steht im Widerspruch zu der bislang von Märklin so oft beschworenen, schrittweisen Umrüstungsmöglichkeit von Analog auf Digital – damit ist es nun endgültig vorbei.

Jeder der vier Lokwahlschalterstellungen am Delta-Gerät und dem Delta Pilot sind geräteintern Digital-Adressen fest zugeordnet. Die Lok-Decoder der zu steuernden Triebfahrzeuge müssen ebenfalls auf diese Adressen eingestellt sein.

Übersicht Adresseneinstellungen am Delta-Lok-Decoder

Lokwahlschalterstellung am Delta Control und Delta Pilot, sowie bei konventionellem Betrieb einer Delta-Lok mit einem Märklin-Trafo	Adresseneinstellung am Miniaturschalter des Delta-Lok-Decoders Nr. 6603				Entsprechende Digitaladresse
	1	**2**	**3**	**4**	
	–	2	3	4	02
	1	–	3	4	06
	–	–	3	4	08
	1	2	–	4	18
	–	2	–	4	20
4	1	–	–	4	24
	–	–	–	4	26
	1	2	3	–	54
	–	2	3	–	56
3	1	–	3	–	60
	–	–	3	–	62
2	1	2	–	–	72
	–	2	–	–	74
1	1	–	–	–	78
Delta Pilot	1	2	3	4	80
konventioneller Betrieb einer Delta-Lok mit Märklin-Trafo	–	–	–	–	—

An jedem Delta-Lok-Decoder können vom Anwender mit vier Miniaturschaltern insgesamt 15 Adressen eingestellt werden. Für den Delta-Betrieb braucht man maximal vier Adressen – was kann man mit den übrigen anfangen? Alle Adressen des Delta-Lok-Decoders lassen sich nutzen, wenn er als preiswerte Alternative zu Märklin-Digital-Lok-Decodern für Märklin Digital verwendet wird. Dies ist möglich, sofern man bereit ist, auf schaltbare Zusatzfunktionen und die Möglichkeit einer individuellen Adresseneinstellung zu verzichten.

Sollen serienmäßige Digital-Loks mit Märklin-Katalog-Nr. 36.. oder Katalog-Nr. 37.., oder Loks mit nachträglich eingebauten Lok-Decodern 6080, 6081 oder 6090 mit einem Delta Control betrieben werden, so braucht man nur die entsprechenden Adressen gemäß Tabelle an den Codierschaltern der Digital-Loks einzustellen.

Für Insider: Es gibt einige wenige Digital-Loks bei denen die Adresse fest vorgegeben ist (z.B. Köf II, Glaskasten, Micheline); sie scheiden für den Delta-Betrieb aus.

Für konventionelle Triebfahrzeuge mit Permanentmagnet-Motoren sind Delta-Decoder ebenfalls nicht verwendbar, weil dieser Decodertyp für Märklin-Motoren mit Feldmagnetspulen ausgelegt ist. Loks mit Permanentmagnet-Motoren lassen sich jedoch mit dem Delta Control fahren, wenn ein Lok-Decoder 6081 eingebaut und auf eine Delta-Adresse eingestellt wird.

Fahreigenschaften

Märklin-Loks besitzen in der Regel keine Permanentmagnetmotoren und damit auch kein Rastmoment. Außerdem haben sie Stirnzahnradgetriebe. Aufgrund dieser Konstruktionsmerkmale verlaufen Geschwindigkeitsänderungen grundsätzlich recht kontinuierlich. Die Kontaktsicherheit des Punktkontakt-Mittelleitersystems trägt erheblich zu einer unterbrechungsfreien Stromübertragung bei.

Diese Eigenschaften wirken sich auch beim Delta-Betrieb positiv auf die Fahreigenschaften aus. Selbst der Haltevorgang bei Not-Halt-Betätigung ist akzeptabel – es ist je nach momentaner Geschwindigkeit, Triebfahrzeugtyp und Anhängelast sogar ein gewisser Auslauf vorhanden. Somit entsteht bei dieser Betriebssituation keine Entgleisungsgefahr durch in Kurven oder auf Gefällestrecken nachschiebende Wagen.

Bei genauer Beobachtung einzeln fahrender Triebfahrzeuge fällt insbesondere bei niedrigen Geschwindigkeiten auf, daß die Geschwindigkeit nicht kontinuierlich, sondern in Stufen eingestellt wird. Zurückzuführen ist dies auf den Umstand, daß zur Geschwindigkeitssteuerung nur 14 Fahrstufen zur Verfügung stehen.

Gefallen hat der Auslauf der Fahrzeuge bei Delta-Betrieb; er ist ausgeprägter als mit einem normalen Märklin-Trafo. Ausgehend von der Höchstgeschwindigkeit beträgt er je nach Lokmodell und Anhängelast zwischen 30 cm und 55 cm.

Besonderer Fahrkomfort – wie lokbezogen wählbare Höchstgeschwindigkeit, einstellbare Anfahr/Bremsverzögerung und vor allem Motordrehzahlregelung – läßt sich mit Digital-Loks (mit Digital-Antriebs-Set 6090) selbst in Verbindung mit der einfachen Delta-Steuerung erreichen.

Beim Bremsverhalten tritt beim Zusammentreffen mehrerer Faktoren eine Besonderheit auf, deren Ursache einer Erläuterung bedarf. Voraussetzung für vorbildgetreue Bremsvorgänge ist eine ständig vorhandene Digital-Spannung. Wäre keine Spannung da, dann würde dem Motor die Energie zum allmählichen bremsen fehlen. Eben dieser Fall tritt beim Delta Control auf, wenn

– nur eine Digital-Lok (mit Digital-Antriebs-Set 6090) im Delta-Stromkreis in Betrieb ist,

– die Geschwindigkeitsinformation für alle übrigen Lokadressen Null lautet und

– ein längerer Bremsweg am Digital-Lok-Decoder 6090 eingestellt ist.

Dann fängt die Lok allmählich zu bremsen an, der Vorgang wird aber durch die Pausenschaltung – die ein abschalten der Spannung durch die Null-Stellung des Geschwindigkeitssteuerknopfes bewirkt – sichtbar beeinträchtigt. Fährt man nach dem Halt gleich wieder an, so beschleunigt die Lok zunächst kurz, um erst anschließend die gewünschte Geschwindigkeit anzunehmen. Diese Erscheinung tritt nicht auf, wenn zwischen Stillstand und erneuter Anfahrt einige Sekunden gewartet wird. Wäre die Abschaltverzögerung der Pausenschaltung ausreichend lange dimensioniert – nämlich entsprechend der längsten, am Lok-Decoder 6090 einstellbaren Bremszeit – würde der geschilderte Effekt nicht mehr auftreten.

Fahrverhalten und Signale

Nicht nur konventionelle Märklin-Loks, sondern natürlich auch Digital-Loks und Delta-Loks reagieren auf Signale mit Zugbeeinflussung. In stromlos geschalteten Signalhalteabschnitten halten Delta-Loks nicht abrupt an, sondern mit dem bei Märklin Fahrzeugen üblichen Auslauf.

> In diesem Kriterium schneidet Märklin schon beim Delta-Betrieb besser als viele Gleichstrom-Einsteiger-Geräte ab.

Besondere Bausteine oder Schaltungen zur Optimierung des Brems- und Anfahrverhaltens in Abhängigkeit von Signalstellungen sind für Loks mit Delta-Lok-Decoder nicht bekannt, wohl aber für Fahrzeuge mit Digital-Lok-Decoder mit digitalem Hochleistungsantrieb Nr. 6090 (Zeitschrift Märklin-Magazin, Heft 4/93, ab Seite 8 und Heft 5/93, Seite 51), die ja auch auf Delta-Anlagen einsetzbar sind. Unter der Artikell Nr. 72441 hat Märklin zur Spielwarenmesse 1997 einen sog. Signalhalt-Fernschalter für geregelte Bremsverzögerung vorgestellt. Der Baustein sorgt bei Fahrzeugen mit digitalem Hochleistungsantrieb Nr. 6090 für vorbildgerecht verlaufende Bremsvorgänge vor HALT zeigenden Signalen. Wegen der mit 3 Ampere hohen Belastbarkeit dürfte er selbst für die Maxi-Bahn und Spur I Fahrzeuge geeignet sein. Der Bremsweg richtet sich nach der am Lok-Decoder 6090 eingestellten Verzögerung.

Fernsteuerbare Funktionen

Schaltbare Funktionen gibt es bei Märklin Delta leider nicht. Die Stirnlampenbeleuchtung von Delta-Loks arbeitet – sobald mindestens eine Lok fährt – fahrtrichtungsabhängig und zwar sowohl im Delta-Stromkreis, als auch beim Betrieb mit einem normalen Märklin-Trafo. Der Delta-Lok-Decoder unterbindet einen „Lichtblitz" während des Fahrtrichtungswechsels. Werden Digital-Loks im Delta-Stromkreis eingesetzt, dann funktioniert deren Beleuchtung nicht. Digital-Fahrzeuge mit Telex-Kupplung sollen im Delta-Stromkreis nicht eingesetzt werden, weil dort die Kupplung (und nicht die Beleuchtung) als fernsteuerbare Zusatzfunktion ausgebildet ist. Fahrzeuge mit Telex-Kupplung sind demnach für Delta-Betrieb nicht geeignet, da bei diesem System die Zusatzfunktion ständig „ein" ist und damit die Kupplung ständig aktiviert wäre.

Die in anderem Zusammenhang erläuterte Pausenschaltung ist dafür verantwortlich, daß das Delta Control keine Dauerzugbeleuchtung im üblichen Sinne bietet. Zwar brennt in beleucheten Wagen während der Fahrt das Licht mit gleichmäßiger Helligkeit, aber es erlischt, wenn nicht mindestens eine Lok in Betrieb ist.

> Im Unterschied zu anderen Einsteiger-Fahr-Geräten muß der Märklin-Einsteiger sowohl auf den Reiz fernsteuerbarer Zusatzfunktionen, wie auch auf eine richtige Dauerzugbeleuchtung verzichten. Nach der Märklin Marketingphilosophie sind fernsteuerbare Funktionen allein der Vollversion Märklin Digital vorbehalten – leider!

Dahinter verbirgt sich natürlich ein Konzept, nämlich der Anreiz, den Delta-Kunden baldmöglichst zum Digital-Kunden werden zu lassen. Daß mit Märklin-Digital Funktionen ferngesteuert werden können, ist seit der ersten Lok mit TELEX-Kupplung bekannt. Bemerkenswerterweise ist Märklin auf dem H0-Sektor immer noch der einzige Anbieter einer fernsteuerbaren Fahrzeugkupplung. Tanzwagen und Panoramawagen waren die ersten fahrenden Funktionsmodelle. Zur Messe 1997 erschien eine Diesellok V 200 mit verblüffend echtem, geschwindigkeitsabhängig arbeitendem, schaltbarem Sound und Lokpfeife, eine BR 101 mit zuschaltbarem Fernscheinwerfer und eine BR 52 bei welcher die Lüfter des Kondenstenders ferngesteuert werden können. Hoffentlich hält der neue Trend zur Freude und zum Spaß am Spiel an!

Aufstieg zur Vollversion

Niemand braucht seine Delta-Loks bei einem Aufstieg zu Märklin Digital umzurüsten oder gar auszurangieren, denn bei Eingabe der entsprechenden Delta-Adresse an den Digital-Fahr-Geräten Control 80 bzw 80 f und Infra Control 80 f der Vollversion fahren Delta-Loks ohne weiteres mit Märklin Digital. Verständlicherweise müssen dabei einige Abstriche in Kauf genommen werden; so sind etwa die Lok-Adressen nicht frei wählbar.

Dennoch zahlt sich gerade beim Aufstieg zur Vollversion die nahtlose Einbindung des Delta-Systems in das Märklin-Digital-System für den Anwender aus.

Selbst der Märklin-Trafo und das Delta Control lassen sich sinnvoll weiter verwenden und zwar als Leistungsverstärker (Booster). So durchdacht stellt man sich als Anwender ein integrales System vor.

Die Vollversion Märklin Digital bietet praktisch alles was zum perfekten Digitalbetrieb benötigt wird; die Aufgabengebiete FAHREN, SCHALTEN und MELDEN werden angebotsseitig abgedeckt. Insbesondere bietet die Vollversion auch die Möglichkeit zur Fernsteuerung von Zusatzfunktionen in Loks und Wagen, sowie zur Bedienung spezieller Funktionsmodelle wie dem Digital-Drehkran, der Drehscheibe, der Schiebebühne usw. Hier eine stichwortartige Übersicht der erhältlichen Geräte und ihrer Eigenschaften:

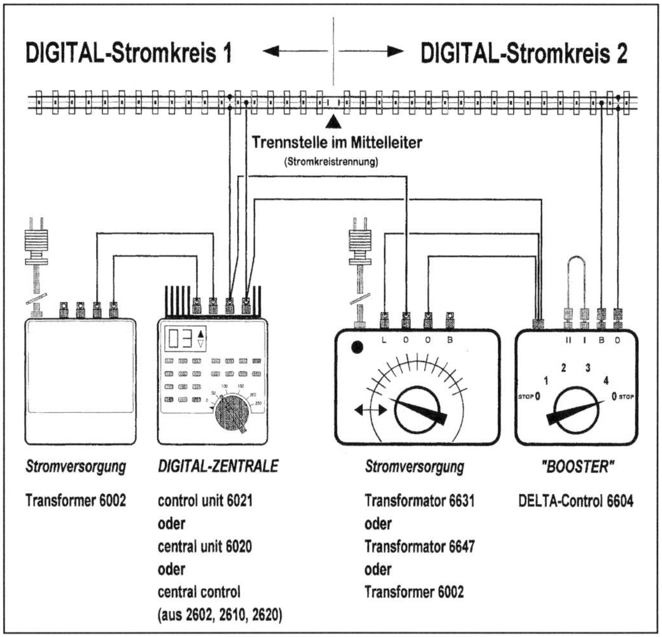

Verwendung der Kombination Märklin-Trafo/Delta Control als Booster für das Märklin-Digital-System

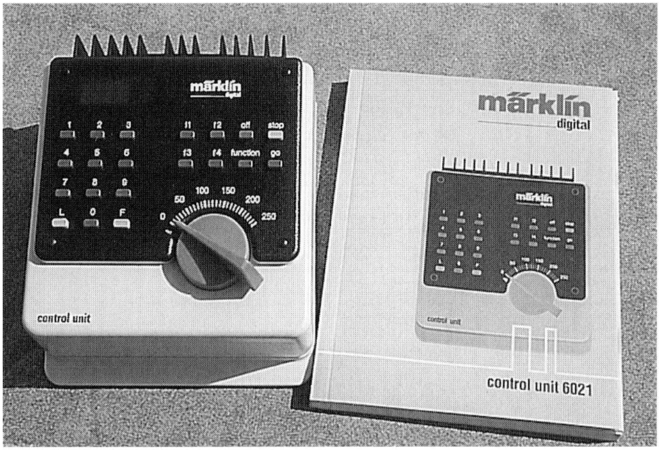

Das Kernstück der Märklin Digital Vollversion – die Control Unit (Zentrale) mit integrierter Fahrzeugsteuerung für bis zu 80 Loks und eingebauter Bedienung für fernsteuerbare Zusatzfunktionen und ausführlichem Handbuch

Übersicht Vollversion Märklin Digital

Artikel Nr.	Digital-Artikel
0308	Handbuch
6002	Transformator 52 VA, Stromversorgung für Control Unit und Booster
6021	Control Unit mit integrierter Fahrzeug- und Funktionssteuerung
6036	Control 80 f, Fahrzeug- und Funktionssteuerung
6070, 6071	Infra Control u. IR Control, drahtlose Fahrzeugsteuerung (nicht mehr in der Fertigung)
6017	Booster, Leistungsverstärker
6038, 6039	Adapter zur räumlich getrennten Aufstellung von Digtalgeräten
6080	Lok-Decoder für Märklin-Loks mit einer fernsteuerbaren Funktion
6081	Lok-Decoder für Fahrzeuge mit Permanentmagnetmotor und Mittelschleifer
6090	Digitaler Hochleistungsantrieb mit Motordrehzahlregelung, einstellbarer Höchstgeschwindigkeit und Anfahr/Bremsverzögerung
6095	wie vor jedoch für Spur I
6040	Keyboard, Stellpult für 16 Magnetartikel mit Doppelspulenantrieb
6043	Memory, Fahrstraßenstellpult
6083	Decoder k 83, zur Ansteuerung von vier Magnetartikeln mit Doppelspulenantrieb
6084	Decoder k 84, mit vier einpoligen Relaisausgängen
6088	Rückmeldedecoder s 88, Meldung von 16 Fahrzeugstandorten u.ä.
6089	Adapter s 88, Verlängerungskabel für Rückmeldedecoder s 88
6051	Interface, Verbindungsgerät zum Computer

Welche Fahrzeugtechnik soll man kaufen?

Märklin hat derzeit vom Grundsatz her gesehen Triebfahrzeuge mit drei verschiedenen Techniken im Angebot und zwar:

– konventionelle Loks mit mechanischem, elektronisch unterstütztem und vollelektronischem Fahrtrichtungsschalter, sowie konventionellem Hochleistungsantrieb (Fünf-Sterne-Antrieb),

– Loks mit Delta-Lok-Decoder und

– Loks mit Digital-Lok-Decoder und Loks mit Digital-Lok-Decoder und digitalem Hochleistungsantrieb (Nr. 6090)

Allen drei gemeinsam ist die Eigenschaft, daß sie mit herkömmlichen Wechselstrom-Trafos auf jeder Märklin-Anlage gefahren werden können. Folglich stellt sich auch für den Anwender, der heute eine Anlage mit konventioneller Technik betreibt, die Frage, welche technische Ausstattung beim Kauf eines neuen Fahrzeugmodells eine zukunfssichere Investition darstellt. Bei solchen Überlegungen gilt der Grundsatz:

> Jede spätere Umrüstung von konventioneller Fahrzeugtechnik auf Digitaltechnik kommt teuerer, als der Aufpreis für ein neues mit Delta- oder Digital-Lok-Decoder ausgerüstetes Fahrzeug.
>
> Zwei Ausstattungsvarianten erscheinen besonders empfehlenswert: Entweder ein Modell mit Delta-Lok-Decoder oder mit Digital-Lok-Decoder und digitalem Hochleistungsantrieb. Die letztgenannte Variante ist teurer, aber wegen des deutlichen Gewinns an Fahrkomfort in Verbindung mit Märklin Digital besonders interessant.

Die Zukunft von Fremdfabrikaten

Bald dürften herkömmliche Fahrtrichtungsschalter ausgedient haben und in jeder Lok zumindest ein Delta-Decoder eingebaut sein.

Ein weniger erfreulicher Aspekt dieser Entwickung betrifft den Einsatz von Fremdfabrikaten auf Märklin-Anlagen: Andere Hersteller werden künftig wohl kaum noch betriebsfertige Loks für das „Märklin-System" anbieten, weil dies ja nur Sinn machen würde, wenn Märklin-Lok-Decoder eingebaut wären. Und eben diese Decoder bekommt man verständlicherweise nur bei Märklin. Wer in Zukunft Fremdfabrikate einsetzten möchte, dem bleibt folglich nur der nicht gerade billige Weg über Umrüstwerkstätten.

Optimierung des Fahrverhaltens

Wem der mit Delta-Lok-Decodern erreichbare Fahrkomfort nicht ausreicht, der kann von vornherein mit einem Delta Control auch Loks mit digitalem Hochleistungsantrieb (Decoder 6090) betreiben.

Dies ist eine äußerst wirksame Maßnahme zur Optimierung des Fahrverhaltens.

Das nächste Kapitel enthält dazu weitergehende Erläuterungen.

Qualität und Funktionssicherheit

Der Qualitätsstandard entspricht auch bei den Einsteigergeräten dem gewohnt hohen Märklin Niveau. Gewisse Abstriche sind nur beim Zusatzgerät Delta Pilot hinsichtlich der mechanischen Solidität zu machen. Alle Komponenten funktionierten elektrisch und mechanisch stets störungsfrei. Gewöhnungsbedürftig ist aber nach wie vor, daß die Märklin-Lok-Decoder ihre Fahrtrichtungsinformation konstruktionsbedingt nicht auf Dauer speichern, wenngleich bei den heute verwendeten Bausteinen die Speicherzeit deutlich länger ist. Das äußert sich dann so, daß eine ursprünglich mit Fahrtrichtung „rückwärts" abgestellte Lok bei Inbetriebnahme der Steuerung nach einigen Tagen „vorwärts" losfährt. Was das bei in einem Schattenbahnhof abgestellten Loks bedeutet, bedarf keiner Erläuterung.

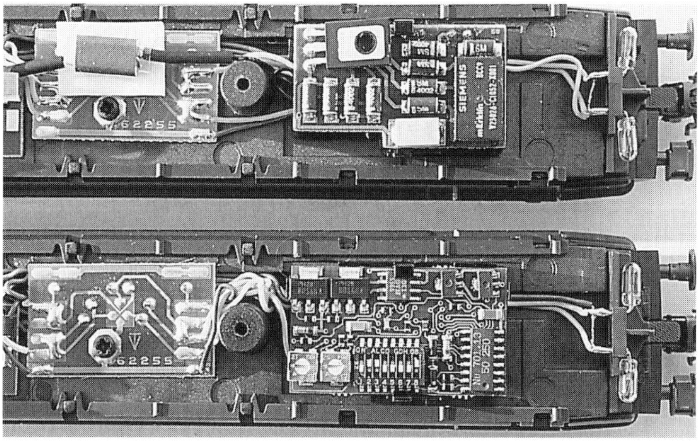

Märklin-Lok mit elektronischem Fahrtrichtungsschalter (oben) und Lok-Decoder mit digitalem Hochleistungs-Antrieb (unten)

Zu beachten ist, daß es beim Einsatz von vor 1991 gefertigten Digital-Loks zu Funktionsstörungen kommen kann. Aber darauf wird in der Bedienungsanleitung hingewiesen.

Kosten

Zur Orientierung ein Beispiel über die Kosten zum Betrieb mit zwei Loks. Die Einstiegskosten hängen natürlich von der jeweiligen Ausgangssituation (Trafo vorhanden, vorhandene Loks nur umrüsten oder neue Delta-Loks kaufen, usw.) ab. Die Tabelle vermittelt eine Orientierung zur Abschätzung der individuell notwendigen Aufwendungen.

Orientierungspreise für Märklin-Delta-Betrieb

Grundausstattung zum Betrieb mit zwei Loks:	
1 Stk Märklin-Trafo	100,– DM
1 Stk Delta Control	100,– DM
2 Stk Delta-Lokomotiven	250,– DM
Betrieb mit zwei Loks:	450,– DM
Aufpreise für Erweiterungen:	
1 Stk Delta Pilot	40,– DM
1 Stk Delta-Lok-Decoder	45,– DM
1 Stk Märklin-Digital-Lok-Decoder	80,– DM
1 Stk Märklin-Digital-Lok-Decoder mit digitalem Hochleistungsantrieb	130,– DM

Das Delta Control ist sehr preisgünstig; Angebote um 85,– DM sind keine Seltenheit. Die in der Tabelle angeführten Preise für Delta-Lok-Decoder dürfen nicht als Aufpreise mißvertanden werden; vielmehr sind das die Kosten für einzeln erhältliche Decoder. Der Aufpreis für eine Delta-Lok im Vergleich zu einem Fahrzeug mit herkömmlicher Technik ist wesentlich moderater. So relativiert der günstige Preis dieses Systems so manche, kritisch bewertete Eigenschaft!

Zusammenfassung

Wie bei allen anderen Einsteiger-Systemen, so hat man sich auch beim Delta-System ausschließlich auf die Fahrzeugsteuerung konzentriert. Für die Aufgabenbereiche digital SCHALTEN und MELDEN steht die Vollversion Märklin Digital zur Verfügung.

Das Delta-System überzeugt durch

– narrensichere Handhabung,

– das große Angebot betriebsfertiger Delta- und Digital-Fahrzeuge,

– Verdrahtungsaufwand gleich Null,

– guten Qualitätsstandard,

– Weiterverwendbarkeit der Delta-Lok-Decoder bei einem Aufstieg zu Märklin Digital und

– besondere Preiswürdigkeit nicht nur für Einsteiger, sondern gleichermaßen für Umsteiger (von Analogbetrieb auf Delta-Betrieb).

Inzwischen nicht mehr ganz so zeitgemäß erscheinen das stationäre Bedienungskonzept, die vergleichsweise geringe Zahl steuerbarer Triebfahrzeuge, das etwas antiquiert anmutende Verfahren zur Adresseneinstellung in Delta-Lok-Decodern und vor allem die fehlende Möglichkeit zur Bedienung von Zusatzfunktionen.

Ein schon von den meisten anderen Systemen bekannter Nachteil findet sich auch bei Märklin-Delta wieder, nämlich der Zwang zur Ausrüstung sämtlicher Triebfahrzeuge mit einem Lok-Decoder. Für Umsteiger bedeutet das die Umrüstung aller vorhandenen, konventionellen Triebfahrzeuge.

Mit der Delta-Mehrzugsteuerung ist es Märklin zweifellos gelungen, ein preiswertes Einsteiger-System anzubieten, das sich dennoch nahtlos in das hauseigene Digitalsystem einfügt und so den Anwender beim späteren Übergang auf Märklin Digital vor teueren Zusatzinvestitionen bewahrt.

3 Märklin Delta Station

Während das Delta Controi primär für Märklin-H0-Bahnen geeignet ist, ist diese Variante zusätzlich für die Märklin-Maxi-Bahn und die Märklin-Spur 1 gedacht. Neben höherer Leistung bietet die Delta Station in Verbindung mit bis zu vier mobilen Handsteuergeräten die Voraussetzung zum gemeinsamen Spiel mehrerer Spielpartner.

Erläuterungen

Da zahlreiche Eigenschaften mit dem Delta Control übereinstimmen, werden nachfolgend nur die abweichenden Punkte vorgestellt.

Hinsichtlich Kompatibilität, Fahrzeugangebot, Lok-Decodereigenschaften und Eigenschaften der Vollversion Märklin Digital gelten die Zusammenhang mit dem Delta Control gemachten Ausführungen.

Maxi-Loks werden übrigens ausschließlich mit Delta-Lok-Decodern angeboten und Spur I-Fahrzeuge sind mit Digital-Lok-Decodern ausgerüstet.

Aufbau

Der Aufbau besteht aus Trafo zur Stromversorgung, der Zentrale genannt Delta Station und bis zu vier Handsteuergeräten, die Märklin als Delta Mobil bezeichnet.

Bedienungskonzept

Wird nur ein Handsteuergerät verwendet, dann kann man von einer „seriellen" Steuerung sprechen, denn eine Lok wird nach der anderen aufgerufen (und gesteuert). Dazu besitzt das Delta Mobil einen Lokwahlschalter. Nun lassen sich aber bis zu vier Handsteuergeräte anschließen und jedem kann ein anderes der maximal vier steuerbaren Triebfahrzeuge zugeordnet werden, so daß man in diesem Fall auch von einer „parallelen" Steuerung sprechen kann. Mit dem Delta Mobil sind gleichzeitig beide Bedienungskonzepte realisiert. Auch die Übergabe eines Zuges von einem Handsteuergerät zu einem anderen ist hier möglich.

Ein weiteres Kennzeichen ist die ausschließliche Verwendung mobiler Handsteuergeräte. Dieses Bedienungskonzept entstand vermutlich mit Blick auf die „Maxi-Bahn" (Baugröße I), denn mit größer werdenden Fahrzeugen und größeren Anlagenabmessungen werden die Nachteile ortsfester Fahrzeugsteuerungen immer ausgeprägter.

Die Delta Mobil Handsteuergeräte unterscheiden sich von denen anderer Anbieter in einem weiteren, wichtigen Punkt: Während man in der Regel ein Handsteuergerät in die linke Hand nehmen muß und mit der rechten

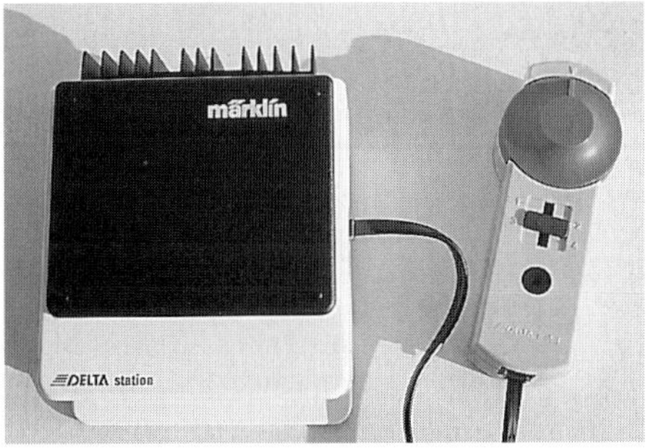

Auslieferungszustand: Delta Station mit einem Handsteuergerät Delta Mobil

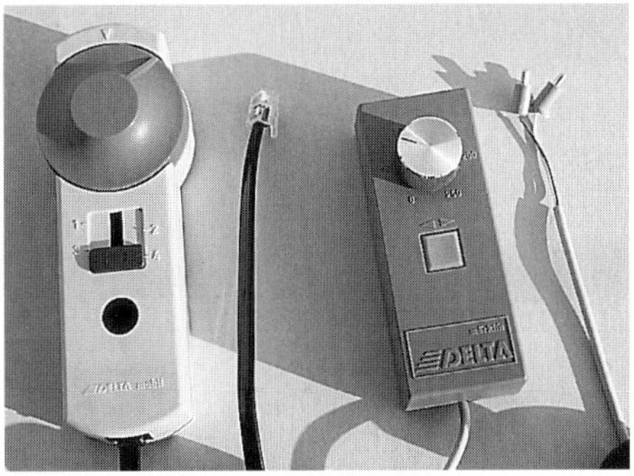

Einhandbedienung Delta Mobil im Vergleich zum Delta-Pilot

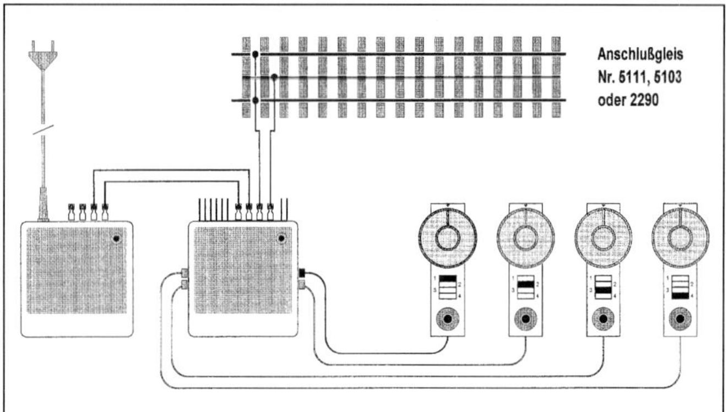

Anschluß der Delta Station

die Einstellungen vornimmt, geht das beim Delta Mobil mit einer Hand. Diese Geräte sind als echte Einhandbedienung aufgebaut.

Als Einhandbedienung konzipierte, mobile Handsteuergeräte sind zweifellos als optimales Bedienungskonzept zu bewerten.

Stromversorgung

Wie bei allen anderen Mehrzugsteuerungen ist auch hier eine externe Stromversorgung erforderlich. Grundsätzlich kann jeder Trafo verwendet werden, der eine Wechselspannung von 16 Volt liefert. Naheliegend erscheint zunächst die Verwendung des sog. Lichstromausganges eines Märklin-Trafos. Die Delta Station vermag natürlich höchstens so viel Ausgangsstrom zu liefern, wie ihr eingangsseitig von der Stromversorgung zur Verfügung gestellt wird. Deshalb sollte in jedem Fall ein besonders leistungsfähiger Transformator wie beispielsweise der 52 VA-Märklin-Trafo Nr. 6002 verwendet werden. Beim Betrieb der Maxi-Bahn ist dies geradezu ein Muß.

Die Mehrzugsteuerung entspricht den VDE-Sicherheitsbestimmungen, wenn zur Stromversorgung ein VDE-geprüfter Modellbahn-Trafo eingesetzt wird.

Anschluß

Der Anschluß gestaltet sich denkbar einfach. Zwei Leitungen zwischen Trafo und Delta Station, zwei weitere zwischen der Zentrale und den Gleisen, sowie der Anschluß der mobilen Handsteuergeräte an die Delta Station mittels Steckverbindern. Die eindeutige, farbliche Kennzeichnung der Schnellspannklemmen und die verwechslungsfreien Steckverbinder der Handsteuergeräte machen den Aufbau zum Kinderspiel.

Inbetriebnahmevorbereitungen

Der Lokwahlschalter am Delta Mobil ist als Schiebeschalter mit vier Stellungen ausgebildet. Jeder Schalterstellung ist geräteintern eine Digitaladresse fest zugeordnet. Wegen dieser festen Adressenzuordnung fällt an den stationären Geräten keinerlei Inbetriebnahmeaufwand an.

Wie erwähnt, existieren nur vier Delta-Adressen. Jedoch stehen weitaus mehr als vier Delta-Lokomotiven zur Auswahl. Folglich können aus diesem Angebot maximal vier Loks ausgewählt werden und in jeder dieser Lokomotiven muß vor der erstmaligen Inbetriebnahme eine der vier Delta-Adressen eingestellt werden. Dazu sind die Loks zu öffnen

Lokwahlschalterstellungen und zugehörige Einstellungen an den verschiedenen Lok-Decodertypen

Lokwahlschalterstellung am DELTA-Mobil	Digital-Adresse	Einstellung am DELTA-Decoder (alte Bauform)	Einstellung am DELTA-Decoder (neue Bauform)	Einstellung am Digital-Decoder
	78		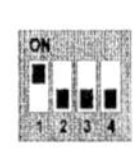	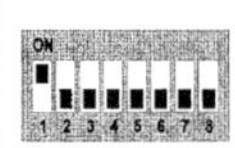
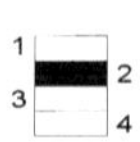	72		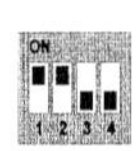	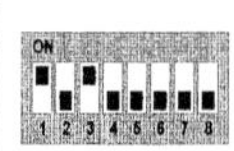
	60		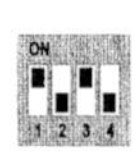	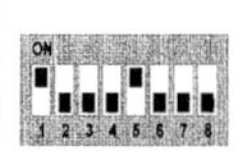
	24	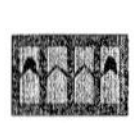	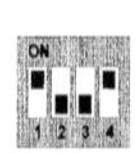	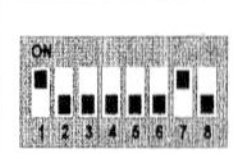

und mit Hilfe einer mitgelieferten Code-Tabelle ist die gewünschte Adresse an einem vierpoligen Miniaturschalter festzulegen.

Bedienung

Die elektromechanische Ausführung der Delta Station ist durch typische Märklin-Solidität gekennzeichnet. Stabiles Gehäuse mit drei Bohrungen für eine Schraubbefestigung, Füßchen gegen verrutschen auf glatter Unterlage und praktische, farblich gekennzeichnete Schnellspannklemmen sind anwenderfreundliche Details. Das Gerät hat keine Bedienungselemente, aber eine leider nicht sehr gut erkennbare Anzeige. Betriebsbereitschaft signalisiert ein rotes Ruhelicht; ein grünes Licht wäre dafür natürlich sinnfälliger. Es erlischt bei einem Kurzschluß auf der Anlage und bei Not-Halt-Betätigung an einem der Handsteuergeräte. Bei thermischer Überlastung blinkt die Anzeige; nach Abkühlung schaltet sich die Zentrale selbsttätig wieder zu.

Einziger Kritikpunkt ist die Anordnung der Buchsen für die Steckverbinder der Handsteuergeräte an den beiden Gehäuseseitenwänden. Alle vier Buchsen nebeneinander an der Gerätevorderseite wäre eine zweckmäßigere Lösung, weil so die Zugänglichkeit erleichtert wäre, insbesondere wenn man seitlich neben der Delta Station den Trafo aufstellen möchte.

Zur Fahrzeugsteuerung stehen neu entwickelte, mobile Handsteuergeräte namens Delta Mobil zur Verfügung. Eine Besonderheit ist deren Ausführung als echte Einhandbedienung – man hat also die gesamte Fahrzeugsteuerung in einer Hand! Der Vorteil ist, daß die zweite Hand immer für andere Tätigkeiten – beispielsweise zum schalten einer Weiche oder dem entkuppeln von Fahrzeugen auf der Anlage – frei bleibt. Die Geräte werden über jeweils 2,05 m lange Kabel mit verwechslungssicheren Telefon-Steckverbindern seitlich an die Delta Station angeschlossen. Positiv anzumerken ist, daß es sich bei dem Verbindungskabel um ein serienmäßiges, sechspoliges Telefonverlängerungskabel mit genormten Telefonsteckern handelt. Einem Ersatz durch ein bis zu 25 m langes Exemplar steht nach Märklin-Angaben nichts entgegen.

Das Gehäuse des Delta Mobil ist in unaufdringlichem Weiß gehalten. Vorkehrungen gegen ein Verrutschen auf glatten Ablageflächen sind ebensowenig vorhanden, wie eine Bohrung oder ein Bügel zum aufhängen des Gerätes am Anlagenrand. Wegen der relativ geringen Flexibilität des Verbindungskabels wäre das hier besonders angebracht.

Ganz oben ein Drehknopf zur Einstellung von Fahrtrichtung und Geschwindigkeit, darunter ein Schiebeschalter zur Fahrzeugauswahl und darunter eine Not-Halt-Taste mit integrierter optischer Anzeige – so präsentiert sich die Bedienungsoberfläche.

Das Delta Mobil hat die vom Gleichstrombetrieb her bekannte Einknopfbedienung, also in der Mittelstellung des Geschwindigkeitssteuerknopfes steht das Fahrzeug, beim drehen nach links fährt die Lok in die eine Richtung, beim drehen nach rechts in die andere. Zunächst ist man etwas überrascht von dieser bedienungstechnischen Abkehr von der ansonsten bei Märklin praktizierten Bedienungsart (Fahrzeugstillstand bei Geschwindigkeitssteuerknopfstellung am linken Anschlag, Richtungswechsel durch drehen nach links über einen Druckpunkt hinaus), aber man gewöhnt sich in der Praxis auch deshalb schnell an die Einknopfbedienung, weil sie gut ausgeführt ist. Vor allem kann der mit einer griffgünstigen Rändelung versehene Knopf nicht nur von oben, sondern gleichermaßen von der Seite mit dem Daumen bedient werden, wobei die günstige Auslegung des mechanischen Drehwiderstandes gefällt. Dazu trägt die solide mechanische Ausführung bei; im Gehäuseinneren befindet sich zur Führung des Knopfes eine separate Metallachse, die auch bei seitlichem Druck für eine exakte Führung sorgt. Die Mittelstellung des Geschwindigkeitststeuerknopfes ist durch eine Einrastung gut fühlbar. Gleichwohl dürfte die optische Kennzeichnung etwas prägnanter sein – der farblich nicht hervorgehobene, lediglich in das Gehäuse eingespritzte Pfeil ist zuwenig, zumal um den Geschwindigkeitststeuerknopf – wegen der Gehäusegestaltung – kein Piktogramm angebracht werden kann.

Erste Bedienungshandlung ist naturgemäß die Auswahl der Lok, die man steuern möchte. Soll dies beispielsweise Lok Nr. 1 sein, so ist der Lokwahlschalter am Delta Mobil in Stellung 1 zu schieben und anschließend können Fahrtrichtung und Geschwindigkeit der ausgewählten Lok bestimmt werden. Soll zusätzlich Lok 2 gesteuert werden, so schiebt man den Lokwahlschalter in Stellung 2 und kann dann für Lok 2 Fahrtrichtung und Geschwindigkeit steuern. Währenddessen fährt Lok 1 mit der zuletzt eingestellten Fahrtrichtung und der gewählten Geschwindigkeit solange weiter, bis sie erneut angewählt wird.

Die Technik (Geschwindigkeitssteuerung mit nur 14 Fahrstufen, Vorzugsfahrtrichtung, usw.) entspricht der des Delta Control; allerdings hat man die vom Delta Control bekannte Pausenschaltung zum Glück nicht auf die Delta Station übernommen.

Unterhalb des Drehknopfes zur Fahrtrichtungs- und Geschwindigkeitssteuerung ist auf dem Steg des Handsteuergrätes der mit Ziffern 1 bis 4 beschriftete und in Form eines Schiebeschalters ausgeführte, grüne Lokwahlschalter angeordnet. Auch er liegt in Daumenreichweite. Die Ausführung des grünen Schiebeschalters, der zwischen zwei Stellungen gewählte Schiebeweg und die Einrastung bei jeder Schiebeschalterstellung sind praxisgerecht ausgelegt. Das kann man von der Beschriftung der einzelnen Stellungen nicht sagen; sie sind schlecht erkennbar, weil sie ohne farbliche Hervorhebung lediglich in den Kunststoff eingespritzt sind.

Unter dem Lokwahlschalter befindet sich eine schwarze, nach innen gewölbte Taste mit integrierter Leuchtdiode. Der Tastendurchmesser ist zu klein geraten und ein Druckpunkt bei der Bedienung kaum wahrnehmbar. Die Funktion kann nur erraten werden – es fehlt nämlich jeglicher Hinweis darauf. Das gilt auch für die Anzeige, welche bei jeder Tastenbedienung zwangsläufig mit dem Finger zugedeckt wird. Gerade diese mit einer Mehrfarben-Leuchtdiode realisierte Anzeige stellt ein durchdachtes Hilfsmittel dar.

Die der Farbgebung innewohnende Logik ist nicht verständlich; jeder erwartet bei der exponierten Bedeutung eines Not-Haltes einen roten Knopf – wie im täglichen Leben eben auch – hier wurde er schwarz ausgeführt und dafür der Geschwindigkeitssteuerknopf rot.

Daß der Not-Halt nicht mehr per Drehschalter sondern mit einer Taste ausgelöst wird, empfindet man als Vorzug. Drückt man die Taste, so halten alle Triebfahrzeuge, weil damit die Digitalspannung am Gleis ausgeschaltet wird. Folglich handelt es sich um einen System-Not-Halt. Aufgehoben wird die Not-Halt-Funktion durch einen erneuten Druck auf die Taste.

Die auf jedem Delta Mobil vorhandene Anzeige informiert über mehrere Betriebszustände

LED-Anzeige	Funktion
grünes Ruhelicht	Lok wird mit diesem Delta Mobil gesteuert
grünes Blinklicht	Aufgerufene Lok wird bereits mit einem anderen Delta Mobil gesteuert
gelbes Ruhelicht	Aufgerufene Lok ist von keinem anderen Delta Mobil aufgerufen und kann mit diesem Delta Mobil gesteuert werden. Nach Betätigung des Geschwindigkeitssteuerknopfes wechselt die Anzeige von gelbem auf grünes Ruhelicht und die Lok kann gesteuert werden.
Rotes Ruhelicht	Not-Halt-Taste gedrückt, aufgerufene Lok wird mit diesem Delta Mobil gesteuert
rotes Blinklicht	Not-Halt-Taste gedrückt, aufgerufene Lok wird mit einem anderen Delta Mobil gesteuert

Weitere Bedienungsstellen

Beim Delta Mobil sind „serielle" und „parallele" Bedienungsart in idealer Weise kombiniert. Die Steuerung von bis zu vier Delta-Loks mit nur einem Handsteuergerät ist ebenso möglich wie die der Einsatz von bis zu vier Handsteuergeräten, wobei jedem immer stets die selbe Lok zugeordnet ist. Auch die Übergabe einer Lok von einem Delta Mobil auf ein anderes ist möglich. Die identische Ausführung aller Bedienungsstellen erweist sich in der Praxis als weiterer Vorzug.

Bedienungsanleitung

So einfach Anschluß und Handhabung der Delta-Komponenten sind, so verständlich und kurz geriet die zugehörige Bedienungsanleitung.

Eine Einleitung zum Delta-Mehrzugbetrieb, die Erläuterung des Geräteanschlusses mit farbigen Zeichnungen, Angaben zur Adresseneinstellung bei Delta- und Digital-Loks, Bedienungshinweise und Hinweise zum Leistungsbedarf von Loks, Dampfentwicklern und Beleuchtungen runden die Ausführungen ab. Nicht näher eingegangen wird auf das Angebot an Delta- und Digital-Loks, sowie auf die Umrüstung konventioneller Märklin-Loks auf Delta-Betrieb.

Fahreigenschaften und Optimierungsmöglichkeiten

Es gelten im wesentlichen die im Zusammenhang mit dem Delta Control gemachten Ausführungen. Die Eignung der Delta Station für die Baugrößen H0 und I (einschließlich Maxi) gibt jedoch Anlaß zu einigen Ergänzungen.

Wem der mit Delta-Lok-Decodern erreichbare Fahrkomfort nicht ausreicht, der kann von vorneherein H0-Loks mit digitalem Hochleistungsantrieb (Decoder 6090) einsetzen.

Für Baugröße I stehen jetzt ausschließlich die neuen Digital-Lok-Decoder c 95 (Nr. 6095) zur Verfügung. Sie haben eine integrierte Motordrehzahlregelung, einstellbare Anfahr- und Bremsverzögerung, sowie individuell wählbare Höchstgeschwindigkeit und bieten deshalb beste Voraussetzungen für optimale Fahreigenschaften der Spur I Modelle.

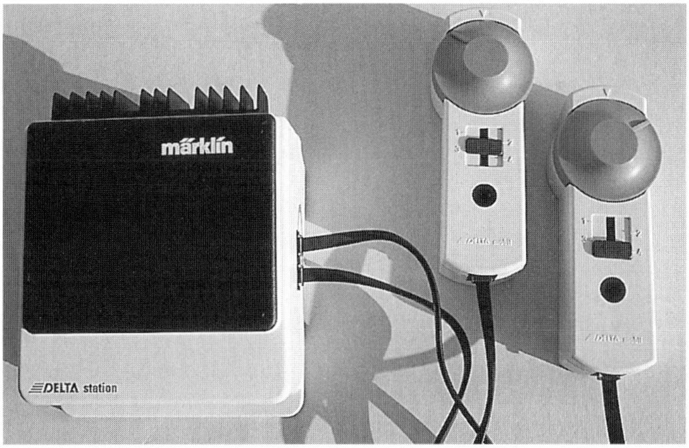

Delta Station mit zwei Delta Mobil, also ortsveränderlichen, kabelgebundenen Handsteuergeräten

Für Maxi-Loks gibt es seit der Spielwarenmesse 1997 ebenfalls mehr Fahrkomfort. Unter der Nr. 60955 wurde ein speziell auf diese Fahrzeuge abgestimmter Lok-Decoder vorgestellt. Seine Eigenschaften entsprechen dem des Digitalen Hochleistungsantriebes Nr. 6090 für H0-Modelle. Der Maxi-Lok-Decoder bietet jedoch einen Motorausgangsstrom von 1,5 Ampere und gleich drei schaltbare Funktionsausgänge, die mit 0,5 Ampere belastet werden können. Die Funktionen lassen sich aber nur mit der Vollversion Märklin Digital nutzen. Dieser Decoder ist mit Steckkontakten ausgerüstet und läßt sich so besonders einfach gegen den serien-

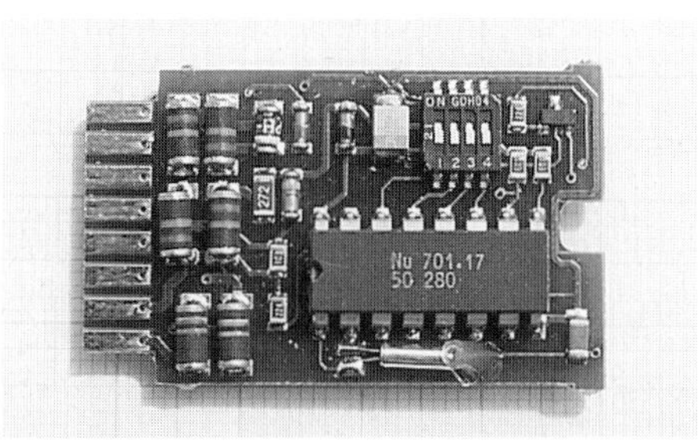

Delta-Lok-Decoder für Märklin's neue Maxi-Bahn werden ausschließlich mit Miniaturschaltern gefertigt. Weil alle Maxi-Loks mit diesen Decodern ausgerüstet werden, ist dieser über eine Steckverbindung montierte Decoder nicht einzeln erhältlich

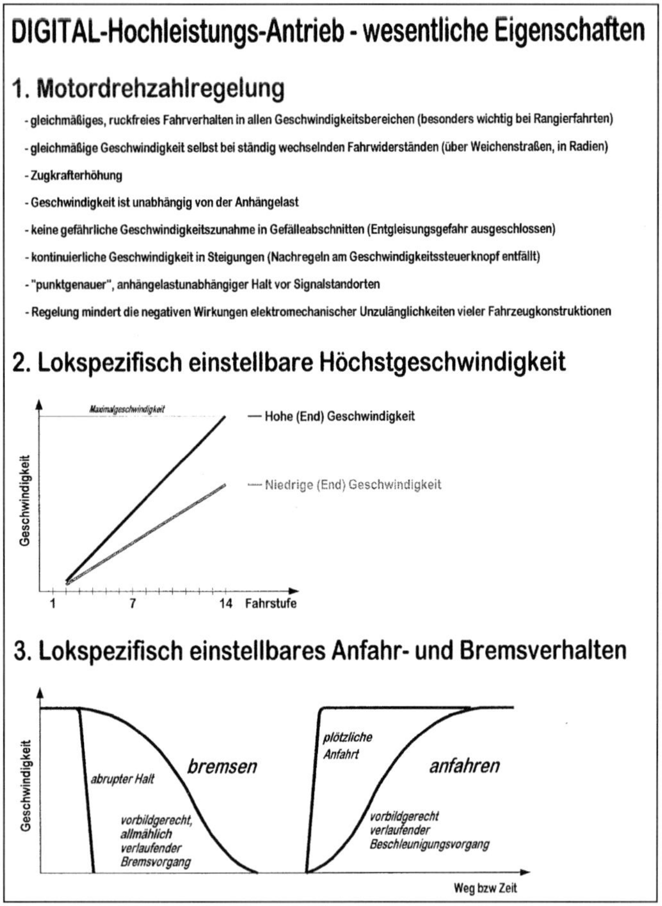

Merkmale der Digitalen Hochleistungs-Antriebe 6090, 6095 und 60955

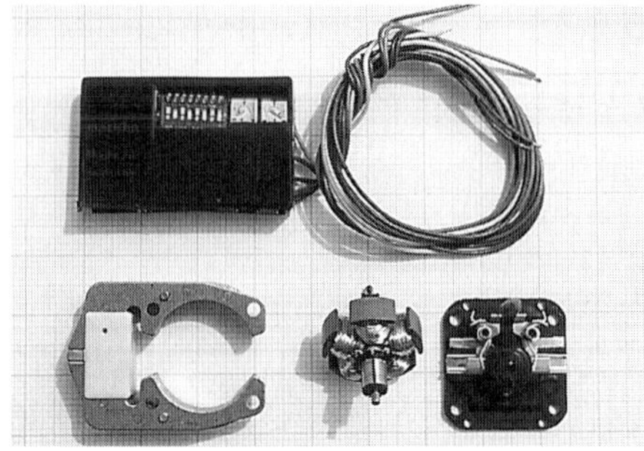

Das H0-Digital-Hochleistungs-Antriebs-Set besteht aus Motorschild, Lok-Decoder (oben sind Miniaturschalter und die beiden Potentiometer zur Einstellung der Höchstgeschwindigkeit und des Anfahr/Bremsverhaltens erkennbar), 5-poligem Motoranker und Permanentmagnet

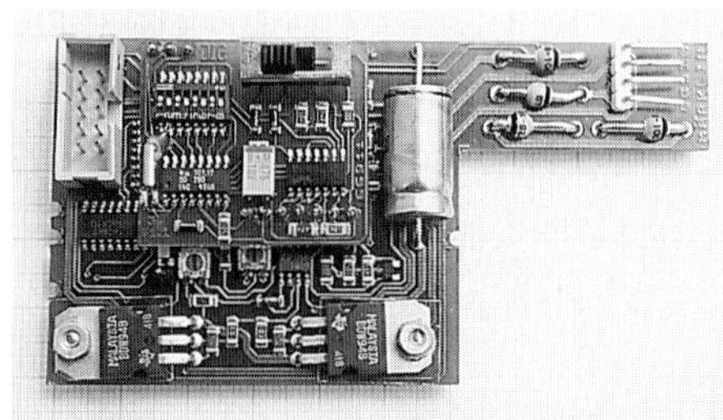

Lok-Decoder Nr. 6095 mit Motordrehzahlregelung für Fahrzeuge der Baugröße I mit Betriebsartenwahlschalter, achtpoligem Miniaturschalter zur Lokadresseneinstellung und zwei Potentiometern zur Einstellung der Höchstgeschwindigkeit und des Anfahr/Bremsverhaltens

mäßigen Delta Decoder tauschen. Hier existiert also genau die Schnittstelle, die Märklin bei H0-Modellen voraussichtlich nicht realisiert.

Beeinträchtigungen beim Bremsen treten bei der Delta Station wegen des Verzichts auf die im Zusammenhang mit dem Delta Control beschriebene Pausenschaltung nicht auf.

Zweifellos stellt die Verwendung von Lok-Decodern mit integrierter Motordrehzahlregelung, einstellbarer Massensimulation und lokspezifischer Höchstgeschwindigkeit die wirksamste Maßnahme zur Optimierung des Fahrverhaltens dar.

Hinsichtlich der Fahreigenschaften in Signalhalteabschnitten wird auf die im Zusammenhang mit dem Delta Control gemachten Ausführungen verwiesen.

Fernsteuerbare Funktionen

Schaltbare Funktionen gibt es leider auch bei der Märklin Delta Station nicht – zweifellos ein Nachteil. Dies gilt insbesondere mit Blick auf Spur I Anhänger, weil deren Lok-Decoder 6095 von Haus aus mit fünf Funktionen ausgerüstet sind. Auch Maxi Anhänger müssen zur Steuerung von Funktionen zur Vollversion Märklin Digital wechseln.

Einziger Unterschied zum Delta Control ist hier die Funktion der Dauerzugbeleuchtung, weil man – wie erwähnt – auf die Pausenschaltung verzichtet hat. Innenbeleuchtungen von Wagen leuchten permanent, auch Dampfgeneratoren arbeiten ständig.

Aufstieg zur Vollversion

Hinsichtlich der Fahrzeuge gelten die im Zusammenhang mit dem Delta Control gemachten Aussagen. Bei einem Aufstieg zu Märklin-Digital kann der Trafo der Delta Station weiterverwendet werden. Alle übrigen Geräte sind jedoch nicht mehr verwendbar. Angesichts für die Delta Station und vor allem für die Handsteuergeräte Delta Mobil verlangten Preise kann das nur als konzeptioneller Mangel gewertet werden. Zumindest die Handsteuergeräte sollte man auch bei Märklin-Digital einsetzen können, selbst wenn ihre Verwendung systembedingt auf vier Adressen beschränkt bleiben müßte – zur ortsveränderlichen Bedienung von Rangierloks wären sie zumindest nützlich.

Qualität und Funktionssicherheit

Qualitative Ausführung und Funktionssicherheit sind überzeugend und liegen deutlich über dem des Delta Control. Diese Aussage gilt insbesondere auch für die elektromechanische Ausführung der mobilen Handsteuergeräte.

Kosten

Zur Orientierung ein Beispiel über die Kosten zum Betrieb mit zwei Loks. Die Einstiegskosten des Delta Mobil liegen demnach deutlich über denen vom Delta Control. So deutlich, daß zumindest für H0-Anhänger die Frage erlaubt sein muß, ob die Vorzüge einer mobilen Einhand-Fahrzeugsteuerung noch in einem vertretbaren Verhältnis zum Aufpreis stehen, zumal die Sache ja nur in Verbindung mit dem leistungsfähigeren Trafo Sinn macht, aber trotzdem keinerlei Ausbauperspektiven bietet.

Orientierungspreise für Märklin Delta Mobil-Betrieb

Grundausstattung zum Betrieb mit zwei Loks:	
1 Stk 52 VA-Märklin-Trafo Nr. 6002	110,– DM
1 Stk Delta Station (mit 1 Stk Delta Mobil)	206,– DM
1 Stk Delta Mobil	64,– DM
2 Stk Lokomotiven	250,– DM
Betrieb mit zwei Loks:	630,– DM
Aufpreise für Erweiterungen:	
1 Stk Delta Mobil	64,– DM
1 Stk Delta-Lok-Decoder	45,– DM
1 Stk Märklin-Digital-Lok-Decoder	80,– DM
1 Stk Märklin-Digital-Lok-Decoder mit digitalem Hochleistungsantrieb	140,– DM

Angesichts dieses Preisniveaus erscheint es überlegenswert, gleich die Control Unit Nr. 6021 mit integrierter, stationärer Bedienungseinrichtung des Märklin-Digital-Systems anzuschaffen und diese später durch die drahtlose – und damit tatsächlich ohne Einschränkung mobile – Fahrzeugsteuerung Infra Control 80f Nr. 6070 und die IR Control Nr. 6071 zu ergänzen.

Zusammenfassung

Die Delta Station in Verbindung mit Delta Mobil ist ein eigenständiges System und nicht – wie das Delta Control – zur Ergänzung eines vorhandenen Märklin-Trafos ausgelegt.

Vorteile gegenüber dem Delta Control sind die höhere elektrische Leistungsfähigkeit und das ansprechende Bedienungskonzept mit echten Einhandbedienungsgeräten. Der Preis liegt allerdings so hoch, daß besser gleich die Anschaffung des unvergleichlich universelleren Märklin-Digital-Systems erwogen werden sollte.

4 Roco Digital

Mit bis zu acht unabhängig voneinander steuerbaren Zügen entspricht dieses auch preislich attraktive Angebot sicherlich den Anforderungen vieler H0-Gleichstrom-Einsteiger. Hinzu kommen eine originelle, mobile Fahrzeugsteuerung mit einer sog. Lokmaus, die Femsteuerung von zwei Funktionen in jeder Digital-Lok und die Aufstiegsmöglichkeiten zum Profi-Digital-System Digital Plus. Wie schon bei Märklin, so müssen auch bei Roco alle Loks mit einem Lok-Decoder ausgerüstet werden. Allerdings kann der Umbau vieler Roco-Analog-Loks auf Digitalbetrieb durch eingebaute Stecker/Buchsen-Kombinationen fehlerfrei, schnell und preiswert erfolgen.

Verwendungsmöglichkeiten

Roco Digital ist in Zusammenarbeit mit der Fa. Lenz Elektronik entwickelt worden.

Dem Modellbahn-Einsteiger werden zwei komplette, betriebsbereite H0-Startpackungen mit Digitalsteuerung, Digital-Lok, Wagen, Gleisen, usw. offeriert. Inzwischen sind die Digitalgeräte auch einzeln erhältlich. So kann der Interessent seinen Digitalstart wahlweise individuell gestalten.

Zum Betrieb mit Roco Digital sind geeignet:

- Roco Digital-Loks
- Loks mit „genormter Schnittstelle" und (nachträglich) eingebautem Roco-Lok-Decoder
- Fahrzeuge mit Lok-Decodern des Digital Plus Systems (Fa. Lenz Elektronik) und
- Fahrzeuge mit Märklin-Digital=-Lok-Decodern.

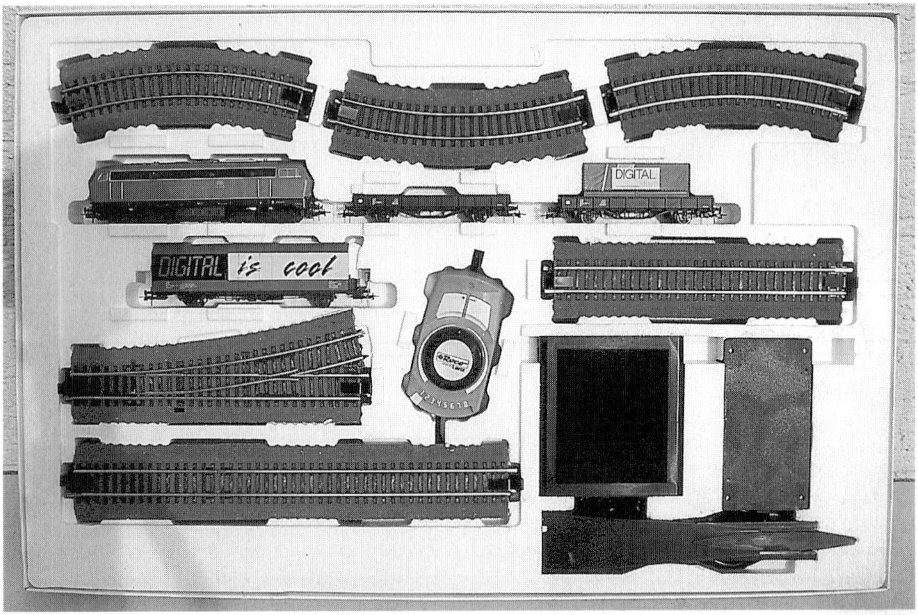

Eine geballte Ladung Modellbahn in Rocos Digitalstartpackung – da gerät die zugehörige Digitalsteuerung schon fast zur Nebensache

Roco ist nach Arnold, Fleischmann, Märklin und Trix als letzter der großen Modellbahnhersteller auf den Digitalzug aufgesprungen. Wie die Bezeichnung „Roco Digital by Lenz" vermuten läßt, gehört diese Steuerung zur „Lenz-Familie", ist also in technischer Hinsicht in zahlreichen Punkten identisch mit Arnold-Digital, Digital Plus, Märklin-Digital= und LGB-Digital.

Kompatibilität

Kenner vermuten bei der von Roco gewählten Bezeichnung „Digital by Lenz" ein besonderes Maß an Kompatibilität. Leider sieht die Realität anders aus. Eine der wesentlichsten Eigenschaften des Lenz-Systems fehlt der Roco-Variante: Im Gegensatz zum inzwischen nicht mehr produzierten Einsteiger-Gerät Arnold Commander 6, sowie den Vollversionen Arnold-Digital (alt), Digital Plus, Märklin-Digital= und dem Digital-Ergänzungs-Set von Lehmann lassen sich bei Roco keine Analog-Loks im Digitalstromkreis einsetzen. Die Konsequenzen dieser Einschränkung werden in anderem Zusammenhang aufgezeigt.

> Roco Digital by Lenz ist also eine „artreine" Digitalsteuerung. Jede Lokomotive muß mit einem Lok-Decoder ausgerüstet werden.

Roco Digital-Loks fahren allerdings mit herkömmlichen Gleichstrom-Fahrpulten auch auf konventionellen Gleichstrom-Anlagen.

Fahrzeuge mit Lok-Decodern der Digital-Systeme von Fleischmann, Märklin-Digital (Wechselstrom) und Trix Selectrix lassen sich mit dieser Steuerung nicht betreiben. Umgekehrt können allerdings Roco Digital-Loks auch zusammen mit Fahrzeugen, die mit Selectrix-Lok-Decodern ausgerüstet sind, innerhalb eines Digitalstromkreises gesteuert werden, sofern dazu die von der Fa. Trix angebotene Selectrix 2000 Steuerung verwendet wird. Ein späterer Umstieg auf Trix Selectrix ist demnach unter Beibehaltung des Fahrzeugparkes theoretisch möglich, wird jedoch eher die Ausnahme bleiben.

Warum fahren bei Roco keine Analog-Loks?

Zunächst ein Blick zurück: Als Ende 1988 Arnold-Digital als erste Steuerung mit dem von der Fa. Lenz patentierten Datenübertragungsformat auf den Markt kam, bestach das System mit einer bis dahin nicht gekannten Kompatibilität. Selbst Analog-Loks konnten im Digitalstromkreis gesteuert werden. Die Vorteile sind leicht nachvollziehbar:

– es müssen nicht gleich alle Fahrzeuge mit Lok-Decodern ausgestattet werden, vielmehr ermöglicht diese Systemeigenschaft eine schrittweise Nachrüstung vorhandener Fahrzeuge,

– nicht nur für Einsteiger, sondern insbesondere auch für Umsteiger von Analog- auf Digitalbetrieb ist eine solche Digitalsteuerung interessant,

– selbst Modelle wie eine Köf, in welche aus räumlichen Gründen keine Lok-Decoder hineinpassen, können auf Digitalanlagen weiter betrieben werden,

– Gleichstrom- und Digitalstromkreise lassen sich auf einer Anlage kombinieren (Vorteil: Digitalbetrieb im rangierintensiven Bahnhof, Gleichstrombetrieb unter Weiterverwendung vorhandener Trafos auf der freien Strecke) und

– schließlich fahren von Freunden mitgebrachte Analog-Loks auch auf der eigenen Digitalanlage.

> Wer sich für eine Roco Digitalsteuerung entscheidet, muß auf diese Vorteile verzichten!

Die fehlende Analogkompatibilität hat natürlich für Umsteiger von Analog- auf Digitalbetrieb – die möglicherweise viele vorhandene Loks auf einmal mit Lok-Decodern nachrüsten müssen – einen anderen Stellenwert, als für Neueinsteiger, welche die Mehrkosten in einer Größenordnung von 50,– DM für jede Digital-Lok „nur" nach und nach berappen müssen.

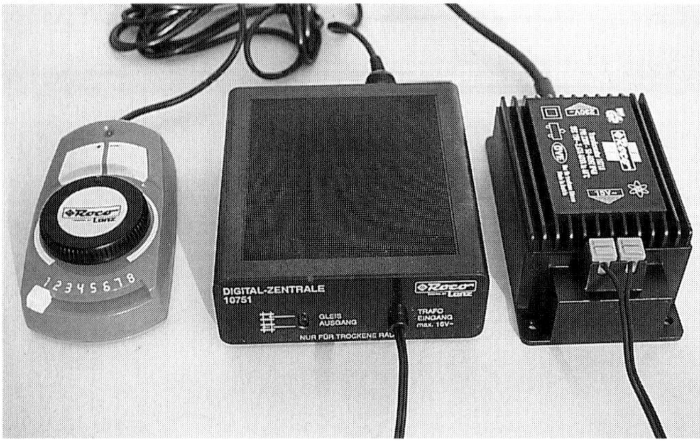

Das Roco-Einsteiger-System besticht durch seinen einfachen Aufbau

Analog-Loks geben im Digitalstromkreis bei Stillstand einen unterschiedlich stark ausgeprägten „Summton" von sich, der jedoch beim Fahren verschwindet und im Geräuschpegel des übrigen Betriebes ohnehin untergeht. Diesen Punkt sollte man nicht überbewerten; er kann die Entscheidung der Fa. Roco kaum beeinflußt haben.

Eine technische Einschränkung gilt es jedoch zu beachten: Analog-Loks mit thermisch wenig standfesten Motoren – dabei handelt es sich offenbar vorwiegend um Fahrzeuge älterer Baujahre – sind für einen Betrieb im Digitalstromkreis nicht geeignet. Wird eine Analog-Lok bereits nach kurzem Einsatz heiß, dann muß sie sofort vom Gleis genommen werden. Die Betriebsanleitung der Firma Lenz enthält diesen Hinweis ausdrücklich.

Die Fa. Roco hat schon vor geraumer Zeit in ihrer hauseigenen Zeitschrift „Roco Report" vor den möglichen Folgen eines Einsatzes von Roco-Loks in Digitalstromkreisen als Analog-Loks gewarnt. So bleibt nur die Vermutung, daß früher Roco-Motoren möglicherweise nicht zu den standfesteren Exemplaren zählten und zum Ausschluß von Regreßansprüchen auf den zusätzlichen Einsatz einer Analog-Lok verzichtet wurde.

Dem verbreiteten „Insider-Tip", einen Jumper (Brücke) auf der Platine der Roco-Zentrale einfach anders zu setzen und danach auch mit dieser Steuerung über die Adresse 8 eine Analog-Lok betreiben zu können, sollte man besser nicht folgen.

Die Ausgangsspannung der ersten Serie von Roco Digitalzentralen war – im Gegensatz zu Digital Plus – nicht auf einen für Analog-Loks akzeptablen Maximalwert begrenzt – ein zusätzlicher Gefahrenmoment für Analog-Loks. In diesem Zusammenhang erscheint es interessant, daß in der nun ausgelieferten zweiten Bauserie der Roco-Zentrale eben diese Begrenzung der Ausgangsspannung enthalten ist – ein Indiz für eine geänderte Strategie?

Aufbau

Die Digitalsteuerung besteht aus einem Trafo zur Stromversorgung, der Zentrale und mindestens einem mobilen Handsteuergerät – der sog. Lokmaus. Der Aufbau ist also sehr übersichtlich. Dabei sollte berücksichtigt werden, daß es sich hier bereits um eine mobile Fahrzeugsteuerung handelt, bei der naturgemäß der Verdrahtungsaufwand immer etwas höher als bei stationären Geräten ist.

Bedienungskonzept

Roco bietet vom Grundsatz her gesehen eine „serielle" Zugsteuerung. Digital-Lok 1 wird mit Stellung 1 des Lokwahlschalters aufgerufen, Fahrtrichtung und Geschwindigkeit werden eingestellt und anschließend kann über eine andere Lokwahlschalterstellung (z.B. 4) die nächste Lok (z.B. 4) aufgerufen und gesteuert werden. Währenddessen fährt Lok 1 mit ihren gewählten Fahrbefehlen (Fahrtrichtung und Geschwindigkeit) solange weiter, bis sie erneut über die Lokwahlschalterstellung 1 aufgerufen und damit direkt gesteuert werden kann. Auf diese Weise lassen sich theoretisch bis zu 8 Züge mit einer Lokmaus betreiben.

Zum Roco-Konzept zählt die mobile Ausführung des Handsteuergerätes – direkt vor Ort des Geschehens sein, eine Lok steuern, sie aus unmittelbarer Nähe bei der Fahrt beobachten, Wagen von Hand abkuppeln, usw. – das macht das Spiel mit der Modellbahn so interessant!

Das Roco-Bedienungskonzept erlaubt aber genauso die gleichzeitige Verwendung mehrerer Lokmäuse. So ist eine direkte Zuordnung mehrerer Digital-Loks zu verschiedenen Bedienungsgeräten möglich nach dem Motto: jedem Mitspieler seine eigene Lok, jeder ist Lokführer. Dieses Konzept gestattet die aktive Beteiligung (im Unterschied zur ansonsten üblichen passiven Zuschauerrolle) mehrerer Mitspieler am Modellbahnbetrieb – einschließlich der Übergabe bzw Übernahme von Zügen zwischen den einzelnen Mitspielern.

Das Roco-Bedienungskonzept ist durchdacht und praxisgerecht – besser kann man es nicht machen!

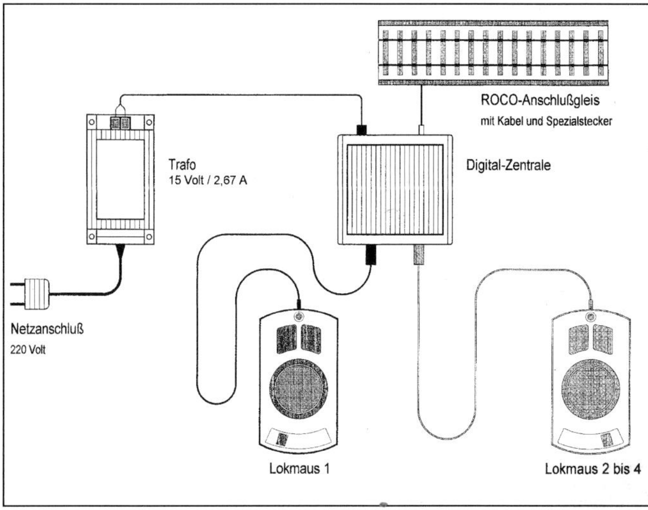

Stromversorgung und Anschluß

Stromversorgung und Anschluß

Zur Versorgung der Zentrale enthalten die Startpackungen einen Transformator, der bei 15 Volt Wechselspannung bis zu 2,67 Ampere liefert. Der mit 40 VA vergleichsweise leistungsfähige Trafo reicht zum gleichzeitigen Betrieb von etwa vier H0-Fahrzeugen. Das Gerät trägt das GS-Zeichen und entspricht damit den einschlägigen Sicherheitsbestimmungen.

Aus der Zentrale führt eine dort fest montierte, zweiadrige Leitung, welche an die solide ausgeführten Trafoklemmen angeschlossen werden muß. Ferner sind die Schienen über ein spezielles, der Startpackung beiliegendes Anschlußgleis und zwei Leitungen mit der Zentrale zu verbinden. Die Ausführung der zweipoligen Gleisanschlußbuchse vermag weniger zu gefallen, weil hier nur Leitungen mittels eines Spezialsteckers angeschlossen werden können. Schnellspannklemmen wie am Trafo wären eine geeignetere Variante.

Zur Betriebsaufnahme muß zumindest eine Lokmaus an die Zentrale angeschlossen werden. Dazu dienen die auch beim Digital Plus System verwendeten Diodenstecker bzw. Buchsen, die einen verwechslungsfreien Anschluß gewährleisten. Allerdings verleitet gerade dieser Diodenstecker zu einem Trugschluß. Wer aufgrund des mit dem Digital Plus System identischen Steckers glaubt, die Roco-Handsteuergeräte auch für das vorgenannte System verwenden zu können, der wird enttäuscht. Roco Lokmäuse funktionieren nicht mit Digital Plus.

Inbetriebnahmevorbereitungen

Startpackung

Die in den Startpackungen enthaltenen Digital-Loks (Diesellok BR 215 bzw ICE) sind mit speziellen, betriebsfertig programmierten Lok-Decodern ausgerüstet. Die BR 215 ist z.B. von Haus aus auf die Adresse 01 eingestellt. Mit dieser Lok kann der Anwender nach dem Anschluß der Komponenten und der Einstellung des Lokwahlschalters auf die Position 1 sofort losfahren.

Dieses Startpackungskonzept ist ausgesprochen anwenderfreundlich, denn es genügt der Maximime:

- kaufen, aufbauen und losfahren

Sonstige Digital-Loks

In jede weitere Lok muß zunächst einmal ein Lok-Decoder eingebaut werden. Das geht bei Roco Loks mit Elektrischer Schnittstelle besonders schnell, fehlerfrei und damit preiswert. Anschließend müssen die Triebfahrzeuge einmalig – vor der erstmaligen Inbetriebnahme – den Lokwahlschalterstellungen 2 bis 8 zugeordnet (programmiert) werden. Den Stellungen 1 bis 8 entsprechen die Lok-Adressen (Digital-Adressen) 01 bis 08. Die Programmierung funktioniert im Prinzip folgendermaßen:

– eine Lok auf die Schienen stellen (alle anderen Fahrzeuge zuvor entfernen),

– Netzstecker des Trafos aus der Steckdose ziehen,

– alle Lokmäuse – mit Ausnahme einer – von der Zentrale abziehen,

– Geschwindigkeitsteuerknopf der Lokmaus in Mittellstellung drehen,

– Lokwahlschalter auf die gewünschte Adresse stellen,

– Not-Halt-Taste drücken und gedrückt halten,

– Netzstecker des Trafos bei gedrückter Not-Halt-Taste in die Steckdose stecken,

– bei weiter gedrückt gehaltener Halt-Taste eine der beiden Funktions-Tasten auf der Lokmaus drücken, die Lok macht bei erfolgreicher Programmierung einen kleinen Ruck und

– Not-Halt-Taste erneut drücken.

Danach ist die Lok auf die gewünschte Adresse programmiert. Zum Glück muß diese Prozedur in der Regel nur einmal mit jeder Lok vollzogen werden.

Anschließend folgt die beschriebene Vorgehensweise mit der nächsten Lok und einer anderen Lokwahlschalterstellung. Die Triebfahrzeuge sind dann immer mit den entsprechenden Lokwahlschalterstellungen aufrufbar. Die Zuordnung bleibt selbstverständlich auch bei ausgeschalteter Stromversorgung gespeichert. Es ist dem Anwender überlassen, in welcher Reihenfolge er welche Digital-Lok welcher Lokwahlschalterstellung (2–8) zuscheidet. Vorteilhaft erscheint, daß bei diesem Programmierungsverfahren weder eine ursprüngliche (z.B. eine werksseitig eingestellte) Lok-Decoder-Adresse bekannt sein muß, noch benötigt der Anwender irgendeine Code-Tabelle. Auch müssen die Fahrzeuge zur Programmierung nicht geöffnet werden. Eine einmal gewählte Adresse läßt sich jederzeit durch die Wiederholung der Programmierung ändern.

Bedienung

Trafo und Zentrale

Stromversorgung und Digitalzentrale sind in separaten Gehäusen untergebracht. Dies erscheint gleich aus mehreren Gründen sinnvoll. Zum einen lassen sich auf diese Weise die strengen Sicherheitsbestimmungen für Transformatoren leichter erfüllen und zum anderen kann zur Stromversorgung der Zentrale auch ein bereits vorhandener Trafo verwendet werden. Dies ist insbesondere für Anwender von Interesse, die keine komplette Startpackung, sondern einzelne Digitalkomponenten erwerben wollen. Die Einstiegskosten lassen sich durch Verwendung eines vorhandenen Trafos zur Stromversorgung reduzieren.

Der Roco-Trafo sieht auch aus wie ein Transformator und ist – ebenso wie die Zentrale – in für leistungsstarke Audio-Geräte verwendetem Schwarz gehalten. Diese geschickt gemachte Verpackung darf aber nicht über kleinere Funktionsmängel hinwegtäuschen. Der Trafo hat Befestigungslöcher für Holzschrauben jedoch keine Gummifüßchen. Deshalb rutscht er auf glattem Untergrund hin und her. Dafür besitzt das in seiner Form an die Digital Plus Zentrale erinnernde Kunststoffgehäuse der Roco-Zentrale Gummifüßchen, aber keine Befestigungslöcher.

Die bei vielen Modellbahntrafos übliche, optische Betriebs- und Kurzschlußanzeige

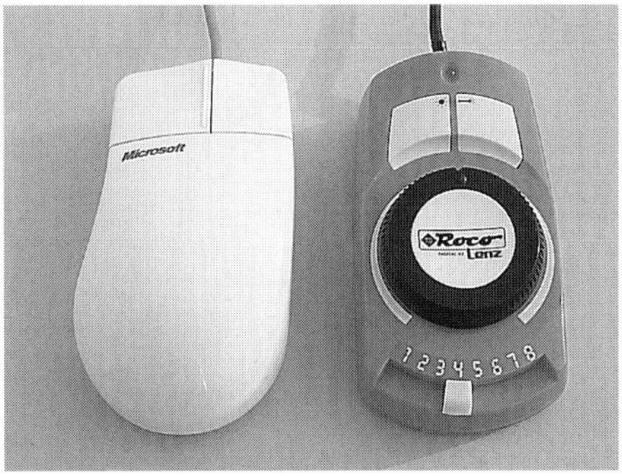

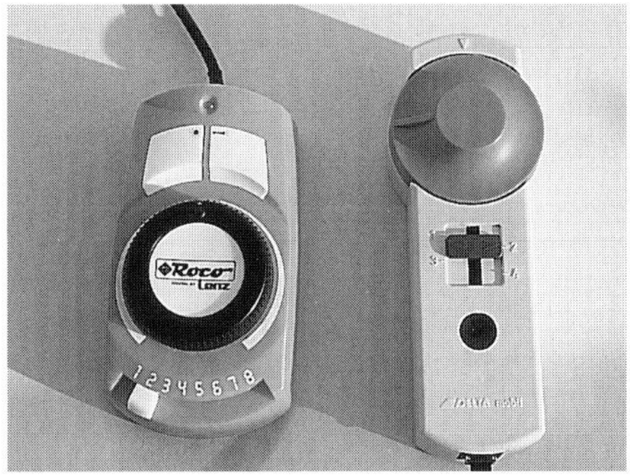

Links: Roco-Lokmaus und Zeigegerät für Computer (sog. Maus)

Rechts: Die Roco-Lokmaus im direkten Vergleich mit einer echten Einhand-Bedienung, dem Märklin-Delta-Mobil

sucht man leider sowohl am Trafo als auch an der Zentrale vergebens. Der eingeschaltete Zustand der Digitalsteuerung ist lediglich an der kleinen Leuchtdiode auf der Lokmaus erkennbar.

Lokmaus

Mit dem Begriff „Maus" verbindet unser Nachwuchs viel eher das zur Bedienung von Computern unverzichtbare Zeigegerät, als das vierbeinige Tier mit Schwanz, das zu den Leckerbissen unserer Hauskatzen zählt. Und weil die Assoziation zum Computer gewollt und beim angepeilten Marktsegment als verkaufsfördernd bewertet wird, heißt das kabelgebundene Gerät bei Roco nicht „Walk Around Control" oder ganz einfach Handsteuergerät, sondern „Lokmaus". Zielgruppenorientiert und clever gemacht ist das allemal!

Zu diesem selbstauferlegtem Image paßt auch die popfarbene und unter ergonomischen Gesichtspunkten bewertet eher unzweckmäßige, rot/gelbe Farbgebung der Lokmaus. Sachgerechter wäre eine neutrale, weniger aufdringliche Gehäusegrundfarbe mit einer an Funktionen orientierten Farbzuscheidung für Bedienungs- und Anzeigeelemente.

Selbst die Formgebung mußte sich offenbar der Funktionalität unterordnen. Die Lokmaus ist ähnlich flach gehalten wie eine Computermaus. Letztere hat auf ihrer Oberfläche nur eine Handauflagefläche mit zwei Tasten, während die Lokmaus bei vergleichbaren Abmessungen neben zwei Tasten zur Bedienung von Funktionen auch noch einen flachen Geschwindigkeitssteuerknopf mit integrierter, farblich abgesetzter Not-Halt-Taste und einen Lokwahlschalter aufweist. Und im Unterschied zur Computermaus besitzt die in dominantem Rot gestylte Lokmaus eine ebenfalls rote – und damit schlecht erkennbare – Leuchtdiode zur Anzeige verschiedener Betriebszustände.

Die Anordnung der Bedienungselemente läßt zwar darauf schließen, daß die Lokmaus nicht als Einhandbedienung konstruiert wurde – dennoch kann sie erfreulicherweise als solche verwendet werden.

An der Unterseite der Lokmaus angebrachte Gummifüßchen verhindern das dauernde Hin- und Herrutschen auf glatten Unterlagen. Eine Bohrung an der Gehäuseunterseite würde keine nennenswerten Mehrkosten verursachen, wäre aber zweckmäßig, weil so die Lokmaus nicht nur auf einer Unterlage abgelegt, sondern zusätzlich auch am Anlagenrand an einer simplen Rundkopfschraube aufgehängt werden könnte.

Weil Roco eine „serielle" Zugsteuerung bietet, hat die Lokmaus einen Lokwahlschalter mit den Stellungen 1 bis 8.

Lok 1 wird mit Lokwahlschalterstellung 1 aufgerufen, Fahrtrichtung und Geschwindigkeit eingestellt und die Lok fährt. Anschließend wird Lok 2 mit Lokwahlschalterstellung 2 aktiviert und Fahrtrichtung sowie Geschwindigkeit lassen sich direkt einstellen.

Währenddessen fährt Lok 1 mit ihren Einstellungen unverändert weiter, sie kann momentan nicht über diese Lokmaus (wohl aber mit einer anderen Lokmaus oder durch Signale mit Zugbeeinflussung) gesteuert werden. Erst wenn der Lokwahlschalter erneut in Position 1 gebracht wird – was natürlich jederzeit möglich ist – kann Lok 1 wieder direkt mit der Lokmaus bedient werden. Wie bei allen seriellen Bedienungskonzepten ist dabei zu beachten, daß der Steuerknopf etwa in der Stellung stehen sollte, welche der momentanen Geschwindigkeit des aufzurufenden Zuges nahekommt, weil sonst der Zug eine der zwischenzeitlich veränderten Einstellung entsprechende Geschwindigkeit annimmt.

Wie man an der Roco-Lösung sieht, muß zur Lokwahl keineswegs ein Drehschalter oder ein Tastenfeld verwendet werden – es geht auch mit einem Schalter und zwar recht gut. Geringer Platzbedarf auf der Bedienungsoberfläche, kurze Schaltwege, einfache und damit verständliche Kennzeichnung mit Ziffern, sichere Einrastung in den einzelnen Stellungen – das sind die Kennzeichen der gut funktionierenden Roco-Lösung.

Fahrtrichtung und Geschwindigkeit werden mit der bei Gleichstromanhängern beliebten Einknopfbedienung gesteuert. Das stellt zweifellos einen Vorteil dar, denn Umsteiger müssen sich bedienungstechnisch nicht umstellen. Der früher immer wieder angeführte Vorteil, daß mit einer Einknopfbedienung eine Fahrtrichtungsänderung bei voller Geschwindigkeit ausgeschlossen sei [weil der Geschwindigkeitssteuerknopf vor jedem Richtungswechsel zwangsläufig über die Null-Stellung (= Mittelstellung) bewegt werden muß] zählt bei H0-Fahrzeugen mit mechanischen Schwungmassen nicht mehr in diesem Maße. Hier ist es ohne weiteres möglich, die Fahrtrichtung zu wechseln, während die Lok noch fährt.

Der Geschwindigkeitssteuerknopf hat einen angenehm großen Durchmesser, ist jedoch etwas zu flach geraten und damit nicht nur für Kinderhände wenig griffgünstig. Dazu trägt auch die gering ausgeprägte Rändelung der Grifffläche bei. Der mechanische Drehwiderstand des Geschwindigkeitssteuerknopfes ist praxisgerecht ausgelegt – nicht zu schwergängig, aber auch nicht zu leicht. Die "Einrastung" in der Null-Stellung ist gut fühlbar. Auch das um den Drehknopf angeordnete Piktogramm ist verständlich, wenngleich Striche mit Ziffern die Reproduzierbarkeit von Geschwindigkeitseinstellungen erleichtern würden.

In den Fahrtrichtungs- und Geschwindigkeitssteuerknopf ist ein – als solcher nicht gekennzeichneter – Not-Halt-Taster integriert. Er fungiert als System-Not-Halt. Das heißt, daß mit ihm die Versorgungsspannung am Gleis ausgeschaltet wird und somit alle Triebfahrzeuge sofort halten. Rückgängig gemacht wird die Not-Halt-Funktion durch einen erneuten Druck auf die Taste, wobei zuvor einige Sekunden gewartet werden muß, sonst funktioniert die Rückstellung nicht. Diese Zwangspause erweist sich in der Praxis als ausgesprochen störend. Anschließend fahren sämtliche Triebfahrzeuge wieder mit ihrer ursprünglichen Fahrtrichtung und Geschwindigkeit los. Der Not-Halt-Taster ist nicht geschickt angeordnet, er hat keinen sonderlich gut definierten Druckpunkt und er macht kaum einen mechanischen Hub, so daß er gerade von Kindern schon „beim in die Hand nehmen der Lokmaus" immer wieder ausgelöst wird. Vorbeugen ließe sich durch einen etwas kleineren Knopfdurchmesser in Verbindung mit einem breiteren, etwas erhöhten Rand des Geschwindigkeitssteuerknopfes, so daß der Not-Halt-Taster tiefer als der Rand des Geschwindigkeitssteuerknopfes liegen würde. Daß man vor dem Not-Halt-Reset einige Sekunden lang warten muß und erst danach durch erneutes drücken wieder fahren kann, ist dem Benutzer nicht auf Anhieb vermittelbar.

Neben Bedienungselementen befindet sich auf der Lokmaus eine optische Meldeeinrichtung. Die kleine, rote 3 mm-Leuchtdiode steht in keinem guten Farbkontrast zu dem sie umgebenden, gleichfalls roten Gehäuse. Die Diode meldet folgende Zustände:

– Betriebsbereitschaft mit rotem Dauerlicht,

– Überlastung, Kurzschluß und gedrückte Not-Halt-Taste per rotem Blinklicht,

– eine erloschene LED soll darauf aufmerksam machen, daß die ausgewählte Lok bereits am Lokwahlschalter einer anderen Lokmaus aufgerufen (und von dort aus gesteuert) wird. Das Fahrzeug kann auf eine andere Lokmaus übernommen werden, wenn der Lokwahlschalter in eine andere Position gebracht wird; es sollen also nie zwei (oder mehr) Lokwahlschalter in derselben Position stehen.

Sinnvoller als eine rote LED wäre die Verwendung einer sog. Mehrfarben-LED, mit der sich die Betriebsbereitschaft durch ein grünes Ruhelicht, ein Kurzschluß durch rotes Blinklicht, Not-Halt mit rotem Ruhelicht und die Steuerung der aufgerufenen Lok von einer anderen Lokmaus aus durch ein gelbes Blinklicht anzeigen ließe. Eine solche Farbwahl wäre sinnfällig und würde folglich den Erwartungen des Bedieners besser entsprechen.

Die Lokmaus wird mit einem 2,35 m langen Kabel an die Zentrale angeschlossen; was einerseits einen beachtlichen Aktionsradius ergibt. Andererseits stellen so lange Kabel schon fast eine Stolperfalle dar. Wie in anderem Zusammenhang bereits erwähnt, erfolgt der Anschluß verwechslungsfrei mittels Buchse und Diodenstecker.

Hat man einer Lok übrigens Fahrbefehle (Fahrtrichtung und Geschwindigkeit) erteilt, so kann der Stecker der Lokmaus von der Zentrale abgezogen werden und die Lok fährt mit den erteilten Befehlen so lange weiter, bis die Lokmaus wieder angeschlossen und geänderte Kommandos erteilt werden. Diese Eigenschaft erlaubt den Aufbau einer Ringleitung mit mehreren Anschlußstellen um eine stationäre Anlage herum – ein für ein Einsteiger-Gerät beachtliches Detail.

Weitere Bedienungsstellen

Zwei Lokmäuse können direkt an die Zentrale angeschlossen werden. Zum Anschluß weiterer Lokmäuse werden unter der Artikel-Nr. 10755 Adapter angeboten. So ist ein Ausbau der Grundausstattung auf bis zu vier Lokmäuse möglich.

Ein weiterer Vorzug des Roco-Konzeptes: die Verwendung identischer Bedienungseinrichtungen erleichtert die Handhabung.

Bedienungsanleitung

Der Startpackung liegt eine farbige, 16 Seiten umfassende Aufbau- und Bedienungsanleitung im DIN-A-4-Format bei. Zunächst wird der Aufbau einer Gleisanlage unter Verwendung des in der Startpackung enthaltenen Gleismaterials beschrieben. Die Seiten 4 bis 8 haben die Digitalsteuerung zum Inhalt. Ausführlich und mit anschaulichen Bildern und Skizzen untermauert wird zunächst der Aufbau – also die Verbindung der Komponenten Trafo, Zentrale und Lokmaus – beschrieben.

Den Sicherheitshinweisen für den Umgang mit Netztrafos hat man anerkennenswerterweise den notwendigen Stellenwert beigemessen. Leider findet man nicht bei allen Herstellern eine so leicht verständliche Darstellung der Zusammenhänge.

Anschließend folgen Hinweise zur Bedienung der Steuerung und schließlich noch eine Seite mit Hilfen zur Fehlerbeseitigung. Die Seiten 9 bis 15 der Bedienungsanleitung sind wieder dem Anlagenbau – vorwiegend dem Roco-Gleissystem – gewidmet.

Insgesamt gesehen kommt man mit dieser Bedienungsanleitung gut zurecht. Einen Punkt gilt es zu kritisieren: der Anfänger findet in der Beschreibung keine Zusammenstellung der derzeit mit Schnittstelle erhältlichen Lokomotiven. Diesem Aspekt sollte etwas Aufmerksamkeit geschenkt werden, zumal der Verkauf weiterer Loks für den Digitalbetrieb ja auch im Interesse des Herstellers liegt.

Fahrzeugangebot

Betriebsfertige Digital-Loks

Die in der Startpackung enthaltene Lok BR 215 ist werksseitig auf die Adresse 01 betriebsfertig eingestellt. Auch der in der zweiten Startpackung angebotene ICE-Triebzug ist betriebsfertig programmiert. Beide Triebfahrzeuge sind mit speziellen, einzeln nicht erhältlichen Lok-Decodern mit fernsteuerbarer Lokpfeife ausgerüstet.

Loks mit elektrischer Schnittstelle

Roco verwendet die im ersten Kapitel detailliert beschriebene und auf Photos gezeigte elektrische H0-Schnittstelle. Damit verfügt dieser Hersteller über ein excellentes Nachrüstkonzept.

Bei Fahrzeugen mit Schnittstelle reduziert sich der Lok-Decodereinbau auf den Austausch eines serienmäßigen Steckers (mit Brücken) gegen ein Exemplar mit Stecker und betriebsfertig angeschlossenem Lok-Decoder.

Lok-Decoderangebot

Roco bietet einen Lok-Decodertyp mit Schnittstellenstecker an. Er kostet etwas weniger als 40,– DM und ist damit äußerst preiswert, aber in seinem Leistungsumfang begrenzt.

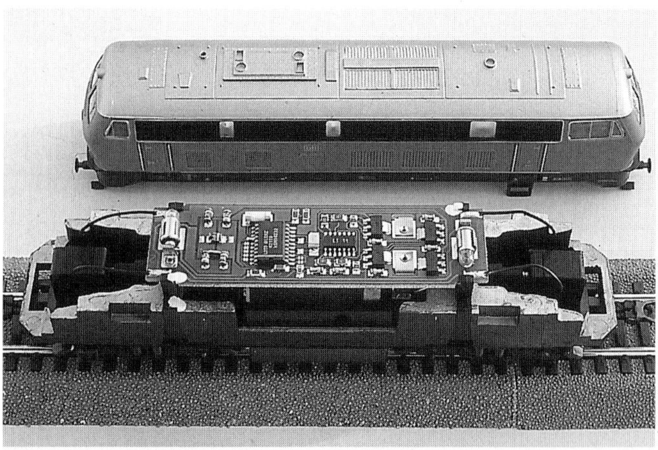

Roco-Start-Set-Digital-Lok BR 215 mit werkseitig eingebautem Lok-Decoder; hier noch ein Modell der ersten Serie ohne Lokpfeife

Darüberhinaus ermöglicht die Schnittstellennormung die Verwendung von Lok-Decodern aus dem Digital Plus Sortiment der Fa. Lenz.

Für Fahrzeuge ohne Elektrische Schnittstelle – dies ist die weit überwiegende Zahl – muß zuerst einmal der zum Decodereinbau notwendige Raum im Triebfahrzeug geschaffen werden. Bei einigen Zweischienen-Zweileiter-Gleichstrom-Loks der Baugröße H0 hat dies spanabhebende Arbeiten (Fräsarbeiten) am Fahrgestell zur Folge und dabei ist man zumeist auf Spezialwerkstätten angewiesen. Daß dies nicht zum Nulltarif möglich ist liegt auf der Hand und diese Kosten müssen zusätzlich zu den Decoderkosten aufgebracht werden. In diesem Punkt verzeichnen Märklin-Loks eindeutige Pluspunkte, weil hier durch den Ausbau des mechanischen Fahrtrichtungsrelais quasi automatisch immer der zum Lok-Decodereinbau erforderliche Raum „kostenlos" zur Verfügung steht.

Die Tabelle auf Seite XX vermittelt dem Roco Digital Einsteiger einen Überblick über die wichtigsten für dieses System verwendbaren Lok-Decoder und ihrer Eigenschaften. Einschränkend ist darauf hinzuweisen, daß zwar sämtliche Decodertypen in Verbindung mit der Einsteiger-Digitalsteuerung verwendet werden können, aber zahlreiche Decodereigenschaften erst mit einer Profi-Digital-Steuerung – wie Digital Plus – nutzbar sind.

Fahreigenschaften und Lok-Decodereigenschaften

Aus Einsteigern werden Profis. Und ein Systemvorteil von Roco Digital ist zweifellos, daß bei einem späteren Aufstieg zu Digital Plus alle Lokomotiven übernommen werden können. Änderungen an den Fahrzeugen oder an den Lok-Decodern sind dazu nicht erforderlich.

Dieser Vorzug bedeutet andererseits, daß man die Fahreigenschaften ein „Lokomotivleben" lang akzeptieren muß, wenn nicht später durch einen elektromechanischen Umbau oder durch den Wechsel

Übersicht geeigneter Lok-Decoder für Roco Digital

Anbieter:	Lenz	Lenz	Lenz	Lenz	Märklin	Roco
Lok-Decoder ohne Schnittstellenstecker:	LE 030 1) LE 040 2)	LE 103 1)	LE 110	LE 130	c 82	–
Lok-Decoder mit Schnittstellenstecker:	–	LE 104	LE 111	LE 131	–	Nr. 10741
Einstellung der Lok-Decoder-eigenschaften ohne Öffnung der Lok	ja	ja	ja	ja	ja	ja
Mit Handregler LH 100 einstellbare Fahrstufenzahl zur Geschwindigkeits-steuerung 3)	28	28	28	28	14	14
Decoderinterne Stufenzahl (z.B. bei Regelung genutzt)	64	64	64	64	64	64
Motordrehzahlregelung integriert	ja	nein	nein	ja	nein	nein
Lokbezogene Höchstgeschwindigkeits-einstellung	ja	ja	ja	ja	nein	nein
Geschwindigkeitskennlinie lokbezogen einstellbar	ja	ja	ja	ja	nein	nein
Mindestanfahrspannung vorwählbar	ja, in 15 Stufen	ja, in 15 Stufen	ja, in 15 Stufen	ja, in 15 Stufen	ja, in 15 Stufen	ja, in 15 Stufen
Beschleunigung einstellbar	ja, in 15 Stufen	ja, in 15 Stufen	ja, in 15 Stufen	ja, in 15 Stufen	ja, in 15 Stufen	nein
Bremsverhalten einstellbar	ja, in 15 Stufen	ja, in 15 Stufen	ja, in 15 Stufen	ja, in 15 Stufen	ja, in 15 Stufen	nein
Maximalbelastbarkeit des Motorausganges	0,7 A	1,0 A	1,0 A	1,0 A	1,5 A	1,3 A
Motorausgang thermisch gegen Überlast geschützt	ja	ja	ja	ja	–	–
Zahl der Funktionen:	1	1	2	3	1	1
Maximalbelastbarkeit des Funktionsausganges	0,1 A	0,1 A	0,3 A	0,1 - 0,5 A	–	–
Gesamtbelastbarkeit des Lok-Decoders	0,7 A	–	1,2 A	1,2 A	–	1,5 A
Lok-Decoderabmessungen L x B x H in mm	Typ LE 030: 35,5 x 11,5 x 3,3	40,5 x 17 x 4,5	25,0 x 17,0 x 7,0	27,0 x 17,0 x 7,0	23,0 x 17,5 x 5,5	25,5 x 18,5 x 6,5

1) Einseitig mit Bauteilen bestückter Lok-Decoder
2) Zweiseitig mit Bauteilen bestückter Lok-Decoder; daher nur etwa die halbe Baulänge, aber etwa doppelt so dick wie der Typ LE 030
3) Lenz Lok-Decoder können wahlweise mit 14, 27 o. 28 Fahrstufen betrieben werden. 28 Fahrstufen setzen das Update 2.0 b. Digital Plus voraus

zu einem anderen Digitalsystem mit leistungsfähigen Lok-Decodern auf teuere Weise nachgebessert werden soll.

Zur Geschwindigkeitssteuerung stehen bei Roco Digital – wie schon beim ehemaligen Arnold Commander 6, Arnold-Digital (alt), Märklin-Digital= und LGB-Digital – nur 14 Fahrstufen zur Verfügung. Die Aussage, daß die Lok-Decoder 64 Fahrstufen aufweisen, ist zwar zutreffend, führt jedoch in dieser vereinfachten Form zu falschen Schlußfolgerungen. Diese hohe Stufenzahl wirkt sich auf den Verlauf von Geschwindigkeitsänderungen bei Beschleunigungs- und Bremsvorgängen und auf die Wirksamkeit einer bei den Lok-Decodern LE 030 und LE 130 integrierten Motordrehzahlregelung positiv aus. Aber das darf nicht über die Tatsache hinwegtäuschen, daß mit Roco Digital lediglich

Geschwindigkeitseinstellung am Beispiel einer Roco-H0-Digital-Lok Re 460 (Lok 2000)

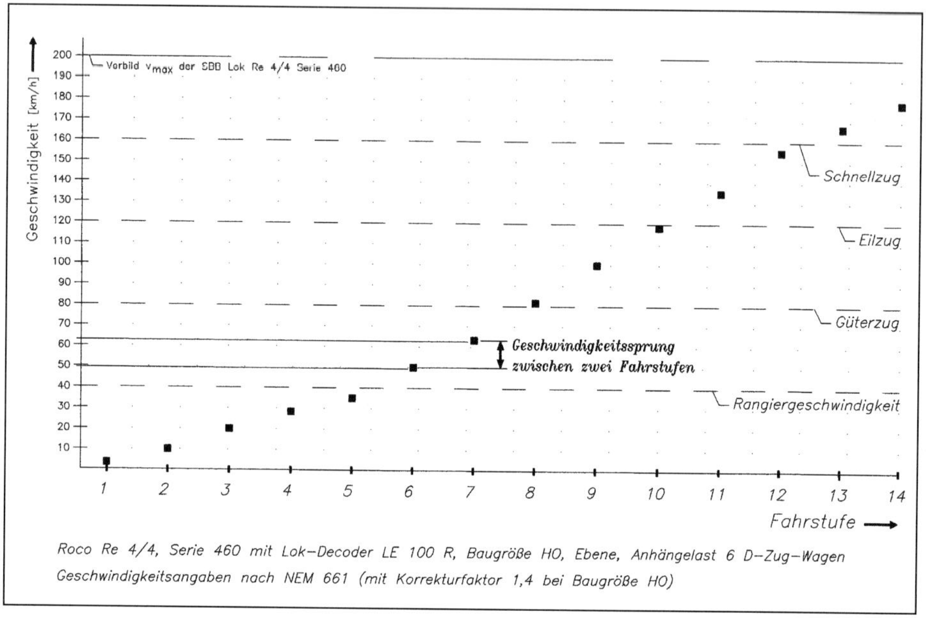

14 verschiedene Fahrstufen eingestellt werden können und folglich jede Lok auch nur mit 14 verschiedenen „Beharrungsgeschwindigkeiten" fahren kann! Die Wirkung der bei Roco Digital realisierten Geschwindigkeitssteuerung mit 14 Fahrstufen zeigt die Graphik am konkreten Beispiel der Roco-H0-Digital-Lok Re 460. Digital Plus (28 Stufen) und Selectrix (31 Stufen) bieten eine feinfühligere Geschwindigkeitssteuerung.

Die Lok-Decoderausgangsstufen aller Decodertypen sind mit Impulsdauersteuerungen ausgerüstet, was sich positiv auf die Zugkraft – genauer gesagt: den Motordrehmomentverlauf – auswirkt.

In den Roco Decodern ist werksseitig eine auf die jeweiligen elektromechanischen Fahrzeugeigenschaften abgestimmte Mindestanfahrspannung eingestellt. Bei der BR 215 ist das die Stufe 11. Ziel ist, daß jede Lok bereits bei geringfügig aufgedrehtem Geschwindigkeitssteuerknopf anfährt, also zur eigentlichen Geschwindigkeitssteuerung stets der vollständige Drehwinkel des Steuerknopfes zur Verfügung steht. Dieser Vorkehrung kann bei alleinfahrenden Triebfahrzeugen auf waagerechten Streckenabschnitten Wirksamkeit bescheinigt werden. Noch hilfreicher wäre eine solche Funktion für wechselnde Anhängelasten und in Steigungen bzw. Gefällen. Das wiederum läßt sich jedoch nur durch einen technisch wesentlich anspruchsvolleren Lok-Decoder mit integrierter Motordrehzahlregelung realisieren. Über diese Eigenschaft verfügen die in den Startpackungen enthaltenen Loks und der Roco Decoder Nr. 10741 nicht. Ebensowenig sind bei den Roco Decodern bzw. Startpackungsfahrzeugen Beschleunigungs- und Bremsverhalten beeinflußbar und auch die Fahrzeughöchstgeschwindigkeit kann nicht loktypbezogen festgelegt werden. Bei Digital Plus und Trix Selectrix zählen dagegen Lok-Decoder mit integrierter Motordrehzahlregelung, lokspezifischer Höchstgeschwindigkeitsvorgabe und Massensimulation zum Standard.

Bei Betätigung der Not-Halt-Funktion auf der Lokmaus verlaufen Haltevorgänge bei Fahrzeugen mit mechanischer Schwungmasse keineswegs abrupt. Selbst bei langen Zügen tritt durch nachschiebende Wagen in Kurven oder auf Gefällestrecken keine Entgleisungsgefahr auf. Fahrzeuge ohne Schwungmasse verhalten sich in diesem Punkt weitaus kritischer.

Zusammenfassend ist festzustellen:

– Loks, die mit herkömmlichen Gleichstrom-Fahrpulten gut fahren, laufen auch nach dem Einbau eines Roco-Lok-Decoders passabel und

– die Roco Digitalsteuerung leistet bei Verwendung des Roco-Lok-Decoders Nr. 10741 keinen Beitrag zur Optimierung des Fahrverhaltens.

Ergänzend muß angemerkt werden, daß das Fahrverhalten der Startpackungs-BR 215 etwas aus dem Rahmen fällt, weil bei diesem Modell ein spezieller, schnell laufender Motor eingebaut wurde. Damit soll den Erwartungen des angepeilten Käuferkreises Rechnung getragen werden.

Nun zu den Alternativen. Ein optimiertes Fahrverhalten erhält man durch die Kombination Roco Digitalsteuerung und Lok-Decodertypen LE 030 und LE 130 von Digital Plus. Denn die in diesen Decodern integrierte Motordrehzahlregelung wirkt auch schon zusammen mit der Einsteiger Digitalsteuerung. Andere Eigenschaften dieser Decodertypen sind erst bei einem Wechsel von Roco Digital zu Digital Plus nutzbar. Für die Praxis heißt das, daß mit identischen Digital-Loks – allein durch den Tausch der stationären Geräte – vorbildgerechtere Fahreigenschaften erzielt werden. Dazu zählen eine feinfühlige Geschwindigkeitssteuerung mit 28 Fahrstufen, das in 15 Stufen einstellbare Beschleunigungsverhalten, oder das ebenfalls in 15 Stufen getrennt davon wählbare Bremsverhalten ebenso wie die Möglichkeit zur lokspezifischen Vorgabe der Höchstgeschwindigkeit.

Die eindeutige Empfehlung lautet: von vorneherein stets den Lok-Decodertyp mit den besten Eigenschaften verwenden. Das sind derzeit die Typen LE 030 und LE 130 aus dem Digital Plus Angebot.

Fahreigenschaften in Signalhalteabschnitten

Schaltet man den Digitalstrom in einem Signalhalteabschnitt in Abhängigkeit der Signalstellung aus, dann passiert folgendes: Roco Digital-Loks mit Schwungmasse rollen – je nach Geschwindigkeit und Wirksamkeit der mechanischen Schwungmasse – unterschiedlich weit aus; sie halten nicht definiert vor dem Signalstandort. Digital-Loks ohne Schwungmasse bleiben nahezu abrupt stehen. Wird der Strom im Signalhalteabschnitt wieder eingeschaltet, dann beschleunigen Digital-Loks mit der im Lok-Decoder eingestellten Beschleunigungsstufe, ohne daß dazu weitere Vorkehrungen schaltungstechnischer Art notwendig wären.

Wie kommt man nun zu vorbildgerecht verlaufenden Bremsvorgängen? Die Lösung wird in Zusammenhang mit der Beschreibung des Digital Plus Startsets 01 im übernächsten Kapitel vorgestellt.

Fernsteuerbare Funktionen

Roco hat die Bedeutung optischer und akustischer Reize – gerade für Hobby-Einsteiger – erkannt und jede Lokmaus gleich mit zwei Tasten zur Fernsteuerung von Funktionen ausgerüstet. Das beweist Weitsichtigkeit. Die Tasten sind ausreichend großflächig. Druckpunkte sind bei der Betätigung kaum fühlbar. Die Piktogramme sollten größer und damit besser erkennbar sein. Technisch gesehen ist die „Senderseite" mit zwei Funktionen also gut gerüstet – und wie sieht es auf der „Empfängerseite" – den Loks – aus?

Auch hier werden inzwischen die Fahrzeuge beider Startpackungen – BR 215 und ICE – mit je zwei fernsteuerbaren Funktionen ausgeliefert. Serienmäßig sind die Beleuchtungen und ein Signalhorn (Lokpfeife) fernsteuerbar – ein bei Digital-Startpackungen bisher einmaliger Standard!

Digital gesteuerter Roco-H0-Kran in Aktion – ein innovatives Beispiel für die faszinierenden Möglichkeiten von Digitalsteuerungen. Der Kran ist übrigens gleichermaßen mit einer Lokmaus aus der Roco-Digital-Startpackung bedienbar wie mit dem Profisystem Digital plus

Zunächst zum Dreilichtspitzensignal und den Schlußlichtern, die in eingeschaltetem Zustand fahrtrichtungsabhängig und stets mit gleichbleibender Helligkeit leuchten. Die Sache hat aber einen unverständlichen Schönheitsfehler. Bei Fahrzeugstillstand (Mittelstellung des Geschwindigkeitssteuerknopfes) brennt immer das weiße Dreilichtspitzenlicht des Führerstandes 1 und die roten Schlußlichter des Führerstandes 2. Es wird also – im Gegensatz zu anderen Digitalsteuerungen – nicht die zuletzt eingestellte Fahrtrichtung und die zugehörige Beleuchtung gespeichert. Somit kann bei Fahrzeugstillstand an der Beleuchtung die aktuell eingestellte Fahrtrichtung nicht erkannt werden.

Nützliche Folge der Digitalsteuerung ist eine permanente Spannung am Gleis. Sie führt bei Wagen mit Innenbeleuchtungen und sicherer Stromabnahme zu einer gleichmäßig hellen Beleuchtung. Und Dampfentwickler arbeiten deshalb selbst bei im Bahnbetriebswerk abgestellten Dampfloks.

Die zweite fernsteuerbare Funktion – das Signalhorn – bereitet besonderen Spaß. Vor einem unbeschrankten Bahnübergang ein Signal geben zu können, bei der Einfahrt in den Tunnel einen Achtungspfiff auslösen – das sind ganz neue Erfahrungen beim Umgang mit der Modellbahn. Gefühlsmäßig erwartet der Bediener zwar, daß das Horn solange hupt, wie die Funktionstaste auf der Lokmaus gedrückt wird. Aber dem ist nicht so. Das Horn muß mit einem Tastendruck eingeschaltet werden ist dann solange aktiviert, bis es mit einem weiteren Druck wieder ausgeschaltet wird. Natürlich kann auch bei stehender Lok gehupt werden. Die Lautstärke ist ausreichend; das Klangbild eher weniger überzeugend. Trotzdem – der hier beschrittene Weg, wieder Spaß und Spiel mit der Modellbahn zu fördern, scheint mir der einzig richtige zu sein!

Schön wäre es, wenn die Lokpfeife als Zusatzplatine separat erhältlich wäre – im Moment kommt man nur über den Kauf einer kompletten Startpackung an eine Digital-Lok mit dieser Funktion.

Im Zusammenhang mit fernsteuerbaren Funktionen stellt sich natürlich auch die Frage, wann auch für Zweischienen-Zweileiter-H0-Fahrzeuge eine fernsteuerbare Fahrzeugkupplung a la Märklin TELEX-Kupplung kommt. Damit würde der Rangierbetrieb erheblich mehr Spaß machen!

Ein fernsteuerbares Zubehör darf nicht unerwähnt bleiben – der funktionsfähige Roco Kranwagen Nr. 46800 mit Elektrohubmagnet Nr. 46806. Hier wird anschaulich demonstriert, was mit Digitalsteuerungen heute machbar ist, wie neue Freude am Spiel mit der Modellbahn aufkommt. Kran mit Schutzwagen durch eine Digital-Lok an jede Stelle der Anlage fahren, Kranausleger um bis zu 360° drehen, Ausleger heben und senken, Kranhaken heben und senken. Durch den fernsteuerbaren Elektrohubmagnet steht einem abwechslungsreichen Verladebetrieb von Eisenteilen bzw Schrott nichts mehr im Wege! Und die Kranbedienung kann schon mit der Lokmaus über Adresse 8 erfolgen.

Erweiterungen und Optimierungen

Die erste Ausbaumöglichkeit der Startpackung ist die Ergänzung mit einer weiteren Lokmaus. So ist ein gemeinsames Spiel zweier Partner realisierbar. Mittels spezieller Adapter läßt sich die Zahl der Lokmäuse auf bis zu vier erhöhen.

In anderem Zusammenhang wurde bereits erläutert, daß bestimmte Lok-Decodertypen über Eigenschaften verfügen, die beim Betrieb mit dem Einsteiger-Gerät noch nicht genutzt werden können, jedoch beim Einsatz derselben Lok mit Digital Plus zur Verfügung stehen.

> Aber bei Verwendung der Lok-Decoder LE 030 und LE 130 steht eine der wichtigsten Eigenschaften auch beim Betrieb mit der Einsteiger-Steuerung von Roco zur Verfügung, nämlich die mehrfach erwähnte Motordrehzahlregelung.

Wer mit Roco Digital zusätzlich Magnetartikel (Weichen, Signale, Entkuppler) digital schalten möchte, der kann dies durch Ergänzung dieser Geräte um ein Übersetzungsmodul, einen Trafo, eine Zentrale, einen Leistungsverstärker und einen Handregler oder ein Stellwerk. Der Aufwand für zusätzliche Geräte ist allerdings so groß, daß man sich besser gleich für einen Digitaleinstieg mit Digital Plus entscheiden sollte. Immerhin verdeutlicht diese Möglichkeit die Durchgängigkeit des „Lenz-Systems".

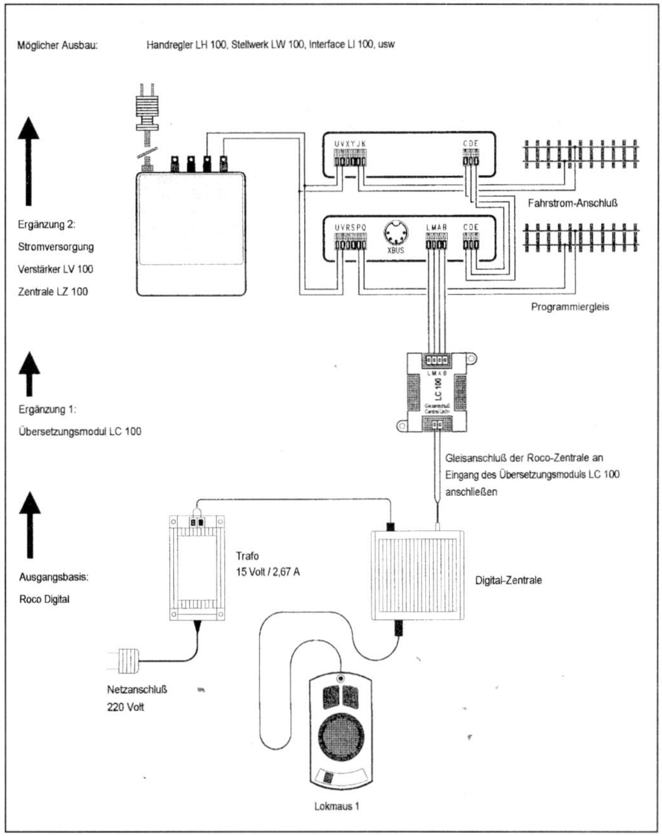

Verknüpfung von Einsteiger-Digital-Fahrpulten mit der Profi-Digital-Steuerung Digital Plus mittels Übersetzungsmodul LC 100

Aufstieg zu Vollversionen

Genügt die Roco Digitalsteuerung später einmal den gestiegenen Ansprüchen nicht mehr, oder sollte der Wunsch aufkommen, zusätzlich digital SCHALTEN und MELDEN zu wollen, dann steht der Modellbahner vor der Frage, ob er sich für Digital Plus entscheiden soll. Märklin-Digital= kommt inzwischen nicht mehr in Betracht, weil dieses mit Arnold Digital baugleiche System im Märklin Katalog 1996/97 erstmals nicht mehr angeboten wird. Arnold Digital (alt) ist seit 1995 nicht mehr erhältlich und Arnold Digital (neu) ist bisher noch nicht erhältlich. Allerdings soll auch dieses System dem NMRA-Standard entsprechen und käme damit als weitere Alternative in Betracht.

Lokmaus in geöffnetem Zustand

Wer zukunftsorientiert handelt, ist mit Digital Plus sicher gut beraten. Aber es ist zu bedenken, daß nur der Trafo der Roco Digitalsteuerung weiter verwendet werden kann – für die Zentrale und selbst für die Lokmaus besteht bei Digital Plus keine Verwendungsmöglichkeit.

Ungefähre Preise des Roco Digitalsystems

H0-Digital-Startpackung:	
1 Stk Digital Startpackung (enthält Trafo, Zentrale, Lok-Maus, Digital-Lok, Wagen und Gleise)	300,– DM
Betrieb mit zwei Digital-Loks:	
1 Stk Digital Startpackung (enthält Trafo, Zentrale, Lok-Maus, Digital-Lok, Wagen und Gleise)	300,– DM
1 Stk Lok-Maus Nr. 10750	60,– DM
1 Stk Lokomotive (mit elektrischer Schnittstelle)	200,– DM
1 Stk Lok-Decoder Nr. 10741	50,– DM
Betrieb mit zwei Loks:	610,– DM
Aufpreise für Erweiterungen:	
1 Stk Lok-Maus Nr. 10750	60,– DM
1 Stk Adapter zum Anschluß weiterer Lokmäuse Nr. 10755	35,– DM
1 Stk digital steuerbarer Kranwagen mit Schutzwagen Nr. 46800	280,– DM

Wichtig: Sämtliche Digital-Loks (auch solche mit einem einfachen Roco Lok-Decoder) können unverändert weiterverwendet werden.

Qualität und Funktionssicherheit

Während der Testphase traten an einer keiner Komponente elektrische oder mechanische Funktionsmängel auf. Dennoch kommt man an der Feststellung nicht vorbei, daß wegen der attraktiven Preisgestaltung etliche Abstriche hinsichtlich der mechanischen Solidität in Kauf genommen werden müssen. Das wird an der Lokmaus besonders deutlich. Die Elektromechanik des Geschwindigkeitssteuerknopfes hinterläßt keinen sonderlich soliden Eindruck. Beide Funktionstasten und die Not-Halt-Taste haben Spiel und kaum ausgeprägte Druckpunkte. Ob die Lokmaus einen Sturz aus 1 m Höhe – wie er ja bei der angepeilten Zielgruppe durchaus vorkommen kann – übersteht, wurde nicht probiert. Andererseits ist wiederum an verschiedenen Details – wie der Zugentlastung des Anschlußkabels und den Steckverbindern – nicht gespart worden. Hinsichtlich der Langzeitfunktion erlaubt ein solcher Kurztest jedoch keine verbindlichen Aussagen.

Kosten

Zur Orientierung eine Angabe über den Preis einer Startpackung und ein Beispiel über die Kosten zum Betrieb von zwei Loks.

Der Startpackungspreis ist zweifellos außerordentlich attraktiv. Schließlich bekommt man bei Roco nicht nur eine Digitalsteuerung, sondern eine komplette Eisenbahn! Vereinzelt bietet der Modellbahnhandel die Startpackung mit der BR 215 bereits für 285,– DM an.

Sieht man einmal von den fernsteuerbaren Funktionen Licht und Lokpfeife ab, so läßt sich mit der Digital-Startpackung natürlich auch nur ein Zug betreiben – genauso wie mit jeder herkömmlichen Startpackung einer

Gleichstrombahn. Folglich ist neben den Einstiegskosten auch der Aufpreis für jede weitere Digital-Lok von Bedeutung. In der Kostenbilanz macht sich die bei Roco fehlende Möglichkeit, auch eine Analog-Lok im Digitalstromkreis einsetzen zu können, kostensteigernd bemerkbar, weil in jedes Triebfahrzeug ein Lok-Decoder eingebaut werden muß.

Jede Digital-Lok kostet ca. 50,– DM mehr als die vergleichbare Analog-Lok – darüber sollte sich der Anwender im klaren sein.

Erfordert der Lok-Decodereinbau Änderungen am Fahrgestell, steigt der Aufpreis pro Lok mitunter beträchtlich. Handelt es sich dagegen um ein Fahrzeug mit Elektrischer Schnittstelle, so entstehen keinerlei Montagekosten für den Einbau.

Trafo, Zentrale, Lokmaus, usw sind neuerdings auch separat – d.h. nicht nur in Verbindung mit einer der beiden Digital-Start-Packungen – lieferbar. So kann sich der Anwender seine Roco Digitalsteuerung auch nach individuellen Wünschen zusammenstellen.

Zusammenfassung

Roco spricht mit seinem Digitalsystem ganz gezielt den Modellbahn-Nachwuchs an – mit einer Konsequenz, die man bisher nur von Märklin-Delta kannte!

Die Digitalsteuerung gefällt durch:

– einfache, wenn auch nicht in allen Details perfekte Bedienung

– verdrahtungsfreien Betrieb von bis zu acht H0-Digital-Triebfahrzeugen

– leistungsfähige Stromversorgung

– zwei fernsteuerbare Funktionen in den Startpackungs-Loks

– Option zum Anschluß mehrerer Bedienungsstellen (Lokmäuse)

– Aufstiegsmöglichkeiten unter Beibehaltung der Digital-Loks zu Digital Plus

Der Zwang, bei der Roco-Steuerung systembedingt jede Lok mit einem Lok-Decoder ausrüsten zu müssen, beeinträchtigt den Nutzwert etwas und beschränkt die Verwendung dieser Digitalsteuerung auf die Baugröße H0.

Die originelle Ausführung der Bedienungseinrichtungen in Verbindung mit den übrigen Leistungsmerkmalen – vor allem dem günstigen Preis – dürfte so Manchen zum Einstieg in den „Digital ist cool-Zug" bewegen.

5 LGB Digital

Speziell für Freunde der LGB-Bahn wurde diese in vielen Punkten mit Roco-Digital vergleichbare Digitalsteuerung entwickelt. So wird auch hier eine mobile Steuerung für Fahrzeuge und femsteuerbare Funktionen geboten. Im Unterschied zu Roco können mit einer LGB-Steuerung neben Digital-Loks aber auch Analog-Loks im Digitalstromkreis gesteuert werden – zweifellos ein besonderes Plus.

Verwendungsmöglichkeiten

Die Bezeichnung dieser Digitalsteuerung beschreibt bereits ihre Verwendungsmöglichkeiten, nämlich die Eignung für Lehmann Großbahnen in Baugröße G (IIm), Maßstab 1:22,5, Spurweite 45 mm.

Lehmann liefert keine Startpackung mit Digitalsteuerung, Digital-Lok, Wagen, Gleisen, usw, sondern ein sog. Digital Ergänzungsset. Es gestattet den Ausbau einer konventionell gesteuerten Lehmann Bahn zu einer digital gesteuerten.

Bis zu sieben Digital-Loks und zusätzlich eine konventionelle, serienmäßige Lehmann-Gleichstrom-Lok können gesteuert werden – zweifellos ein besonderer Vorzug. Wahlweise ist ein ausschließlicher Betrieb von bis zu acht Digital-Fahrzeugen einstellbar.

LGB Digital Ergänzungsset im wesentlichen bestehend aus betriebsbereiter Digital-Lok mit zwei fernsteuerbaren Funktionen, Digital-Zentrale und einer „Lokmaus"

Die LGB Digitalsteuerung gehört zur „Lenz-Familie" und ist in technischer Hinsicht in zahlreichen Punkten identisch mit Arnold Commander 6 (alt), Arnold-Digital (alt), Märklin-Digital=, Roco-Digital und natürlich Digital-Plus.

Deshalb wird bei zahlreichen Eigenschaften auf die Ausführungen im Zusammenhang mit Roco Digital und Digital Plus verwiesen.

Kompatibilität

Eine der wesentlichsten Eigenschaften des Lenz Systems findet man auch bei Lehmann; zusätzlich zu den Digital-Loks lassen sich mit der LGB-Digital-Steuerung im Digitalstromkreis auch serienmäßige Analog-Loks steuern. Und LGB-Digital-Loks lassen sich ebenso auf konventionellen Gleichstrom-Anlagen mit herkömmlichen Gleichstrom-Fahrpulten steuern.

Aufbau

Das Ergänzungsset besteht aus der Digitalzentrale, einem mobilen Handsteuergerät – der sog. Lokmaus – und einer betriebsfertigen Digital-Lok. Zur Funktionsfähigkeit muß ein Trafo als Stromversorgung für die Digitalzentrale ergänzt werden.

Ausgebaut werden kann die Steuerung mit bis zu sieben weiteren Handsteuergeräten. Damit können Fahrzeuge von mehreren Partnern und von verschiedenen Bedienungsstandorten aus gesteuert werden, wenngleich das Thema Aktionsradius von kabelgebundenen Handsteuergeräten gerade bei Gartenbahnen etwas kritisch gesehen werden muß.

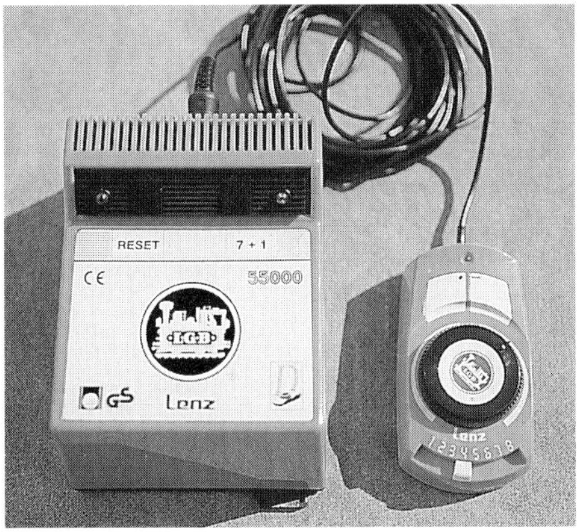

Auch das Lehmann-Digital-Ergänzungsset besticht durch seinen einfachen Aufbau, lediglich den Stromversorgungstrafo muß man sich noch hinzudenken

Bedienungskonzept

Hierzu wird auf die im Zusammenhang mit Roco Digital gemachten Ausführungen verwiesen.

Stromversorgung und Anschluß

Zur Stromversorgung der Zentrale sollte ein Lehmann Transformator verwendet werden. Dies ist eine sichere und preiswerte Lösung, weil die technischen Eigenschaften (Schutzschaltung, Ausgangsspannung, usw.) systemkonform sind und diese Geräte den einschlägigen Sicherheitsbestimmungen (VDE/ GS-Zeichen) entsprechen.

Die Verbindung zwischen Trafo und Zentraleinheit wird mittels einer dem Ergänzungsset beiliegenden, 50 cm kurzen, zweiadrigen Leitung mit hohem Leiterquerschnitt hergestellt.

Ferner ist die Zentrale mit den Schienen über ein ebenfalls der Ergänzungspackung beiliegendes 1,50 m langes Kabel mit großem Leiterquerschnitt zur Reduzierung der Spannungsabfälle zu verbinden. Ein Ende ist wieder mit den in die Zentrale integrierten Schraubklemmen anzuschließen, das andere Kabelende ist mit soliden, bereits werksseitig angelöteten, schraubbaren Gleisanschlußklemmen an den Schienen zu befestigen. Ein erfreuliches Detail am Rande; alle Leitungsenden sind nicht nur abisoliert, sondern sogar schon verzinnt.

Zur Betriebsaufnahme muß zumindest ein mobiles Handsteuergerät an die Zentrale angeschlossen werden. Dazu dienen Diodenstecker bzw Buchsen, die einen verwechslungsfreien Anschluß gewährleisten.

Inbetriebnahmevorbereitungen

Digital Ergänzungsset und Analog-Loks

Auspacken, anschließen, losfahren – so lautet die Maxime einer anwenderfreundlichen Steuerung. Diesem Anspruch wird Lehmann gerecht, weil die im Digital Ergänzungsset enthaltene Rangierlok bereits einen Lok-Decoder enthält und dieser von Haus aus betriebsfertig auf die Adresse 01 eingestellt ist. Folglich kann der Anwender nach dem Anschluß der Komponenten und der Einstellung des Lokwahlschalters auf die Position 1 der Lokmaus sofort losfahren.

Zum Betrieb einer Analog-Lok im Digitalstromkreis ist natürlich keine Programmierung notwendig. Nach Einstellung der entsprechenden Betriebsart an der Zentrale (Schilderung folgt in anderem Zusammenhang) kann zusätzlich mit einer Analog-Lok sofort losgefahren werden. Analog-Loks werden mit der Lokmaus über die Lokwahlschalterstellung 8 aufgerufen.

> Ein unabhängiger Zweizugbetrieb erfordert bei Lehmann-Digital erfreulicherweise praktisch keinerlei Inbetriebnahmevorbereitungen.

Würden sich mehrere Analog-Loks auf einer LGB-Digital-Anlage befinden, so würden sie sich alle – wie bei einer herkömmlichen Gleichstrom-Steuerung – hinsichtlich Fahrtrichtung und Geschwindigkeit gleichartig verhalten. Sollen mehrere Analog-Loks auf einer Digitalanlage eingesetzt werden, so können die gerade nicht eingesetzten Analog-Fahrzeuge in abschaltbaren Gleisabschnitten abgestellt werden.

Weitere Digital-Loks

Weitere Digital-Loks müssen einmalig – vor der erstmaligen Inbetriebnahme – den Lokwahlschalterstellungen 2 bis 7 (bei artreinem Digitalbetrieb 2 bis 8) zugeordnet werden. Den Stellungen 1 bis 7 entsprechen die Lok-Adressen (Digital-Adressen) 01 bis 07. Die Programmierung funktioniert folgendermaßen:

– eine Lok auf die Schienen stellen (alle anderen Fahrzeuge zuvor entfernen),

– Lokwahlschalter auf die gewünschte Adresse stellen,

– Geschwindigkeitsteuerknopf der Lokmaus in Mittellstellung drehen,

– Not-Halt-Taste auf der Lokmaus drücken und gedrückt halten,

– Reset-Taste an der Zentrale kurz drücken (Leuchtdiode wechselt von „grün" auf „rot")

– eine der beiden Funktionstasten auf der Lokmaus zusätzlich drücken (Not-Halt-Taste auf der Lokmaus weiterhin gedrückt halten)

– alle Tasten wieder loslassen, wobei die Not-Halt-Anzeige auf der Lokmaus weiterhin blinkt,

– die Lok macht bei erfolgreicher Programmierung einen kleinen Ruck.

– Not-Halt-Anzeige auf der Lokmaus (mindestens) noch dreimal blinken lassen und danach die Not-Halt-Taste kurz drücken.

Danach ist die Lok auf die gewünschte Adresse programmiert. Anschließend folgt die beschriebene Vorgehensweise mit der nächsten Lok und einer anderen Lokwahlschalterstellung. Die Triebfahrzeuge sind dann immer mit den entsprechenden Lokwahlschalterstellungen aufrufbar. Die Zuordnung bleibt selbstverständlich auch bei ausgeschalteter Stromversorgung gespeichert. Es ist dem Anwender überlassen, in welcher Reihenfolge er welche Digital-Lok welcher Lokwahlschalterstellung zuscheidet.. Vorteilhaft erscheint, daß bei diesem Programmierungsverfahren weder eine ursprüngliche (z.B. eine werksseitig eingestellte) Lok-Decoder-Adresse bekannt sein muß, noch benötigt der Anwender irgendeine Code-Tabelle. Eine einmal gewählte Adresse läßt sich jederzeit durch die Wiederholung der Programmierung ändern. Übrigens läßt sich selbst die Adresse der in der Lehmann-Start-Packung enthaltenen Lok ändern – auch ein Detail, in welchem sich die Lehmann-Digitalsteuerung von der Roco-Variante unterscheidet.

Aufmerksame Leser registrieren, daß sich die Programmierung bei Lehmann von der bei Roco unterscheidet, ohne jedoch die Einfachheit des bei Trix Selectrix angewandten Verfahrens zu erreichen.

Bedienung

Zentrale

Die LGB Digital Zentrale gleicht in ihrem Design den bekannten Lehmann-Trafos. Das Gehäuse hat Befestigungslöcher für Holzschrauben, jedoch keine Gummifüßchen. Deshalb rutscht es auf glatten Unterlagen hin und her.

Die Zentrale ist mit zwei Bedienungstasten und zwei Leuchtdioden ausgerüstet. Eine Taste ist verständlich mit „Reset" gekennzeichnet, die zweite Taste ist mit „7 + 1" markiert. Eine Leuchtdiode dient als Betriebsbereitschaftsanzeige, die zweite zeigt die gewählte Betriebsart.

Nach dem Einschalten leuchtet die Betriebsbereitschaftsanzeige zunächst rot, um nach wenigen Sekunden selbsttätig auf „grün" (= Betriebsbereitschaft, Spannung an den Gleisen) zu wechseln. Die Betriebsartenanzeige leuchtet gelb.

Ein Druck auf die Reset-Taste bewirkt das sofortige abschalten der Spannung am Gleis; die Anzeige schaltet dann von grünem Dauerlicht auf rotes Dauerlicht um. Liegt am Gleis kein Kurzschluß vor, so schaltet die Zentrale automatisch nach ca. 3 sec wieder auf Betriebsbereitschaft zurück. Alle Fahrzeuge bleiben – sinnvollerweise – trotzdem solange stehen, bis an den Handsteuergeräten neue Befehle erteilt werden; entweder durch drehen am Geschwindigkeitssteuerknopf oder Betätigung einer Zusatzfunktion. War vor dem Reset Befehl die Lokbeleuchtung eingeschaltet, so schaltet sie sich nach erneuter Betriebsbereitschaft nicht mehr selbsttätig ein; vielmehr muß sie von Hand in den Ursprungszustand versetzt werden – ein etwas unverständlich erscheinendes Detail.

Durch gleichzeitigen Druck auf Reset- und 7+1-Taste schaltet man die Zentrale von „artreinem Digitalbetrieb" auf „Mischbetrieb" um, wählt also die Betriebsart, bei welcher bis zu sieben Digital-Loks (Adressen 1 bis 7) und zusätzlich eine Analog-Lok (Adresse 8) gesteuert werden können. Diese Betriebsart erkennt man daran, daß die gelbe Leuchtdiode erlischt.

Ein ordentlich beschrifteter, mechanischer Schiebeschalter mit den beiden Stellungen „artreiner Digitalbetrieb" und „Mischbetrieb" wäre m. E. eine zweckdienlichere Lösung. Nach jedem Einschalten der Versorgungsspannung schaltet die Zentrale nämlich immer in den Modus artreiner Digitalbetrieb – also auch, wenn zuvor Mischbetrieb eingestellt war. Das heißt, daß die vom Anwender gewählte Betriebsart unverständlicherweise nicht gespeichert wird. Auch wenn die Reset-Taste an der Zentrale betätigt wird, schaltet die Betriebsart jedesmal von Mischbetrieb in artreinen Digitalbetrieb zurück (obwohl man das garnicht will!) und Analog-Loks können erst dann wieder gesteuert werden, wenn im Anschluß an die Reset-Funktion auch wieder die Betriebsart neu eingestellt worden ist.

Diese Eigenschaften der LGB-Steuerung sind ausgesprochen lästig und damit bedienungsunfreundlich. Entweder entscheidet man sich aufgrund des vorhandenen Fahrzeugparks (alle Loks mit Lok-Decoder ausgerüstet, oder auch Analog-Loks vorhanden) für die eine oder die andere Betriebsart – ein ständiger Betriebsartwechsel kommt in der Praxis nicht vor.

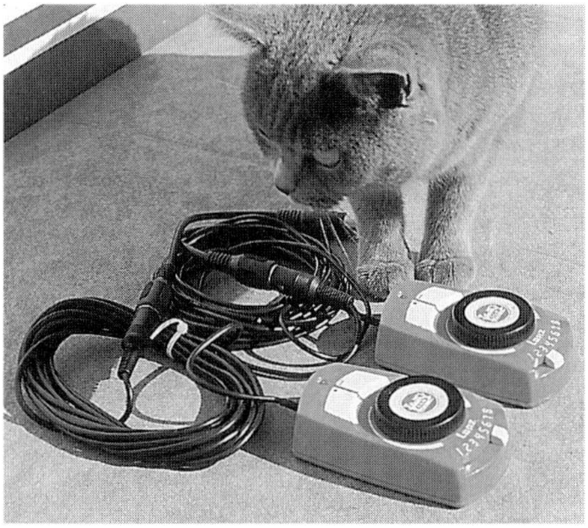

Selbst die Katze zeigt an dieser Art von Mäusen gewisses Interesse! Die Lehmann Lokmaus ist baugleich mit der Roco Lokmaus; man beachte die Länge der hier noch aufgerollten Lokmauskabel

Lokmaus

LGB Lokmaus und Roco Lokmaus sind baugleich. Deshalb wird auf die Aussagen im Zusammenhang mit der Roco Digitalsteuerung verwiesen; hier werden nur die wenigen Unterschiede erläutert.

Die LGB Lokmaus wird mit einem 4,8 m langem Kabel mit genormtem Diodenstecker zum Anschluß an der Zentrale geliefert (Zum Vergleich: Die Kabellänge der Roco Lokmaus beträgt 2,35 m). Die Abbildungen im Lehmann Neuheitenprospekt (Seite 10) erwecken den leider unzutreffenden Eindruck, als handele es sich dabei um ein praktisches Spiralkabel, aber in Wirklichkeit wird ein ganz normales, flexibles, sich nicht aufwickelndes Kabel verwendet. Sicher ist es prinzipiell richtig, den Aktionsradius bei der großen Lehmann Bahn durch ein entsprechend längeres Kabel zu erhöhen. Die Kehrseite derart langer Kabel ist aber die Wirkung als „Stolperfalle" – insbesondere wenn mehrere Lokmäuse im Einsatz sind. So hinterläßt die Handhabung der Lokmaus einen etwas zwiespältigen Eindruck.

Die Betriebsbereitschaft wird auf der Lokmaus mit einem roten Dauerlicht signalisiert. Das erscheint unlogisch, weil an einer anderen Stelle derselben Steuerung – nämlich der Zentrale – der gleiche Betriebszustand richtigerweise mit einem grünen Licht angezeigt wird!

Weitere Bedienungsstellen

Auch bei diesem Punkt wird auf die Ausführungen im Zusammnenhang mit Roco Digital verwiesen. Ergänzend hierzu ist hinsichtlich der Spezifika bei einer LGB-Bahn anzumerken: Bis zu acht Lokmäuse können über Adapterkabel an die LGB Zentrale angeschlossen werden. Insbesondere der Freilandbetrieb verdeutlicht jedoch die Grenzen dieses Bedienungskonzeptes. Der Anschluß von so vielen kabelgebundenen Lokmäusen an die eine Zentraleinheit ist schlicht nicht praktikabel. So entsteht ein kaum mehr zu beherrschendes Kabelgewirr.

Eine Lösung wäre ein entlang der Anlage aufgebautes Bus-System mit Anschlußstellen für Lokmäuse im Abstand von ca. 5 Metern – also ein Weg, wie er beim Digital Plus System längst realisiert ist und sich für Innenraumanlagen bewährt hat. Diesem Vorschlag haftet bei Freilandanlagen jedoch der Nachteil einer unter Umständen störanfälligen Verkabelung an. Lehmann führt für Freilandanlagen geeignete Anschlußverteiler bislang auch nicht in seinem Digitalangebot.

Die Vorzüge kabelloser Bedienungsgeräte – also einer Funksteuerung – sind für ausgedehnte Freilandbahnen unbestreitbar. Deshalb sollte dieser Aspekt künftig Beachtung finden.

Anschluß von zwei Lokmäusen an die Zentrale – da kann man sich ausmalen, was beim Anschluß von maximal acht Lokmäusen für ein Stecker- und Kabelgewirr entsteht...

Bedienungsanleitung

Dem Startset liegt eine 14-seitige Bedienungsanleitung bei. Zunächst werden auf einer ausklappbaren Seite die Geräte mit ihren wichtigsten Bedienungs- und Anzeigeelementen gezeigt. Dann wird die Programmierung von Lokadressen erläutert und schließlich ist die Einleitung durch ein Kapitel Schnellstart abgerundet.

Die folgende, ausführliche Anleitung besteht ausschließlich aus inhaltlich klar gegliederten Textpassagen. Ganz so überzeugend wie die Roco Anleitung wirkt diese Bedienungsanleitung allerdings nicht. Dazu müßte der lange Textteil durch Skizzen und anschauliche Photos bzw Zeichnungen ergänzt werden.

Positiv hervorzuheben ist die Seite mit Hilfen zur Fehlerbeseitigung und die Seite mit den Sicherheitshinweisen. Was gänzlich fehlt sind weiterführende Hinweise. Dazu zählt beispielsweise eine Übersicht der nachrüstbaren Loks, der Hinweis, daß man auch zu Digital Plus unter Beibehaltung der Lehmann Digital- und Analog-Loks aufsteigen kann und der Tip, daß dabei die Digital-Loks mit ihren Decodern unverändert weiterverwendbar sind. Ebensowenig erfährt der Anwender, was er tun soll, wenn die von der Digitalzentrale gebotene Leistung für den Betrieb mehrerer Züge nicht ausreicht.

Fahrzeugangebot

Betriebsfertige Digital-Loks

Die in der Startpackung enthaltene Digital-Diesel-Rangierlok „Schoema" ist werksseitig auf die Adresse 01 betriebsfertig eingestellt. Ob weitere betriebsfertige Lehmann-Digital-Loks angeboten werden, läßt sich augenblicklich noch nicht übersehen.

Nachrüstkonzept

Der Hersteller hat in seinem Neuheitenprospekt 1996 bereits eine beachtliche Zahl von Loks für eine einfache Nachrüstung mit dem unter Artikel-Nr. 55020 angebotenen LGB-Lok-Decoder ausgewiesen. Diese Lokomotiven verfügen über Anschlußstifte für Lok-Decoder. So reduziert sich die Nachrüstung auf wenige Verbindungen zwischen Lokomotive und Lok-Decoder, die zudem durch farblich gekennzeichnete Leitungen einfach und schnell zu bewerkstelligen sind. Montageprobleme entstehen nicht, da der Anschluß der Lok-Decoder entsprechend der Schnittstellennorm NEM 654 für Großbahnen mit lösbaren Steckverbindern ausgeführt ist. Solchermaßen vorbereitete Triebfahrzeuge kennzeichnet Lehmann auf ihrer Getriebekastenunterseite mit einem eingraviertem „D" (= Digital nachrüstbar). Loks mit einem Motor benötigen einen Lok-Decoder; für Fahrzeuge mit zwei Motoren werden zwei (auf die gleiche Adresse eingestellte) Lok-Decoder benötigt.

Auf Wunsch führt die Service-Abteilung der Fa. Lehmann den Lok-Decodereinbau in die mit „D" gekennzeichneten Fahrzeuge aus.

| Dieses Nachrüstkonzept ist aus Anwendersicht positiv zu werten.

Digitalisierung nicht vorbereiteter Triebfahrzeuge

Aufgrund der Abmessungen – Raumprobleme existieren bei dieser Baugröße nahezu nicht – läßt sich praktisch in jede LGB-Lok ein Lok-Decoder einbauen, sofern die Motoranschlüsse potentialfrei zur Verfügung stehen, oder eben durch einen entsprechenden Umbau zur Verfügung gestellt werden. Mit Rat und Tat steht in diesen Fällen nicht die Service-Abteilung der Fa. Lehmann, sondern die Hotline der Fa. Lenz dem Anwender zur Seite.

Lok-Decoderangebot

Der Anwender ist keineswegs auf die Verwendung von Lehmann-Lok-Decodern Nr. 55020 angewiesen; vielmehr lassen sich ebenso die Lok-Decoder LE 200 und LE 230 aus dem Digital Plus Angebot der Fa. Lenz verwenden. Dies erscheint besonders sinnvoll, wenn von vorneherein an einen späteren Aufstieg zum Digital Plus System gedacht wird. In diesem Fall kann dann der

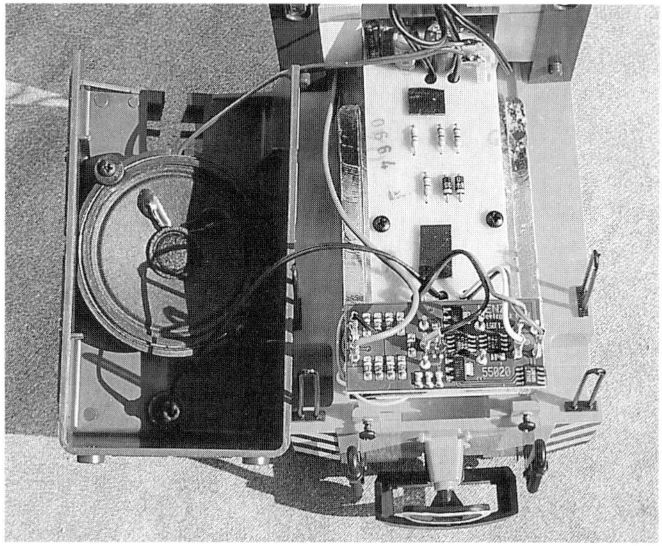

Lehmann-Start-Set-Digital-Lok mit werkseitig eingebautem Lok-Decoder, Platine mit fernsteuerbarer Beleuchtung und fernsteuerbarem Hornsignal

größere Funktionsumfang der Lok-Decoder LE 200 und insbesondere des LE 230 genutzt werden.

Die folgende Tabelle vermittelt einen Überblick über die wichtigsten für eine LGB-Bahn verwendbaren Lok-Decoder und ihrer Eigenschaften. Einschränkend ist darauf hinzuweisen, daß zahlreiche Eigenschaften aber erst mit der Profi-Digital-Steuerung Digital Plus nutzbar sind.

Die Bedienungsanleitung für den Lehmann Lok-Decoder Nr. 55020 enthält zwei Anschlußvarianten. Beim Verdrahtungsaufbau gemäß „Grundinstallation" arbeiten Lokbeleuchtung, ein ggf. angeschlossener Soundgenerator und ein Dampfgenerator nur bei fahrender Lok; bei Stillstand stehen diese Funktionen nicht zur Verfügung. Wer Strom sparen möchte, für den kann diese Schaltungsvariante durchaus von Interesse sein, zumal ihr schaltungstechnischer Aufbau besonders einfach ist.

Bei der Variante „erweiterte Installation" wirken sämtliche Zusatzfunktionen auch bei Fahrzeugstillstand. Allerdings sind hierfür weitergehende Vorkehrungen notwendig. 5 Volt-Birnchen müssen gegen spannungsfestere 24 Volt-Ausführungen Nr. 68514 ersetzt werden; 19 V-Birnchen mit Schraubsockel dürfen dagegen beibehalten werden. Außerdem dürfen nur Dampfgeneratoren Nr. 65553 Verwendung finden. Sollen sie mit der Funktionstaste der Lokmaus ein- und ausgeschaltet werden, so erfordert dies den Einbau eines zusätzlichen Relais in der Lok, weil die Stromaufnahme von Dampfgeneratoren die Leistungsfähigkeit des Funktionsausganges des LGB-Lok-Decoders übersteigt.

Übersicht Lok-Decoderangebot für LGB-Digital

Anbieter:	**Lehmann**	**Lenz**	**Lenz**
Lok-Decoder mit Schraubklemmen:	–	LE 200 2)	LE 230
Lok-Decoder mit Schnittstellensteckern bzw. -stiften	Lehmann, Nr. 55020	–	–
Einstellung der Lok-Decodereigenschaften ohne Öffnung der Lok	ja, aber nur Lokadresse	ja	ja
Einstellbare Lok-Adressen	1 bis 8	00 bis 99	00 bis 99
Mit Lokmaus einstellbare Fahrstufenzahl zur Geschwindigkeitssteuerung	14	14	14
Mit LGB Lokmaus einstellbare Fahrstufenzahl zur Geschwindigkeitssteuerung	14	14	14
Mit Handregler LH 100 einstellbare Fahrstufenzahl zur Geschwindigkeitssteuerung 1)	–	14	28 (wahlweise 14, 27, 28)
Decoderinterne Stufenzahl (z.B. bei Regelung genutzt)	64	64	64
Motordrehzahlregelung integriert	nein	nein	ja
Lokbezogene Höchstgeschwindigkeitseinstellung	nein	nein	ja
Geschwindigkeitskennlinie lokbezogen einstellbar	nein	nein	ja
Mindestanfahrspannung vorwählbar 3)	ja, in 15 Stufen	ja, in 15 Stufen	ja, in 15 Stufen
Beschleunigung einstellbar 3)	ja, in 15 Stufen	ja, in 15 Stufen	ja, in 15 Stufen
Bremsverhalten einstellbar 3)	ja, in 15 Stufen	ja, in 15 Stufen	ja, in 15 Stufen
Maximalbelastbarkeit des Motorausganges		2,5 A	2,0 A
Maximalbelastbarkeit eines Ausganges für Zusatzfunktionen	350 mA	100 mA	0,1 – 0,5 A je nach Ausgang
Zahl der Funktionen:	2	4	7
Erweiterungsfähigkeit durch Funktionsmodul LF 200 (Digital-Plus-Programm)	nein	ja	ja
Erweiterungsfähigkeit durch Zusatzendstufe LP 200 (Digital-Plus-Programm)	–	ja	ja
Lok-Decoderabmessungen L x B x H in mm	55 x 25 x 12	70 x 20 x 12	70 x 30 x 12

1) 28 Fahrstufen setzen neben Lok-Decodern neuer Fertigung ein Update des Handreglers LH 100 und der Zentrale LZ 100 des Digital Plus Systems voraus, „alte" und „neue" Lok-Decoder funktionieren gemeinsam auf einer Anlage, mit LGB-Digital sind nur 14 Fahrstufen nutzbar

2) Lok-Decodertyp wird ab 1997 nicht mehr produziert; er ist durch den leistungsfähigeren Typ LE 230 ersetzt

3) Eigenschaft ist mit LGB Digital nicht einstellbar, sondern nur bei einem Einsatz der LGB-Lok-Decoder in Verbindung mit Digital Plus

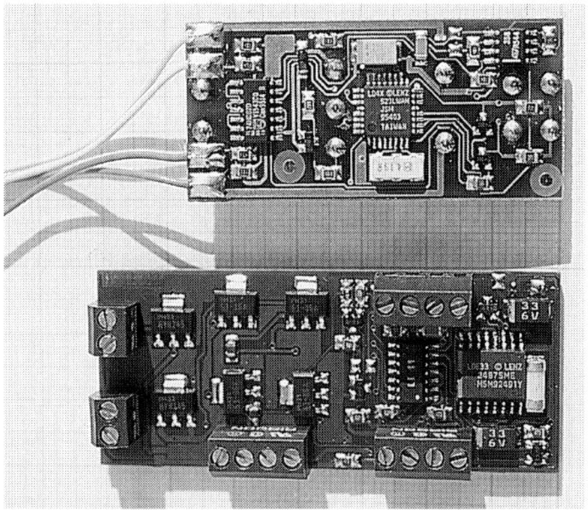

LGB-Lok-Decoder (oben) im Vergleich zum Digital Plus Decoder LE 200 mit Schraubklemmen (unten)

Die Bedienungsanleitung für den Lok-Decoder Nr. 55020 läßt – trotz vier in schwarz/weiß gehaltener Skizzen – zu wünschen übrig. Eine systematisch aufgebaute Folge von Photos mit zugeordnetem Begleittext über die Montage des Lok-Decoders wäre wesentlich instruktiver. Auch fehlt die Angabe technischer Daten über die Decodereigenschaften vollkommen.

Fahreigenschaften

Die Schoema-Digital-Lok weist recht ordentliche Langsamfahreigenschaften auf – wie es sich eben auch für eine Rangierlok gehört. Daß sich die Geschwindigkeit nicht stufenlos, sondern nur in Schritten einstellen läßt, vermag man bei besonders kritischer Beobachtung des Fahrverhaltens festzustellen. Die nur 14 Fahrstufen wirken sich erwartungsgemäß bei Fahrzeugen dieser Baugröße und des bei Lehmann-Loks standardmäßig verwendeten Antriebskonzeptes (z.B. siebenpolige Motoren) weniger nachteilig aus, als bei Triebfahrzeugmodellen der Baugrößen H0 oder N.

Dennoch ließe sich das Fahrverhalten auch bei dieser Baugröße durch Lok-Decoder mit Motordrehzahlregelung, lokbezogen einstellbarer Höchstgeschwindigkeit, einstellbarer Anfahr- und Bremsverzögerung, usw. deutlich verbessern. Daß Lehmann die durchaus verfügbaren technischen Möglichkeiten (siehe Lok-Decodertyp LE 230 aus dem Digital Plus Sortiment) nicht serienmäßig einsetzt, ist gerade angesichts des Qualitätsanspruches der Fa. Lehmann kaum verständlich.

Im Digitalstromkreis eingesetzte Analog-Loks geben im Stillstand einen leisen „Summton" von sich. Dieses an sich nicht sehr angenehme Geräusch verschwindet sofort, wenn sich die Lok in Bewegung setzt. Außerdem ist es schon nicht mehr wahrnehmbar, wenn ein anderer Zug auf der Anlage fährt.

Fahreigenschaften in Signalhalteabschnitten

In diesem Punkt wird auf die Ausführungen im Zusammenhang mit Roco-Digital und Digital Plus verwiesen. Zu ergänzen bleibt, daß neben Digital-Loks auch im Digitalstromkreis eingesetzte Analog-Loks auf Signalstellungen reagieren. Das Fahrverhalten einer Analog-Lok erscheint – sofern keine mechanische Schwungmasse eingebaut ist – allerdings etwas abrupter als bei Digital-Loks.

Fernsteuerbare Funktionen

Die in der LGB Digital Ergänzungspackung enthaltene Digital-Lok ist mit zwei fernsteuerbaren Funktionen – nämlich Beleuchtung und Signalhorn – ausgerüstet.

Das Licht ist mittels einer Funktionstaste von der Lokmaus aus fernsteuerbar. Eingebaut sind eine Führerstandsbeleuchtung und fahrtrichtungsabhängig arbeitende Stirnlampen. Alle Lampen arbeiten – wie bei Digitalsteuerungen üblich – unabhängig von der Geschwindigkeit mit konstanter Helligkeit und somit auch bei abgestellter Lok. Besonderen Spaß bereitet das serienmäßige Signalhorn.

Der nun auch von Lehmann beschrittene Weg, wieder Spaß und Spiel mit der Modellbahn zu fördern, scheint richtig zu sein und stößt nicht nur beim Nachwuchs auf Gegenliebe!

Allerdings sollte man auch die Systemgrenze erwähnen: mehr als zwei Funktionen pro Lok sind leider nicht fernsteuerbar – wer die Vorzüge von Großbahnen in diesem Punkt nutzen möchte, sollte sich Digital Plus ansehen.

Elektrische Leistungsfähigkeit – ein spezifisches LGB-Handicap

Die Stromaufnahme der großen Lehmann Fahrzeuge ist – verglichen mit N- und H0-Bahnen – bedeutend höher. Dies gilt gleichermaßen für

– LGB-Lokomotiven mit ihren Bühler-Motoren, insbesondere für zweimotorige Triebfahrzeuge,

– Dampfentwickler von LGB Dampfloks und

– Fahrzeugbeleuchtungen (Loks und innenbeleuchtete Wagen)

Deshalb sollte zur Stromversorgung der LGB Digitalzentrale in jedem Fall der sog. Lehmann-Hochleistungstrafo (24 V/5 A), Nr. 50110, verwendet werden. Dann liefert die Zentrale einen Ausgangsstrom von annähernd 5 Ampere.

Trotzdem wird die Leistungsgrenze unter Umständen schon bei der Fahrt eines längeren, beleuchteten Zuges über eine Steigung und dem gleichzeitigen Einsatz einer zweiten Lok erreicht.

Üblicherweise verfügen Digitalzentralen über Vorkehrungen zum Anschluß von Leistungsverstärkern mit denen sich selbst der elektrische Leistungsbedarf betriebsintensiver Anlagen abdecken läßt. Die Lösung heißt ganz einfach Einteilung einer Anlage in mehrere Digitalstromkreise und Versorgung der einzelnen Abschnitte aus separaten Trafos/Leistungsverstärkern. Obwohl dies gerade bei der LGB Digitalzentrale notwendig wäre, ist hier weder eine Möglichkeit zum Anschluß von Leistungsverstärkern vorhanden, noch sind Verstärker selbst Bestandteil des Lehmann Digitalangebotes.

Die Begrenzung des gleichzeitigen Betriebes auf zwei – maximal drei Züge – steht im Gegensatz zu den berechtigten Erwartungen an eine Digitalsteuerung. So gesehen sieht sich mancher Anwender mit einem konzeptionellen Engpaß der LGB Digitalsteuerung konfrontiert, welcher die Verwendungsmöglichkeit dieses Produktes einschränkt. Dieser Nachteil sollte baldmöglichst beseitigt werden!

Erweiterungen und Optimierungen

Die erste Ausbaumöglichkeit des LGB-Digital-Ergänzungs-Sets ist eine zweite Lokmaus. So ist ein gemeinsames Spiel zweier Partner realisierbar.

In anderem Zusammenhang wurde bereits erläutert, daß der von der Fa. Lenz für diese Baugröße beziehbare Lok-Decoder LE 230 über Eigenschaften verfügt, die beim Betrieb

Zur zweiten (und jeder weiteren) Lokmaus gehört ein Verteilerkabel, das den Anschluß jeweils eines weiteren Gerätes ermöglicht

mit dem Einsteiger-Gerät von LGB-Digital noch nicht in vollem Umfang genutzt werden können, jedoch beim Einsatz derselben Lok mit dem Profisystem Digital-Plus zur Verfügung stehen. Die folgende Tabelle vermittelt einen Überblick über diese Funktionen.

Wer mit Lehmann Digital zusätzlich Magnetartikel digital schalten möchte, der kann dies durch Ergänzung dieser Geräte um ein Übersetzungsmodul LC 100, einen Trafo, eine Zentrale LZ 100 einen Leistungsverstärker LV 100 und einen Handregler LH 100 oder ein Stellwerk LW 100 – alles aus dem Lenz-Programm. Diese Möglichkeit wurde bereits im Zusammenhang mit Roco Digital vorgestellt.

Mehr theoretischen Charakter hat der Hinweis, die Lok-Decoder LE 200 / LE 230 mit einer Digital Plus Steuerung zu programmieren – also beispielsweise ein bestimmtes Bremsverhalten einstellen zu lassen – weil dann die programmierten Eigenschaften auch mit LGB Digital genutzt werden können. Unter Umständen hieße dies Fahrt zu einem Modellbahnhändler, Bremsstufe 10 programmieren lassen, um dann zu Hause festzustellen, daß der gewählte Bremsweg viel zu lange ist...

Mit LGB Digital und Digital Plus nutzbare Eigenschaften

	Mit LGB Digital nutzbare Eigenschaften der Lok-Decodertypen LE 200 und LE 230	**Mit Digital Plus nutzbare Eigenschaften der Lok-Decodertypen LE 200 und LE 230**
Eigenschaft:		
Analog-Loks im Digitalstromkreis steuerbar	ja, mit Adresse 8 der Lokmaus	ja, mit Adresse 00 des Handsteuergerätes LH 100
Einstellung der Lok-Decodereigenschaften ohne Öffnung der Lok	ja, aber nur Lokadressen 1 bis 8	ja, alle Eigenschaften
Verfügbare Lok-Adressen	1 bis 8	00 bis 99
Fahrstufenzahl zur Geschwindigkeitssteuerung	14	28
Decoderinterne Stufenzahl (z.B. bei Decoder m. Motordrehzahlregelung genutzt)	64	64
Motordrehzahlregelung 1)	ja	ja
Lokbezogene Höchstgeschwindigkeitseinstellung 1)	nein	ja
Geschwindigkeitskennlinie lokbezogen einstellbar 1)	nein	ja
Mindestanfahrspannung vorwählbar	nein	ja, in 15 Stufen
Beschleunigung einstellbar	nein	ja, in 15 Stufen
Bremsverhalten einstellbar	nein	ja, in 15 Stufen
Fernsteuerbare Funktionen:	2	7
Erweiterungsfähigkeit durch Funktionsmodul LF 200 (Digital-Plus-Programm)	nein	ja
Erweiterungsfähigkeit durch Zusatzendstufe LP 200 (Digital-Plus-Programm)	nein	ja

1) Funktion nur bei Lok-Decodertyp LE 230 vorhanden

Aufstieg zu Vollversionen

In diesem Punkt gelten die im Zusammenhang mit Roco Digital und dem Digital Plus Start Set 01 gemachten Ausführungen. Bei einem Wechsel zu einem anderen System kann lediglich der LGB Trafo weiter benutzt werden; für die LGB Zentrale und Lokmäuse besteht keine weitere Verwendungsmöglichkeit.

Qualität und Funktionssicherheit

Während der Testphase traten an keiner Komponente elektrische oder mechanische Funktionsmängel auf – zweifellos ist das die Feststellung mit primärer Bedeutung.

Die Digitalzentrale vermittelt einen modellbahnüblichen Qualitätsstandard. Abstriche sind bei der Lokmaus zu machen. Die Elektromechanik des Geschwindigkeitssteuerknopfes hinterläßt keinen sonderlich soliden Eindruck. Beide Funktionstasten und die Not-Halt-Taste haben beachtliches Spiel und nicht besonders gut ausgeprägte Druckpunkte. Ob die Lokmaus einen Sturz aus 1 m Höhe übersteht, wurde nicht probiert.

Die elektromechanische Ausführung der Lokmaus kann man bei einer preiswerten Digitalstartpackung akzeptieren. Aber der Käufer eines (teueren) Qualitätsproduktes – und genau diesen Anspruch erhebt die Lehmann-Bahn für sich – darf zu Recht eine Lokmaus mit adäquatem Qualitätsstandard erwarten.

Ungefähre Preise für das LGB Digital

LGB-Digital-Ergänzungs-Set:	
1 Stk Digital Ergänzungs-Set Nr. 55100 (enthält Zentrale, Lok-Maus, Digital-Lok, Bedienungsanleitung)	930,– DM
1 Stk Hochleistungstrafo 24 V/5 A, Nr. 50110	255,– DM
Erweiterungen:	
1 Stk Lok-Maus mit Verteilerkabel Nr. 55010	165,– DM
1 Stk Lok-Decoder Nr. 55020	104,– DM
1 Stk Analog-Lokomotive, Stainz, Nr. 21201	390,– DM

Kosten

Der Preis für den Digitalbetrieb mit einer LGB Bahn bewegt sich auf ähnlichem Niveau wie die der übrigen Lehmann Artikel. Zu den Kosten des Digital Ergänzungs-Sets müssen an sich noch die Kosten des Trafos Nr. 50110 addiert werden – dann liegt der Einstandspreis jenseits der 1000,– DM-Grenze!

Die Kritik am Qualitätsstandard der Lokmaus fällt auch deshalb so deutlich aus, weil die Fa. Lehmann für eine Lokmaus mehr als den doppelten Preis (!) wie Roco verlangt – und dies trotz baugleicher Ausführung. Daran vermag auch der Umstand nichts zu ändern, daß bei Lehmann jede Lokmaus mit einem Verteilerkabel geliefert wird.

Der Preis eines Lok-Decoders LE 230 der Fa. Lenz liegt nur unwesentlich über dem des LGB-Lok-Decoders – und dies trotz eines wesentlich erweiterten Funktionsumfanges und besserer Leistungsmerkmale des Digital Plus Produktes.

Zusammenfassung

Lehmann spricht mit seinem Digital Ergänzungs-Set weniger den Modellbahn-Nachwuchs an, als vielmehr den etablierten Lehmann-Besitzer.

Bei dieser Zielsetzung erscheint es konsequent, ein Digital-Ergänzungs-Set – und nicht etwa eine bei dieser Baugröße noch teuerere Startpackung mit Gleisen etc – anzubieten.

Wenn ein Ergänzungs-Set angeboten wird, muß der Hersteller durch die Festlegung der Produkteigenschaften dafür Sorge tragen, daß bereits vorhandenes Rollmaterial beim Aufstieg zum Digitalbetrieb unverändert weiter verwendet werden kann. In diesem Punkt ist LGB Digital beispielhaft konsequent – ein Höchstmaß an Kompa-

tibilität heißt die attraktive Lösung. Vorhandene Loks müssen – zumindest nicht gleich – mit Lok-Decodern nachgerüstet werden und selbst Digital-Loks können auf konventionell gesteuerten Anlagen eingesetzt werden.

Ferner gefällt diese Digitalsteuerung durch:

– verdrahtungsfreien Betrieb

– Ausbaufähigkeit für mehrere Bedienungsstellen (Lokmäuse)

– umfangreiches Sortiment nachrüstbarer Lehmann Loks

– Aufstiegsmöglichkeiten unter Beibehaltung der Digital-Loks zu Digital Plus

Durchaus mögliche Fortschritte hinsichtlich der Fahreigenschaften sind leider nicht zu verzeichnen. Bei dem ohnehin nicht gerade preiswerten Digital Ergänzungs-Set hätte ein Lok-Decodertyp mit zeitgemäßen technischen Eigenschaften eigentlich „drin" sein müssen.

Weniger überzeugend wirken das Preis-/Leistungsverhältnis und die Qualität der Lokmaus, sowie der bedienungstechnische Nachteil, daß nicht einmal die gewählte Betriebsart in der Zentrale gespeichert wird.

Der LGB Interessent sollte die begrenzte, elektrische Leistungsfähigkeit dieser Digitalsteuerung nicht übersehen. Gleichzeitiger Betrieb von mehr als zwei bis drei LGB-Zügen ist mit dem Digital Ergänzungs-Set nicht machbar. Bislang fehlt ein Leistungsverstärker im Angebot der Fa. Lehmann; ja selbst die zum Anschluß eines Boosters erforderlichen Vorkehrungen sind an der derzeitigen Digitalzentrale nicht vorhanden.

Fahrzeuge dieser Baugröße haben nun einmal einen hohen elektrischen Leistungsbedarf, sie sind leicht digitalisierbar und mehrere fernsteuerbare Funktionen sind in jedes Fahrzeug relativ einfach einbaubar. Wer auf elektrische Leistungsreserven, vorbildgetreuere Fahreigenschaften, mehr als zwei fernsteuerbare Funktionen, sowie vor allem einen besonderen Qualitätsstandard der Bedienungsgeräte Wert legt, kann alternativ einen Digitaleinstieg mit Digital Plus in Erwägung ziehen.

6 Digital Plus Set 01

Digital Plus ist für Gleichstrombahnen aller Baugrößen geeignet. Bedienungsfreundliche, mobile Fahrzeugsteuerung, femsteuerbare Funktionen und nahezu uneingeschränkte Ausbaumöglichkeiten zählen zu den Merkmalen dieser aus dem Digital Plus Angebot zu einem Start-Set zusammengestellten Komponenten. Neben Digital-Loks kann im Digitalstromkreis auch eine Analog-Lok gesteuert werden. Ein umfangreiches Lok-Decoderangebot und optimale Fahreigenschaften zählen zu den weiteren Pluspunkten.

Verwendungsmöglichkeiten

Die Mehrzugsteuerungen Arnold Digital (1988–1995), Arnold Commander 6 (1992–1995), LGB-Digital, Märklin Digital = (für Gleichstrombahnen 1989–1996) und Roco Digital wurden von der Fa. Lenz Elektronik entwickelt. Das von Lenz erdachte und patentierte Datenübertragungsformat – also die „Sprache" der Digitalsteuerungen – ist heute durch den NMRA genormt. Die Fa. Lenz kann daher ohne Übertreibung als der Pionier der kompatiblen Digitalsteuerungen für Modellbahnen bezeichnet werden.

Mitte 1995 ging der Entwickler unter eigenem Namen mit einer als Digital Plus bezeichneten Mehrzugsteuerung auf den Markt. Sie ist für Gleichstrombahnen der Baugrößen N bis I geeignet.

Inzwischen wird auch eine Einsteigerpackung – genannt Digital Plus Set 01 – für Zweischienen-Zweileiter-Gleichstrombahnen der Baugröße H0 angeboten. Dabei handelt es sich nicht etwa um eine abgespeckte Sparversion, sondern vielmehr um eine gezielte Auswahl bestimmter Profigeräte für den Fahrbetrieb mit Digital- und Analog-Loks aus dem Digital Plus Programm. Mit den im Set enthaltenen Komponenten können bis zu 99 Digital-Loks und zusätzlich Analog-Loks gesteuert werden. Geeignet sind:

– alle Triebfahrzeuge mit Lok-Decodern des Digital-Plus-Systems,

– sämtliche Loks mit Arnold-Digital (alt)-, Märklin-Digital=-, LGB- und Roco-Lok-Decodern und

– die meisten Analog-Loks.

Das Digital Plus Start Set 01 – eine Gerätezusammenstellung für den Betrieb von Digital- und Analogloks aus dem professionellen Digital Plus Angebot zu einem interessanten Paketpreis.

Kompatibilität

Ein Optimum an Kompatibilität zählt zu den herausragenden Digital Plus Vorzügen:

– Digital-Loks können im Digitalstromkreis gesteuert werden

– Digital-Loks lassen sich ebenso auf konventionellen Gleichstromanlagen mit jedem Gleichstromfahrpult betreiben.

– Analog-Loks können zusätzlich zu den Digital-Loks im Digitalstromkreis gesteuert werden.

– Auf einer Modellbahnanlage ist die Kombination digital und analog gesteuerter Stromkreise möglich.

Analog-Loks geben im Digitalstromkreis bei Stillstand einen mehr oder weniger ausgeprägten „Summton" von sich, der jedoch beim fahren verschwindet und im Geräuschpegel des übrigen Betriebes ohnehin untergeht. Dies als Nachteil zu titulieren, wäre also wenig sachgerecht.

Eine technische Einschränkung gilt es hinsichtlich des Analog-Lokeinsatzes im Digitalstromkreis jedoch zu beachten: Wird eine Analog-Lok bereits nach kurzem Einsatz im Digitalstromkreis sehr warm, dann muß sie sofort vom Gleis genommen werden – der Kollektor und das Kollektor/Bürstensystem könnten Schaden nehmen.

Analog-Loks mit thermisch wenig standfesten Motoren – dabei handelt es sich offenbar vorwiegend um Fahrzeuge älterer Baujahre – sind für einen Betrieb im Digitalstromkreis nicht geeignet. Darauf wird in der Betriebsanleitung der Firma Lenz ausdrücklich hingewiesen, denn der Hersteller einer Fahrzeugsteuerung kann verständlicherweise nicht für das „Qualitätsniveau" mancher Modellbahnmotoren verantwortlich gemacht werden.

Fahrzeuge mit Lok-Decodern der Digital-Systeme Fleischmann FMZ, Märklin-Digital (Wechselstrom) und Trix-Selectrix lassen sich mit dieser Steuerung nicht betreiben. Umgekehrt können allerdings Digital Plus-Loks auch zusammen mit Fahrzeugen mit Selectrix-Lok-Decodern innerhalb eines Digitalstromkreises gesteuert werden, sofern dazu die von der Fa. Trix angebotene Selectrix 2000 Steuerung verwendet wird. Ein späterer Umstieg auf Trix Selectrix ist demnach unter Beibehaltung des Fahrzeugparkes theoretisch möglich.

Welche Vorteile hat der Anwender von der Digital Plus Kompatibilität?

Die Vorteile sind:

– selbst Triebfahrzeuge wie eine Köf, in welche aus räumlichen Gründen keine Lok-Decoder hineinpassen, können auf Digitalanlagen als Analog-Lok weiter betrieben werden. Diese Eigenschaft macht eine Digitalsteuerung für kleine Baugrößen – wie z.B. Baugröße N – besonders attraktiv,

– nicht nur für Digitaleinsteiger, sondern insbesondere auch für Umsteiger von Analog- auf Digitalbetrieb ist eine solche Digitalsteuerung interessant,

– es müssen nicht gleich alle vorhandenen Lokomotiven auf einmal mit Lok-Decodern ausgestattet werden (Arbeitsaufwand und Kosten!), vielmehr ist eine schrittweise Nachrüstung vorhandener Fahrzeuge – angepaßt an die zeitlichen und finanziellen Möglichkeiten des Anwenders – realisierbar,

– Gleichstrom- und Digitalstromkreise lassen sich auf einer Anlage kombinieren (Vorteil: Digitalbetrieb im rangierintensiven Bahnhof unter Nutzung der Vorzüge des Digitalbetriebes, herkömmlicher Gleichstrombetrieb unter Beibehaltung vorhandener Trafos auf der freien Strecke) und

– von Freunden mitgebrachte Analog-Loks fahren auch auf der eigenen Digitalanlage und

– schließlich fahren eigene Digital-Loks ebenso auf konventionell gesteuerten Anlagen von Freunden oder auf der Anlage des Modellbahnclubs.

Wer sich für Digital Plus entscheidet, kann von vorneherein alle diese Vorteile nutzen!

Aufbau

Digital Plus ist modular aufgebaut. So kann man aus verschiedenen Bausteinen eine den eigenen Wünschen entsprechende Digitalsteuerung zusammenstellen. Und man kann eine solche Steuerung natürlich schrittweise erweitern. Für den Betrieb von Digital- und Analog-Loks benötigt man als Mindestausstattung

– einen Trafo zur Stromversorgung und

– das Digital Plus Set 01.

Das Set 01 enthält eine Zentrale LZ 100, einen Verstärker LV 100, ein Handsteuergerät LH 100 und einen Lok-Decoder LE 130. Nicht zu vergessen ist das Digital Plus Handbuch, in welchem alle derzeit erhältlichen Bausteine ausführlich vorgestellt werden.

Bedienungskonzept

Bei Verwendung eines Handsteuergerätes bietet Digital Plus vom Grundsatz her gesehen eine „serielle" Zugsteuerung. Beispielsweise wird Digital-Lok 18 über die Tastatur mit ihrer Lokadresse 18 aufgerufen, Fahrtrichtung und Geschwindigkeit werden eingestellt und anschließend kann über eine andere Lokadresse (z.B. 44) die nächste Lok (z.B. 44) aufgerufen und gesteuert werden. Währenddessen fährt Lok 18 mit ihren gewählten Fahrbefehlen (Fahrtrichtung und Geschwindigkeit) solange weiter, bis sie erneut mit ihrer Lokadresse 18 aufgerufen und damit direkt gesteuert werden kann. Auf diese Weise lassen sich theoretisch bis zu 99 Digital-Loks und zusätzlich über die Adresse 00 eine Analog-Lok mit einem einzigen Handsteuergerät LH 100 betreiben.

Das Bedienungskonzept sieht optional auch den Anschluß mehrerer Handsteuergeräte LH 100 vor (theoretisch bis zu 30 Geräte), womit wahlweise jeder Lok ein Handsteuergerät zugeordnet werden kann. Übergabe und Übernahme von Zügen zwischen den einzelnen Handsteuergeräten sind selbstverständlich möglich.

Zum Lenz-Konzept zählte von Anfang an die mobile Ausführung des Handsteuergerätes. Diese Lösung erscheint sinnvoll, weil damit prinzipiell alle drei Aufstellungsvarianten für Fahrpulte – zentrale, dezentrale und mobile Anordnung – abgedeckt werden können.

Durch eine pultförmige Ablage mit einer zum ablegen des Handsteuergerätes entsprechend ausgeformten Mulde wird aus einem ortsveränderlichen Gerät bereits ein stationäres Fahrpult. Mehrere solcher Ablagen sollten nebeneinander aufstellbar sein. Eine solche Lösung bietet nebenbei den handhabungstechnischen Vorzug, daß Bedienungs- und Anzeigeelemente von stationären und ortsveränderlichen Geräten zwangsläufig identisch sind. Vielleicht wird ja das Angebot um eine solche Ablage noch ergänzt, so daß das ortsveränderliche Handsteuergerät wahlweise zusätzlich als stationäres Gerät eingesetzt werden kann.

Ein weiterer Vorzug des Digital Plus Bedienungskonzeptes: der Anwender kann eine Ringleitung um seine Anlage legen und an

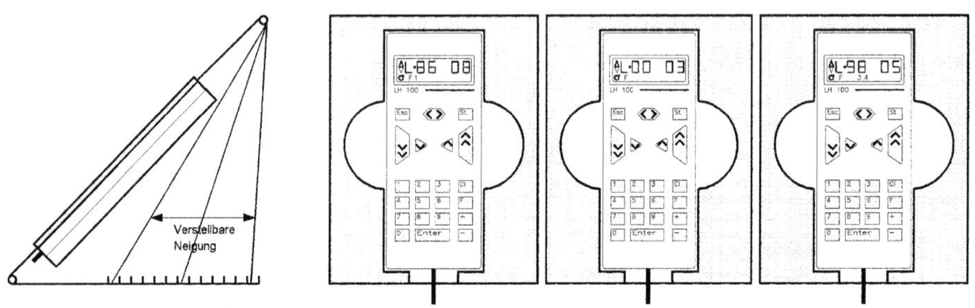

Pultförmige, aneinanderreihbare Ablagen mit verstellbarer Oberflächenneigung und Griffmulden zum herausnehmen der Handsteuergeräte würden aus mobilen Geräten gleichzeitig stationäre Fahrpulte machen. Eine Diodenbuchse für den Anschluß eines Handsteuergerätes sollte in jeder Ablage eingebaut sein.

Ortsfeste, aneinanderreihbare Ablagen würden aus dem mobilen Handsteuergeräten wahlweise stationäre Geräte machen.

jeder beliebigen Stelle Anschlußbuchsen für sein Handsteuergerät vorsehen. Der Stecker des Handsteuergerätes läßt sich während des laufenden Betriebs aus einer solchen Anschlußbuchse ziehen, man begibt sich vom Betriebswerk zum Nebenbahnhof, steckt den Stecker des Handsteuergerätes in die dort befindliche Anschlußbuchse und kann nun wieder – unmittelbar vor Ort – seine Fahrzeuge steuern. Diese Option ist insbesondere bei L-, U- und kammförmigen Anlagen von großem Nutzen.

Eine Profisteuerung wie Digital Plus besitzt natürlich nicht nur Bedienungselemente, sondern verfügt zusätzlich über ein LCD-Display, welches dem Bediener alle wichtigen Betriebszustände anzeigt. Dazu zählen Lokadresse, aktuelle Fahrtrichtung, gewählte Fahrstufe, Status der Funktionen usw.

Insgesamt bleibt die erfreuliche Feststellung:

Das Digital Plus Bedienungskonzept ist nahezu optimal – besser geht es kaum noch!

Update-Service

Was heißt das? Die technischen Eigenschaften von Digital Plus werden durch im Inneren der Geräte ablaufende Programme (Software) bestimmt. Kommen durch technische Weiterentwicklungen neue Eigenschaften hinzu, so muß nur die Software ausgetauscht, nicht aber ein neues Gerät angeschafft werden. Die Aktualisierung der Software geschieht durch den preiswerten Wechsel des Programmspeichers im Gerät.

Ein Beispiel ist die Erhöhung der Fahrstufenzahl. Mit den früher erhältlichen Geräten konnten nur 14 Fahrstufen eingestellt werden. Heute sind durch eine Weiterentwicklung des geräteinternen Programmablaufes 28 Fahrstufen und damit eine feinfühligere Geschwindigkeitssteuerung möglich. Besitzer älterer Geräte kommen durch einen Wechsel des Speicherbausteines (Austausch erfolgt in der Fa. Lenz) in den Genuß der neuen Eigenschaft ohne ein neues Gerät kaufen zu müssen.

Bislang ist die Fa. Lenz der einzige Anbieter, der eine solche Aktualisierung (Update) von Geräteeigenschaften anbietet.

Stromversorgung

Im Digital Plus Set 01 ist kein Trafo enthalten und das hat seine Vorteile. Denn so kann anfänglich auch ein vorhandenes Modellbahnfahrpult zur Stromversorgung verwendet werden.

Grundsätzlich ist zur Versorgung der Zentrale und des Verstärkers jedes Stromversorgungsgerät geeignet, das 16 Volt Gleich- oder Wechselspannung zur Verfügung stellt.

Der Verstärker LV 100 liefert bis zu 3 Ampère Ausgangsstrom. Wer diesen Maximalstrom braucht, der muß logischerweise eine Stromversorgung verwenden, die bei 16 Volt auch mindestens 3 Ampère (50 VA) liefert. Besonders geeignet sind für diesen Zweck sog. Modellbahn-Lichtstrom-Trafos.

Die Mehrzugsteuerung entspricht den geltenden Sicherheitsbestimmungen, wenn zu ihrer Stromversorgung ein VDE-geprüfter Modellbahntrafo verwendet wird.

Anschluß

Wie aus den Abbildungen hervorgeht, ist der – in der Regel einmalige – Verdrahtungsaufwand bei einer modular aufgebauten Steuerung geringfügig höher als bei Kompaktsteuerungen. Leistungsverstärker und Zentrale sind mit abziehbaren „Klemmensteckern“ ausgerüstet; diese müssen untereinander nur einmal verbunden werden; anschließend können sie samt den Leitungen abgezogen und wieder eingesteckt werden.

Den Diodenstecker des Handsteuergerätes LH 100 steckt man einfach in die an der Rückseite der Zentrale LZ 100 montierte Diodenbuchse.

Als Ergänzung sind sog. Anschlußplatten für Eingabegeräte mit Diodenbuchsen lieferbar. Das setzt die Fortführung des XBUS mit ei-

Anschluß Digital Plus Set 01 – hier schon ergänzt um zwei Anschlußplatten, die an jeder beliebigen Stelle der Modellbahnanlage montiert werden können.

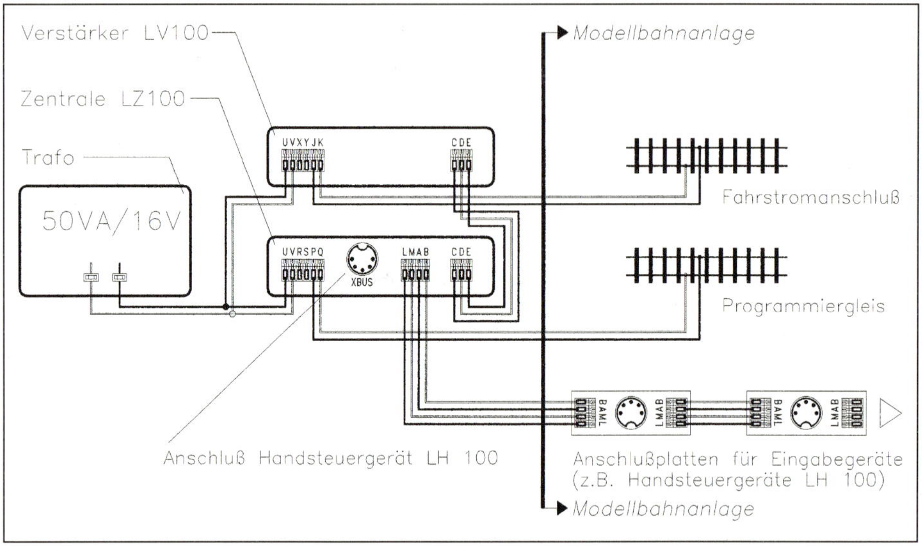

nem vieradrigen Kabel voraus, so wie das aus den Abbildungen hervorgeht. Die Bilder verdeutlichen, daß die vier Kabel zu den Anschlußplatten nicht einfach wie gewohnt, sondern nur paarweise verdrillt verlegt werden dürfen. Dafür kann man – wie an anderer Stelle bereits erwähnt – an jeder Stelle der Anlage das Handsteuergerät in eine solche Anschlußplatte stecken und so von jeder Stelle aus seine Züge steuern – ein nicht zu verachtender Vorzug!

Inbetriebnahme-vorbereitungen

Die Maxime „kaufen, aufbauen und losfahren" kann eine so vielseitige Digitalsteuerung wie Digital Plus verständlicherweise nicht ohne weiteres erfüllen. Empfohlene Voraussetzung bildet vielmehr ein Studium des dem Start Set beigefügten informativen Digital Plus Handbuches.

Der Betrieb einer Digital-Lok erfordert zuerst einmal den im Handbuch beschriebenen Einbau des dem Digital Plus Set beiliegenden Lok-Decoders in eine Analog-Lok. Der Decoder ist für Zweischienen-Zweileiter-Gleichstrom-Loks der Baugröße H0 mit Permanentmagnetmotor geeignet, also für sämtliche nach NEM genormten H0-Gleichstromfahrzeuge. Diese Tätigkeit bedingt etwas mehr als nur bastlerisches Geschick. Wenn Sie sich nicht ganz sicher sind, dann lautet der Ratschlag: Lassen Sie diese Arbeit von einem versierten Fachhändler oder einer dafür autorisierten Fachwerkstatt ausführen.

Werkseitig ist der dem Set beiliegende Lok-Decoder auf die Adresse 03 programmiert. Ruft man diese Adresse auch am Handsteuergerät auf, so kann nach der Decodermontage – ohne weitere Programmiertätigkeiten – der Betrieb beginnen. Auf die umfangreichen Programmiermöglichkeiten wird in anderem Zusammenhang eingegangen.

Wer mit Digital Plus eine Analog-Lok betreiben möchte, braucht am Handsteuergerät LH 100 nur die Lokadresse 00 einzutippen und schon lassen sich Fahrtrichtung und Geschwindigkeit steuern.

Die Inbetriebnahmevorbereitungen für einen unabhängigen Zweizugbetrieb halten sich demnach selbst bei einer so komplexen Digitalsteuerung in überschaubarem Rahmen, was zweifellos für Digital Plus spricht.

Bedienung und Überwachung

Zentrale LZ 100 und Leistungsverstärker LV 100

Packt man die Geräte zum ersten Mal aus der umweltfreundlichen Kartonverpackung aus, so ist man von der gebotenen Qualität beeindruckt. Anstelle üblicher Kunststoffgehäuse findet man solide verarbeitete, eloxierte Metallgehäuse vor. Präzise eingepaßte Anschlußklemmen mit einer dauerhaften Kennzeichnung runden diesen positiven Eindruck ab. Dabei handelt es sich nicht um gewöhnliche Schraubklemmen; vielmehr sind es herausziehbare Steckklemmen, so daß die Montage der Leitungen besonders einfach ist – hier hält Industriestandard Einzug bei der Modellbahn. Neben üblichen Modellbahn-Leitungsquerschnitten finden in den Klemmen zweckmäßigerweise auch Drahtquerschnitte bis 1 mm^2 Platz.

Die Zentrale ist ein leichtes, raumsparend gestaltetes Gerät mit den Abmessungen Breite = 12 cm, Tiefe = 13 cm und Höhe = 3,6 cm. Auf der Vorderseite befindet sich ein rote Leuchtdiode als Betriebsanzeige. Auf der Rückseite sind eine Buchse zum direkten Anschluß eines Handsteuergerätes und Schraubklemmen für verschiedene Anschlüsse (Trafo, Rückmeldebus, Programmiergleis, XBUS und Verstärker) vorhanden.

Befestigungsmöglichkeiten für das Gehäuse (Löcher für Schrauben) auf einer Unterlage sind nicht vorhanden, aber Gummifüßchen verhindern das Hin- und Herrutschen auf der Stellfläche.

Mechanischer Aufbau, Abmessungen und Betriebsanzeige auf der Vorderseite, sowie gewählte Schraubklemmenbauart des Leistungsverstärkers LV 100 entsprechen der Zentrale LZ 100.

Zentrale und Leistungsverstärker benötigen keine Bedienungselemente; das ist zweifellos ein Vorteil. Bei ordnungsgemäßem Anschluß zeigt die Leuchtdiode der Zentrale rotes Dauerlicht. Blinkt sie, liegt ein Verdrahtungsfehler im extern mit Anschlußplatten (Option) aufgebauten XBUS vor. Im Normalzustand leuchtet auch die Leuchtdiode am Verstärker permanent; sie erlischt bei Überlastung oder bei einem Kurzschluß auf der Anlage. Nach der Kurzschlußbeseitigung erfolgt keine automatische Wiederzuschaltung des Verstärkers. Es versteht sich fast von selbst, daß der Bediener mittels des LCD-Displays auf dem Handsteuergerät über alle Betriebszustände informiert wird.

Ist eine Anlage in mehrere Digitalstromkreise unterteilt und werden mehrere Leistungsverstärker LV 100 eingesetzt, so kann der Anwender durch eine entsprechende Verdrahtung festlegen, ob im Kurzschlußfall alle Verstärker abschalten sollen, oder nur derjenige, in dessen Versorgungsbereich der Kurzschluß besteht – ein durchdachtes Detail.

Ein wesentlicher Vorteil von Digital Plus ist in dem vergleichsweise hohen Ausgangsstrom des Leistungsverstärkers LV 100 von 3 Ampere zu sehen. Und wem selbst dies nicht genügt, der kann den Ausgangsstrom durch jeden Leistungsverstärker LV 100 um weitere 3 Ampere erhöhen. Deshalb treten selbst beim Digitalbetrieb von Großbahnen keine Stromversorgungsprobleme auf.

Handsteuergerät LH 100

Das angenehm leichte Handsteuergerät LH 100 mit den Abmessungen Höhe = 15,8 cm, Breite = 6,6 cm und einer Dicke (ohne Haltebügel) von 2,2 cm „liegt ausgezeichnet in der Hand". Es erlaubt durchaus eine Einhandbedienung.

Hier wurde – entgegen der üblichen Praxis – kein serienmäßiger, eckiger Kasten aus einem modellbahnfremden Anwendungsgebiet verwendet, sondern eigens für den Modellbahner ein Kunststoffgehäuse mit griffgünstigen Abmessungen, abgeschrägter Form des Gehäuseunterteiles und gerundeten Kanten entwickelt!

Das Gehäuse besitzt auf der Rückseite einen Haltebügel zum einhängen am Anlagenrand. Der Haltebügel läßt sich übrigens bis zu 15

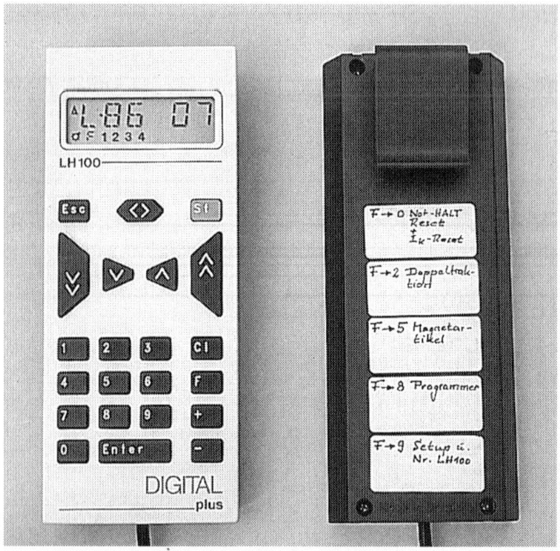

Bedienungsoberfläche des LH 100 und Geräterückseite mit herausziebarem Haltebügel; die Bedienungshinweise auf der Geräterückseite fehlen bei der Serienausführung

mm (oder auch vollständig) aus dem Gehäuse herausziehen um den Spalt zwischen Geräteunterseite und Bügel vergrößern zu können. Eine weitere Verbesserung ließe sich durch eine zusätzlich Bohrung im Haltebügel erreichen, denn dann ließe sich das Gerät leichter am Anlagenrand an einer simplen Rundkopfschraube aufhängen.

Ergonomisch präsentiert sich der Aufbau von Bedienungs- und Anzeigeelementen auf der in angenehm unaufdringlichem Weiß gehaltenen Bedienungsoberfläche. Ganz oben eine LCD-Anzeige, darunter das Tastenfeld, wobei der Abstand der Tasten untereinander nicht zu eng gewählt wurde. Abmessungen, Farbgebung und Beschriftung der Tasten sind anwendergerecht gestaltet. Die funktionsbezogene, räumliche Zuordnung der Tasten untereinander ist durchdacht. Oben in der ersten Bedienungsebene – die Fahrtrichtungsbestimmung mit einer waagerechten, sechseckigen Taste mit zwei Richtungspfeilen. Rechts daneben ist die rote System-Not-Halt-Taste.

In der darunterliegenden Ebene die Tasten zur Geschwindigkeitseinstellung mit einer anderen Formgebung und entsprechenden Piktogrammen. Darunter der bei Profisteuerungen übliche Tastenblock mit welchem Lokadresse etc. gewählt werden können, wobei die rechts außen liegenden Tasten wegen ihrer besonderen Aufgaben seitlich wiederum etwas vom Zehnertastenblock abgesetzt sind.

Für Standortunabhängigkeit sorgt ein 1,40 m langes Anschlußkabel an dessen Ende ein fünfpoliger Diodenstecker angebracht ist. Insgesamt also ebenfalls ein ansprechender, äußerer Eindruck.

Die Handhabung des LH 100 unterscheidet sich in einigen Punkten entscheidend vom bisher gewohnten. Das beginnt bei der ausschließlichen Fahrzeugsteuerung mittels Tasten – im Unterschied zu Drehpotentiometern – und setzt sich bei der Darstellung vieler Betriebszustände auf einem LCD-Display fort.

Die erste Bedienungshandlung ist der Aufruf des gewünschten Lok-Modelles. Das geschieht durch Druck auf die Cl-Taste (Clear-Taste), wodurch etwa vorher vorhandene Angaben auf dem LCD-Display gelöscht werden und gleichzeitig die Textanzeige „LOK" erscheint verbunden mit der Aufforderung durch einen Curser die Adresse in das Zehner-Tastenfeld einzutippen. Dabei kann die Adresse „3" auch als „3" und nicht nur „03" eingetippt werden; der Zwang zur zweistelligen Eingabe besteht bei dieser Steuerung nicht. Bestätigt man die Eingabe mit der Enter-Taste, dann erscheinen zusätzlich zur aktuellen Lok-Adresse ein Fahrtrichtungspfeil und eine stets zweistellige Fahrtstufenanzeige, sowie Angaben über den Status der Zusatzfunktionen auf der LCD-Anzeige. Soll die Eingabe rückgängig gemacht werden – weil z.B. die gewählte Adresse falsch war – so geht das durch Bedienung der Esc-Taste (Escape-Taste).

Die nächste Bedienungshandlung ist die Fahrtrichtungswahl. Die Betätigung der richtigerweise in der obersten Tastenreihe angeordneten und mit Richtungspfeilen markierten, sowie durch eine pfeilförmige Gestaltung hervorgehobene Fahrtrichtungstaste bewirkt ausschließlich bei Stillstand des Fahrzeuges einen Richtungswechsel; dies ist sachgerecht. Die eingestellte Fahrtrichtung wird mit Pfeilen im Display angezeigt. Ein Druck auf die Fahrtrichtungstaste während der Fahrt führt zu einem sofortigen, unverzögerten anhalten des Fahrzeuges. Diese Funktion heißt fahrzeugspezifischer Not-Halt – alle anderen Züge fahren ungestört weiter.

Ebenfalls in der ersten Tastenreihe befindet sich griffgünstig rechts außen in „Daumenreichweite" und zudem noch mit St (wie Stop) gekennzeichnete, rote System-Not-Halt-Taste. Ein Druck bewirkt den unverzögerten Stop aller in Fahrt befindlicher Triebfahrzeuge. Erfreulicherweise bleibt bei Digital Plus die Digitalspannung am Gleis anstehen und so arbeiten die Zusatzfunktionen unbeeinträchtigt weiter. Wichtiger erscheint, daß bei diesem System während des Not-Halt-Status Gleisbelegtmelder weiterhin funktionieren; die dazu erforderliche Spannung ist jetzt ja immer vorhanden. Bei Not-Halt wird ein Kommando ausgesendet das alle Lok-Decoder als Halt-Befehl interpretieren. Damit auch der Halt von Analog-Loks gewährleistet ist, enthält das Kommando keinen Gleichspannungsanteil. Die Aktivierung der Not-Halt-Funktion wird auf dem Display nicht nur mit dem blinkendem Text „STOP" angezeigt, sondern darüberhinaus werden dem Benutzer auch noch die zu bedienenden Tasten angezeigt, mit denen er die Funktion rückgängig machen kann. So etwas nennt man Bedienungskomfort!

Nach der Fahrtrichtungswahl folgt die Steuerung der Geschwindigkeit. Die Bedienung erfolgt ausschließlich mittels Tasten.

Einem Drehknopf sieht man an seiner Strichmarkierung seine Stellung – im Gegensatz zu einer Taste – immer an. Ist dann noch eine beschriftete Skala um den Knopf herum vorhanden, so steht nicht nur der guten Erkennbarkeit, sondern auch der Reproduzierbarkeit von Einstellungen nichts mehr entgegen. Solche Argumente werden mit diesem Handsteuergerät entkräftet, weil neben der Lokadresse auch die aktuelle Fahrstufe permanent auf dem LCD-Display angezeigt wird.

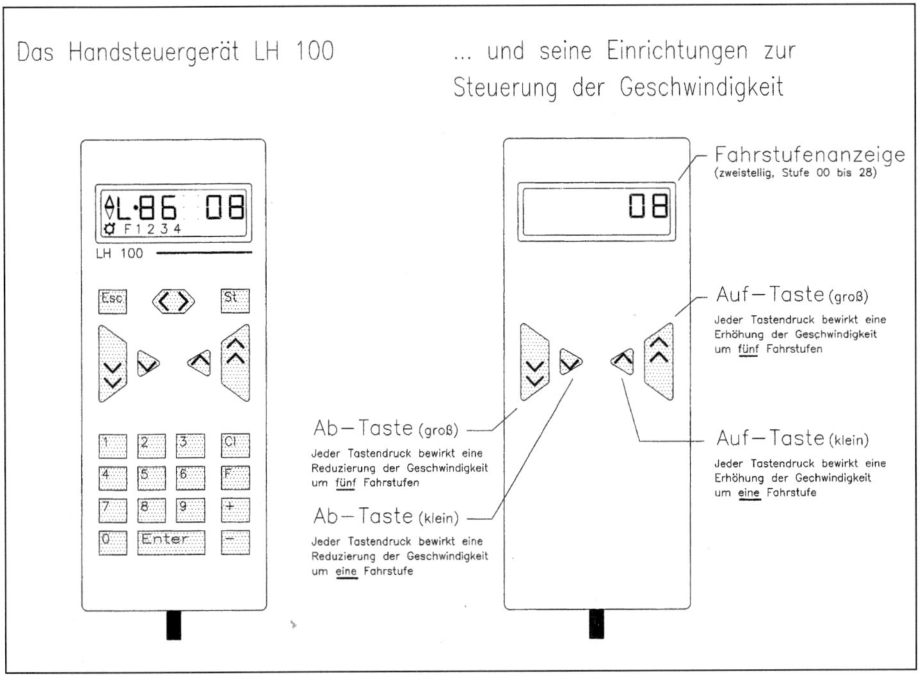

Zur Geschwindigkeitssteuerung stehen gleich vier durch Piktogramme gekennzeichnete Tasten zur Verfügung. Die aktuelle Fahrstufe wird stets auf dem LCD-Display angezeigt

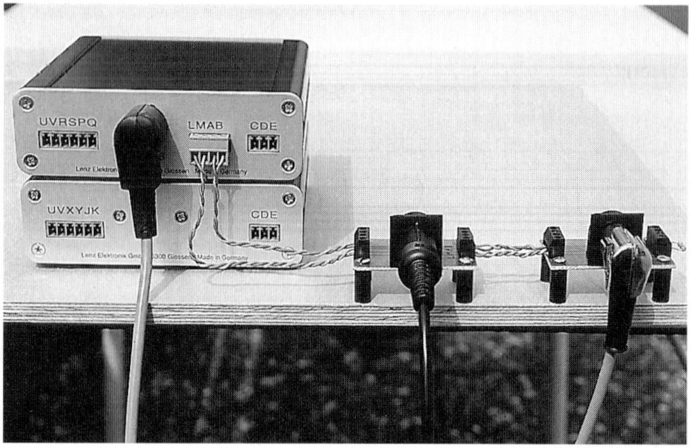

Stimmen Stecker- und Buchsenstellung überein? Ein Winkelstecker anstelle des verwendeten Diodensteckers würde das lästige Nachschauen bei jedem Steckvorgang erübrigen

Die Geschwindigkeitsteuerung geschieht mittels Auf/Abtasten, aber nicht nur über jeweils eine Taste zum beschleunigen und eine zum bremsen. Es sind derer jeweils zwei. Mit der einen, kleineren (mit einem aufwärts zeigenden Pfeil) schaltet man bei jedem Tastendruck eine Fahrstufe aufwärts. Mit der zweiten, größeren (mit zwei aufwärts zeigenden Pfeilen) wird bei jeder Betätigung gleich 5 bzw. 8 Fahrstufen hochgeschaltet. Die Zahl fünf ist softwaremäßig fixiert, wobei stets von der momentanen Fahrstufenzahl aus gerechnet wird. Die Ab-Tasten funktionieren sinngemäß.

Dauerdruck auf die kleinen Auf- bzw. Ab-Tasten führt leider nicht dazu, daß nacheinander alle Fahrstufen schrittweise hoch- bzw. heruntergeschaltet werden. Immer wieder drücken und loslassen zu müssen ist lästig; nicht zuletzt erscheint diese Bedienungsweise wenig praxisgerecht, weil sie den Erwartungen und Gewohnheiten (bei anderen Geräten) des Bedieners widerspricht.

Die Bewertung der gewählten Geschwindigkeitssteuerung führt je nach Standpunkt zu unterschiedlichen Ergebnissen. In Verbindung mit einer ständigen Fahrstufenanzeige erscheinen Tastensteuerungen durchaus akzeptabel. Ob es nun gleich vier sein müssen ist eine andere Frage. Aus meiner Sicht wäre der Verzicht auf zwei Tasten bei gleichzeitiger Möglichkeit zum durchschalten aller Fahrstufen bei Dauerbetätigung der Auf- bzw. Ab-Taste eine mindestens ebenso gute Lösung.

Nun fahren beim Vorbild ja nicht nur mit einer einzigen Lok bespannte Züge; Doppeltraktion, Zwischenloks und Nachschiebeloks sind auch für den Modellbahner interessante Traktionsvarianten. Realisiert ist derzeit eine Doppeltraktion mit zwei Digital-Loks. Ohne hier die einzelnen Schritte detailliert zu schildern – in der Bedienungsanleitung kann das nachgelesen werden – sei vermerkt, daß das Zusammenstellen und das Auflösen einer Doppeltraktion mit dem LH 100 aus bedienungstechnischer Sicht recht komfortabel funktioniert. Dies ist ein echter Pluspunkt gegenüber anderen Mehrzugsteuerungen.

Soll eine auf der Strecke fahrende Lok wieder zur direkten Steuerung auf ein Handsteuergerät übernommen werden, so ist bei einfacheren Digitalsteuerungen ihre momentane Geschwindigkeit nicht bekannt, weil dort eine Statusanzeige fehlt. Der Bediener weiß folglich nicht, in welche Stellung er den Geschwindigkeitssteuerknopf drehen soll, damit bei der Übernahme (abrupte) Geschwindigkeitsänderungen vermieden werden. Anders beim LH 100, hier bekommt der Bediener die zum Zeitpunkt der Übernahme aktuellen Daten wie Lok-Adresse, Fahrstufe und Schaltzustand der Zusatzfunktionen angezeigt und die übernommene Lok setzt ihre Fahrt ohne unbeabsichtigte Geschwindigkeitswechsel fort.

Werden mit einem LH 100 mehrere Loks gesteuert, so kann durch einen einzigen Tastendruck – ohne erneute vollständige Eingabe der Lok-Adresse – zwischen den zwei zuletzt aufgerufenen Triebfahrzeugen hin- und hergeschaltet werden; eine durchdachte Bedienungsvereinfachung.

Die Verwendung von serienmäßigen Diodensteckern zum Anschluß eines Handsteuergerätes an die Buchsen auf den Anschlußplatten erscheint nicht optimal, da man vor dem einstecken des Steckers in die Buchse immer erst nachschauen muß, ob der Stecker in der richtigen Stellung zur Buchse steht. Bedienungsfreundlicher wäre ein Winkelstecker; seine Zugentlastung (sprich das Kabel) muß immer senkrecht nach unten zeigen, dann stimmen Stecker- und Buchsenanordnung automatisch überein.

Die mehrfach erwähnte LCD-Anzeige ist aus zwei Zeilen aufgebaut. Die Ziffernhöhe beträgt in der oberen Zeile 8 mm, in der unteren 3 mm. Oben lassen sich 3 Zeichen (zwei sehr kleine Fahrtrichtungspfeile und ein Stern) und maximal 6 Buchstaben bzw. Zeichen anzeigen. In der unteren Zeile sind die Darstellung eines Symboles (Beleuchtung) und die Ziffern 0 bis 8 möglich.

LCD-Anzeigen sind – im Gegensatz zu LED-Anzeigen – auch bei grellem Licht ablesbar, also selbst für die Gartenbahn im Freien geeignet. Ein Kriterium für die Güte solcher Displays ist der Blickwinkel, aus dem die Anzeige noch erkennbar ist. Liegt der LH 100 waagerecht auf der Anlage, so ist die Ablesbarkeit der Anzeige etwas eingeschränkt. Soll der LH 100 bei beleuchteten Anlagen – also in stark abgedunkelten Räumen – verwendet werden, so läßt sich die Anzeige kaum noch ablesen. Eine Displaybeleuchtung und eine selbsttätige Kontrasteinstellung würden Abhilfe schaffen.

Die Bedienerführung mittels Clear-, Enter- und Escape-Tasten gefällt, handelt es sich dabei doch um ein logisch aufgebautes, bewährtes Konzept. PC-Benutzern ist diese Bedienungsweise geläufig. Allerdings muß eines deutlich gesagt werden: Handsteuergerät in die Hand nehmen und losfahren – das gelingt nicht. Am Anfang ist die Bedienungsanleitung ein ständiger Begleiter.

Dem heute mit der Softwareversion 2.0 ausgelieferten Handsteuergerät LH 100 ist ein hohes Maß an Bedienungsfreundlichkeit zu bescheinigen.

Handsteuergerät in Programmerfunktion

Betriebsorientierte Modellbahner wünschen sich Triebfahrzeugmodelle mit vorbildgerechten Fahreigenschaften. Dabei müssen Lok-Decoder Unzulänglichkeiten in der elektromechanischen Ausführung der Loks ausgleichen – so ist das leider immer noch. Inzwischen wird diese Aufgabe teils mit hervorragendem Erfolg gemeistert.

Digital Plus zeichnet sich unter anderem dadurch aus, daß lokspezifische Kennwerte (siehe Tabelle) individuell in jeden Lok-Decoder vom Anwender eingegeben, eingestellte Werte angezeigt und wieder verändert werden können. Dazu brauchen die Triebfahrzeuge nicht einmal geöffnet werden. Das Fahrzeug muß auf ein von der übrigen Anlage getrenntes Programmiergleis fahren und dort lassen sich diese Bedie-

Wichtige vom Anwender selbst einstellbare Fahrzeugeigenschaften

Eigenschaft	Einstellbereich für den Anwender	Herstellerseitige Einstellung der Lok-Decoder
Digital-Lokadresse (für Analog-Loks ist Adresse 00 fest reserviert)	1–99	3
Mindestanfahrspannung (alternativ Geschwindigkeitskennlinie)	1–15	8
Anfahrverzögerung (Beschleunigung)	1–15	4
Bremsverzögerung	1–15	1
Maximalgeschwindigkeit	1–10	10
Wiederholrate Pulsbreite	1–15	4
Alternativ zur Mindestanfahrspannung kann eine individuelle Geschwindigkeitskennlinie eingegeben werden		

nungshandlungen vollziehen. Zusatzgeräte sind nicht notwendig, weil die Programmerfunktion bereits in das Handsteuergerät LH 100 integriert sind. Der Programmiermodus wird am Handsteuergerät mit den Funktionstasten „F" und „8" aufgerufen. Von einer detaillierten Beschreibung der einzelnen Schritte wird abgesehen. Der Ablauf wird durch entsprechende Anzeigen im Display unterstützt. So wird dem Benutzer sogar signalisiert, wenn er einen unzulässigen Wert eingegeben hat wie beispielsweise Anfahrstufe 18 (15 sind möglich).

Im Programmiermodus lassen sich die in der Tabelle aufgeführten Eigenschaften lokbezogen festlegen. Die Aufzählung ist übrigens nicht vollständig; sie enthält nur die wesentlichsten Eigenschaften.

Weitere Bedienungsstellen

Das Bedienungskonzept erlaubt die gleichzeitige Verwendung mehrerer Handsteuergeräte und zwar bis 30! So ist eine direkte Zuordnung mehrerer Digital-Loks zu verschiedenen Bedienungsgeräten möglich nach dem Motto: jedem Mitspieler seine eigene Lok, jeder ist Lokführer. Dieses Konzept gestattet die aktive Beteiligung mehrerer Mitspieler am Modellbahnbetrieb – einschließlich der Übergabe bzw Übernahme von Zügen zwischen den einzelnen Mitspielern.

Bedienungsanleitung

Dem Digital Plus Set liegt das umfangreiche Digital Plus Handbuch in DIN-A5-Ringbuchformat bei. Darin sind alle derzeit erhältlichen Komponenten für die Aufgabengebiete FAHREN, SCHALTEN und MELDEN ausführlich beschrieben.

Das hat das den Vorzug, daß der Interessent von vorneherein die künftigen Ausbaumöglichkeiten des Systems kennen lernen kann. Das Handbuch ist übrigens auch einzeln erhältlich. Es läßt sich durch Anleitungen für neue Komponenten schrittweise ergänzen.

Aber diese Vorgehensweise wirft auch Fragen auf. Denn ein Digitaleinsteiger wird mit der Fülle gebotener (und später durchaus notwendiger) Detailinformationen geradezu erschlagen. Der Leser ist gezwungen, sich die notwendigen Gerätebeschreibungen selbst zusammenzustellen und sich durch alle Sonderfälle früherer Digital Plus Versionen hindurch zu kämpfen, die ihn im Grunde wenig interessieren dürften. Hinzu kommen einige widersprüchliche Angaben, da nicht alle Gerätebeschreibungen mit dem aktuellen Stand vorliegen. Und wer themenbezogene Lösungen sucht wird häufig enttäuscht. Selbst so „einfache" Dinge wie einen Schaltungsvorschlag für eine zuggesteuerte Blockschaltung (Selbstblocksteuerung) mit vorbildgerechten Brems- und Anfahrvorgängen in Abhängigkeit von Signalstellungen unter Verwendung des Digital Plus Bremsgenerators LG 100 sucht man vergebens. Ebenso vermißt man Aussagen zum Thema genormte Elektrische Schnittstellen nach NEM 650 bis 654, obwohl gerade diese Technik die Digitalisierung von Fahrzeugen bedeutend vereinfacht und darüberhinaus Lok-Decoder mit Schnittstellenstecker im Handbuch aufgeführt sind.

> Der Einstieg mit dem Digital Plus Set wäre sicher einfacher, wenn eine eigens darauf abgestimmte Betriebsanleitung beigefügt wäre, die sich inhaltlich auf den Packungsinhalt des Digital Plus Sets beschränken würde – zumindest sollte das Handbuch um eine solche Beschreibung ergänzt werden.

Lok-Decoderangebot

Die Normung der Elektrischer Schnittstellen wurde von der Fa. Lenz aktiv mitgestaltet. Konsequenterweise sind daher nicht nur Lok-Decoder mit Anschlußdrähten, sondern auch solche mit H0-Schnittstellensteckern im Digital Plus Angebot. Obwohl beispielsweise die Firmen Trix und Roco für die Baugröße N Triebfahrzeuge mit einer nach NEM 651 genormten elektrischen Schnittstelle liefern, befindet sich im Angebot der Fa. Lenz noch

ÜBERSICHT LOK-DECODERANGEBOT DER FA. LENZ

Anbieter:	**Lenz**	**Lenz**	**Lenz**	**Lenz**	**Lenz**	**Lenz**
Lok-Decoder ohne Schnittstellenstecker:	LE 075 5) 6)	LE 030 1) LE 040 2)	LE 103 1)	LE 110	LE 130	–
Lok-Decoder mit Schnittstellenstecker:	–	–	LE 104	LE 111	LE 131	LE 230 4)
Einstellung der Lok-Decoder-eigenschaften ohne Öffnung der Lok:	ja	ja	ja	ja	ja	ja
Mit Handregler LH 100 einstellbare Fahrstufenzahl zur Geschwindigkeitssteuerung: 3)	14	28	28	28	28	28
Decoderinterne Stufenzahl (z.B. bei Regelung genutzt):	64	64	64	64	64	64
Motordrehzahlregelung integriert:	nein	ja	nein	nein	ja	ja
Lokbezogene Höchst-geschwindigkeitseinstellung:	nein	ja	ja	ja	ja	ja
Geschwindigkeitskennlinie lokbezogen einstellbar:	nein	ja	ja	ja	ja	ja
Mindestanfahrspannung vorwählbar:	ja, in 15 Stufen	ja, in 15 Stufen	ja, in 15 Stufen	ja, in 15 Stufen	ja, in 15 Stufen	ja, in 15 Stufen
Beschleunigung einstellbar:	ja, in 15 Stufen	ja, in 15 Stufen	ja, in 15 Stufen	ja, in 15 Stufen	ja, in 15 Stufen	ja, in 15 Stufen
Bremsverhalten einstellbar:	ja, in 15 Stufen	ja, in 15 Stufen	ja, in 15 Stufen	ja, in 15 Stufen	ja, in 15 Stufen	ja, in 15 Stufen
Maximalbelastbarkeit des Motorausganges:	0,5 A	0,7 A	1,0 A	1,0 A	1,0 A	2,0 A
Motorausgang thermisch gegen Überlast geschützt:	nein	ja	ja	ja	ja	ja
Zahl der Funktionen:	1	1	1	2	3	1 + 6
Maximalbelastbarkeit des Funktionsausganges:	0,1 A	0,1 A	0,1 A	0,3 A	0,1 – 0,5 A	0,1 – 0,5 A
Gesamtbelastbarkeit des Lok-Decoders:	–	0,7 A	–	1,2 A	1,2 A	–
Lok-Decoderabmessungen L x B x H in mm:	15,5 x 11,4 x 3,6 + 10,5 x 7,6 x 2,6	Typ LE 030: 35,5 x 11,5 x 3,3	40,5 x 17 x 4,5	25,0 x 17,0 x 7,0	27,0 x 17,0 x 7,0	70,0 x 30,0 x 12,0

1) Einseitig mit Bauteilen bestückter Lok-Decoder

2) Zweiseitig mit Bauteilen bestückter Lok-Decoder; daher nur etwa die halbe Baulänge aber etwa doppelt so dick wie der Typ LE 030

3) Lenz-Lok-Decoder können wahlweise mit 14, 27 oder 28 Fahrstufen betrieben werden. 28 Fahrstufen setzen das Update 2.0 bei Digital Plus voraus

4) Decoder verfügt über Schraubklemmenanschlüsse

5) Arnold lieferte früher einen baugleichen Lok-Decoder unter Artikel-Nr. 81103

6) Fertigung des Decoders LE 075 wurde 1997 eingestellt

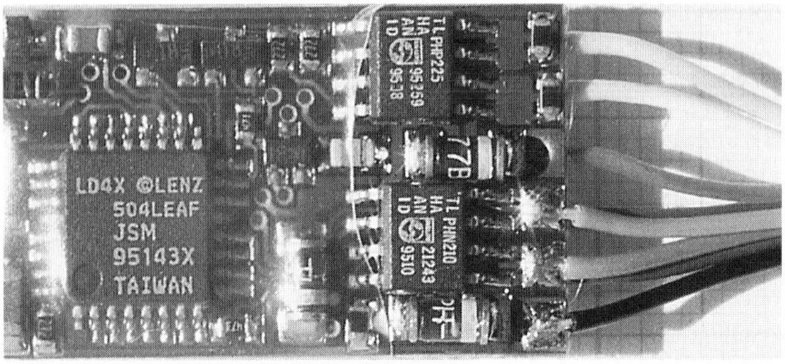

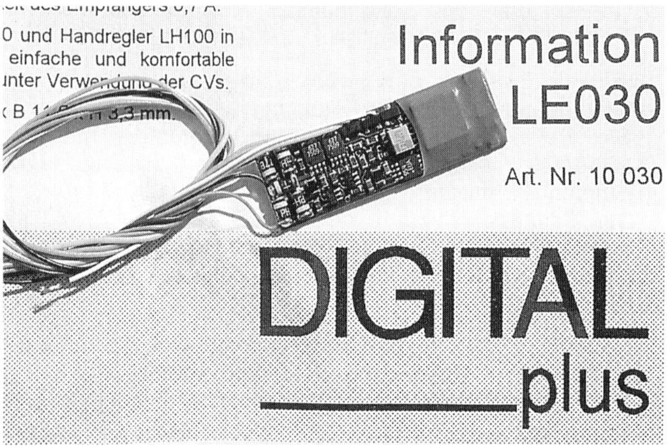

Als ein Beispiel aus dem umfangreichen Lok-Decoderangebot der für Baugröße H0 geeignete Typ LE 130 mit integrierter Motordrehzahlregelung

Als zweites Beispiel der für die Baugröße N gedachte Lok-Decoder Typ LE 030 ebenfalls mit integrierter Motordrehzahlregelung. Er ist wegen der einseitigen Bauteilebestückung zwar relativ lang, aber dafür besonders flach

kein N-Lok-Decoder mit Schnittstellenstecker. Die Tabelle vermittelt eine Übersicht.

Die Übersicht bedarf noch des Hinweises auf spezielle Funktions-Decoder. So ist unter der Bezeichnung LF 100 ein Decoder mit vier fernsteuerbaren Funktionen lieferbar. Er ist beispielsweise für den Einbau in einen Steuerwagen (Innenbeleuchtung ein/aus, Spitzenlicht weiß, Zugschluß rot) sehr gut geeignet und paßt aufgrund seiner geometrischen Gestaltung (26 x 13 x 7 mm) selbst in Fahrzeuge der Baugröße N.

Das Funktionsmodul LF 200 ergänzt den für Großbahnen geeigneten Lok-Decoder LE 230. Es besitzt vier einpolige (potentialfreie) Relaiskontakte als Ausgänge. Damit lassen sich Zusatzfunktionen mit hoher Stromaufnahme – wie ein Rauchgenerator – fernsteuern. Die Zusatzendstufe LP 200 dient ebenfalls der Ergänzung des Lok-Decoders LE 230. Sie wird für Fahrzeuge mit Motorströmen von über 2 Ampere oder für Fahrzeuge mit mehr als einem Motor benötigt.

Für Motoren mit Feldspulen (z.B. Märklin und Hag) ist ein spezieller Lok-Decoder mit der Bezeichnung LE 122 in Entwicklung.

Fahr- und Lok-Decodereigenschaften

Analog-Loks im Digitalstromkreis

Analog-Loks im Digital Plus Stromkreis reagieren auf die Befehle

- Lokadressenaufruf (Adresse 00),
- Fahrtrichtungswechsel,
- Geschwindigkeitssteuerung,
- lokbezogener Not-Halt und
- System-Not-Halt.

Anfahr- und Bremsverzögerung sind leider ebensowenig einstellbar wie eine fahrzeugtypspezifische Höchstgeschwindigkeit oder eine Mindestanfahrspannung. Deshalb verlaufen Geschwindigkeitsänderungen bei Analog-Loks relativ abrupt, sofern die Fahrzeuge über keine mechanische Schwungmasse verfügen. Die Langsamfahreigenschaften sind befriedigend. Weil keine Motordrehzahlregelung vorhanden ist, ist die Lastabhängigkeit unübersehbar.

Die Stirnlampenbeleuchtung brennt ständig; sie arbeitet bei diesen Einsatzbedingungen allerdings nicht mehr richtungsabhängig. Zusatzfunktionen (Licht, Dampfentwickler, o.ä.) sind erwartungsgemäß nicht fernsteuerbar.

Digital-Loks im Digitalstromkreis

Bei Digital-Loks läßt sich mit der Programmerfunktion des Handsteuergerätes LH 100 im Lok-Decoder eine auf die jeweiligen elektromechanischen Triebfahrzeugeigenschaften abgestimmte Mindestanfahrspannung einstellen. Damit wird erreicht, daß Triebfahrzeuge stets bei Fahrstufe 1 anfahren. Als Folge können zur Geschwindigkeitseinstellung immer alle 28 Stufen genutzt werden, es werden beispielsweise nicht etwa die Stufen 01 bis 04 „verschenkt". Der dem Digital Plus Set neuerdings beiliegende Lok-Decoder LE 130 verfügt über eine integrierte Motordrehzahlregelung. Deshalb funktioniert die Mindestanfahrspannungsvorgabe selbst bei wechselnden Anhängelasten und sogar auf Steigungs- bzw Gefälleabschnitten. Folglich leistet diese Funktion einen sichtbaren Beitrag zur Optimierung des Fahrverhaltens.

Bei Betätigung des lokspezifischen Not-Halts hält die gerade an einem Handsteuergerät aufgerufene Lok und bei System-Not-Halt stoppen alle in Betrieb befindlichen Fahrzeuge. Für beide Fälle gilt: Triebfahrzeuge ohne mechanische Schwungmasse halten ohne Verzögerung und damit mehr oder minder ruckartig. Folge ist bei langen Zügen eine gewisse Entgleisungsgefahr durch nachschiebende Wagen in Kurven und in Gefällestrecken. Loks mit mechanischer Schwungmasse verbuchen in diesem Fall Vorteile; eine Entgleisungsgefahr besteht bei ihnen nicht.

Während die Fahrspannung bei konventionellen Fahrpulten mit dem Geschwindigkeitsteuerknopf stufenlos eingestellt werden kann, geschieht die Geschwindigkeitssteuerung bei allen Digitalsteuerungen aus technischen Gründen mit lauter einzelnen Fahrstufen – also in „Schritten". Das muß durchaus kein Nachteil sein, denn wenn ausreichend viele Stufen vorhanden sind, werden die „Geschwindigkeitssprünge" zwischen den einzelnen Stufen so gering, daß sie als solche bei der Beobachtung des Fahrzeuges garnicht mehr wahrgenommen werden können. Es kommt bei Mehrzugsteuerungen also auf die Zahl der gebotenen Fahrstufen an. Digital Plus gestattet inzwischen eine Geschwindigkeitseinstellung mit 28 Fahrstufen. Damit steht eine feinfühlige Geschwindigkeitssteuerung zur Verfügung, die sich vorteilhaft auf das Fahrverhalten auswirkt.

Das nächste Kriterium lautet Höchstgeschwindigkeit. Digital Plus bietet heute bei allen Lok-Decodern die Möglichkeit zur lokbezogenen Einstellung der Maximalgeschwindigkeit. Damit lassen sich die bei den Vorbildfahrzeugen anzutreffenden Maximalgeschwindigkeiten recht gut auf den Modellbetrieb übertragen. Vor allem kommen die Geschwindigkeitsunterschiede zwischen den einzelnen Fahrzeugbaureihen gut zur Geltung. Die Geschwindigkeitssteuerung profitiert von dieser Einrichtung insofern, als die ohnehin geringen Abstände zwischen zwei Fahrstufen weiter verringert werden.

Eine Massensimulation leistet bekanntlich einen erheblichen Beitrag zur Steigerung der Vorbildtreue von Fahrzeugbewegungen. Bei Digital Plus können mit der Programmerfunktion im Lok-Decoder Anfahr- und Bremszeit getrennt voneinander in je 15 Stufen eingestellt werden.

Eine inzwischen von mehreren Herstellern erfolgreich angewandte Methode heißt Motordrehzahlregelung. Zwar hat diese Schaltungstechnik ursächlich nichts mit Digitalsteuerungen zu tun, aber erst die Integration einer solchen Schaltung in einen Lok-Decoder bringt die in anderem Zusammenhang beschriebene deutliche Verbesserung der Fahreigenschaften unter allen Betriebsbedingungen. Deshalb ist es sehr begrüßenswert, daß das Digital Plus Set nunmehr den Lok-Decodertyp LE 130 enthält, welcher über diese Spezifikation verfügt. Das Ergebnis sollte man am besten selbst „erfahren" – es ist schlichtweg überzeugend!

Jede Lokomotivbaureihe zeichnet sich beim Vorbild durch spezifische Eigenschaften aus. Wie perfekt sie auf Modell-Triebfahrzeuge und deren Fahrverhalten übertragen werden können ist ein Maß für die Güte einer Digitalsteuerung. Vor allem bei Verwendung der Lok-Decoder LE 030, LE 040, LE 130/131 und LE 230 (mit integrierter Motordrehzahlregelung) wird ein Höchstmaß an Fahrkomfort geboten. Mit diesem Technikfortschritt bereitet „Modellbahn fahren" wieder richtig Freude!

Fahreigenschaften in Signalhalteabschnitten

Wie verhalten sich mit Digital Plus gesteuerte Fahrzeuge (ohne mechanische Schwungmasse) in Signalhalteabschnitten? Digital-Loks halten bei Einfahrt in einen stromlos geschalteten Signalhalteabschnitt abrupt; sie beschleunigen jedoch bei auf FAHRT wechselnder Signalstellung allmählich und zwar jeweils mit der im Lok-Decoder programmierten Anfahrstufe. Analog-Loks bremsen ebenso plötzlich, sie fahren auch unvermittelt an. Als Pluspunkte bleiben festzuhalten,

– Digital-Loks beschleunigen – ohne jegliche Vorkehrungen – bereits vorbildgerecht und

– Analog-Loks reagieren auch beim Einsatz im Digitalstromkreis auf Signalstellungen.

Vorbildgerechte Bremsvorgänge erreicht man durch Verwendung eines Bausteins namens Bremsgenerator LG 100. Er speist bei HALT zeigendem Signal eine spezielle „Bremsspannung" in jeden Signalhalteabschnitt ein. Mit einem Bremsgenerator LG 100 und einem nachgeschaltetem Leistungsverstärker LV 100 lassen sich gleich zahlreiche Signalhalteabschnitte einer Modellbahnanlage mit Bremsspannung versorgen. Deren Anzahl hängt davon ab, wie viele Wagen mit Innenbeleuchtung in den Signalhalteabschnitten zum stehen kommen und dabei die Bremsspannung als Stromversorgung für die Beleuchtung in Anspruch nehmen. Ein Bremsgenerator LG 100 und ein Leistungsverstärker LV 100 können bis zu 3 Ampere zur Verfügung stellen.

Die modifizierte Digitalspannung des Bremsgenerators enthält eine Information, welche

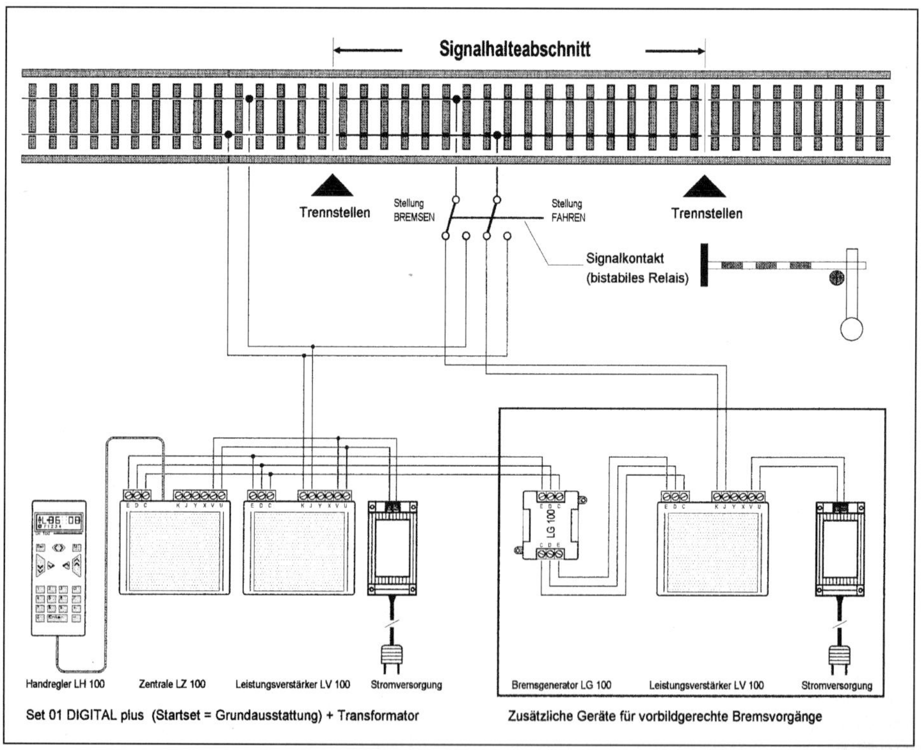

Für vorbildgerechte Bremsvorgänge in Abhängigkeit von Signalstellungen kann das Digital Plus Set durch einen Bremsgenerator LG 100 und einen Leistungsverstärker LV 100 ergänzt werden.

bei allen Digital-Loks und bei Analog-Loks einen Bremskommando auslöst.

Im Vergleich zu konventionellen Brems-/Anfahrschaltungen ist bei Digitalbetrieb als Vorteil zu werten, daß bei der Festlegung der Signalhalteabschnittslänge lediglich der Bremsweg berücksichtigt werden muß – man spart folglich die Länge der Anfahrstrecke, oder kann noch längere Bremsvorgänge nachbilden (siehe Abbildungen auf Seite 22).

Vorbildgerechte Bremsvorgänge in Abhängigkeit von Signalstellungen stellen für mit nur einer Zuglok bespannte Züge kein unüberwindliches Problem dar. Betrieb mit Wendezügen, Doppeltraktion und Nachschiebebetrieb sind jedoch auch bei Digitalbetrieb nicht ganz einfach realisierbar. Fährt beispielsweise die erste Lok in einen mit Bremsspannung versorgten Signalhalteabschnitt ein, dann bremst sie allmählich während die am Ende des Zuges befindliche zweite Lok unentwegt weiter schiebt, denn sie befindet sich ja außerhalb des Signalhalteabschnittes. Digital Plus bietet aber auch für dieses Problem einen – wenn auch etwas aufwendigen – Lösungsvorschlag.

Für zuggesteuerte (automatische) Betriebsabläufe können nur Lok-Decoder mit integrierter Motordrehzahlregelung empfohlen werden. Denn die Drehzahlregelung sorgt dafür, daß die Lage eines Signalhalteabschnittes (Ebene, Steigung, Gefälle) und die Anhängelast fast keinen keinen Einfluß mehr auf die Länge der Brems- und Anfahrwege haben. Sind Triebfahrzeughöchstgeschwindigkeit und Bremsstufe einmal richtig eingestellt, dann ist ein sicherer Blockbetrieb (kein überfahren von Signalhalteabschnitten) gewährleistet und die Züge halten sogar immer im gleichen Abstand vor dem Signalstandort.

Fernsteuerbare Funktionen

Zusatzfunktionen arbeiten bei Digital Plus auch nach Betätigung des lokspezifischen Not-Halts, des System-Not-Halts und sogar in mit Bremsspannung versorgten Signalhalteabschnitten. Solche Details heben dieses System von anderen in angenehmer Weise ab.

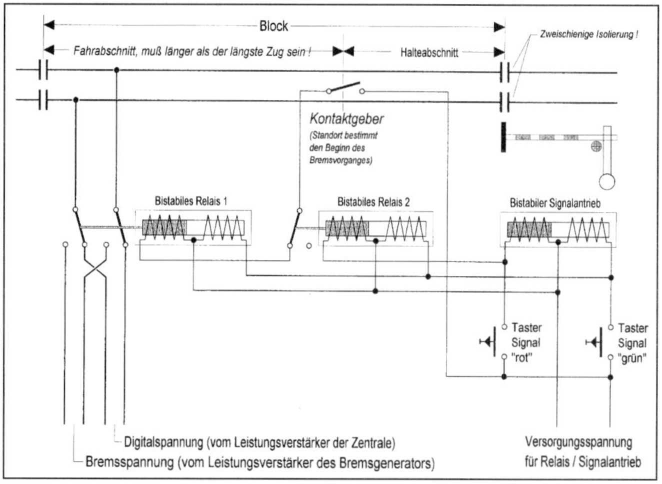

Schaltung für vorbildgerechte Brems- und Anfahrvorgänge in Abhängigjkeit von Signalstellungen geeignet für alle Zuggattungen – von der einzelnen Lok über Wendezüge, Triebwagen und Mehrfachtraktionen.

Hinsichtlich der Fernsteuerung von Funktionen bietet Digital Plus nahezu unbegrenzte Möglichkeiten. In Zusammenhang mit der Beschreibung der Lok-Decoder ist die jeweilige Zahl der über einen Lok-Decoder fernsteuerbaren Funktionen angegeben; bereits mit dem im Start Set enthaltenen Decoder sind drei Funktionen fernsteuerbar. Dabei sind fahrtrichtungsabhängig arbeitende Funktionen – beispielsweise für die Stirnlampenbeleuchtung von Triebfahrzeugen – ebenso verfügbar, wie richtungsunabhängige – beispielsweise zum ein/ausschalten von Dampfentwicklern oder Geräuschsimulationsbausteinen. Falls gewünscht, können mit der im Handsteuergerät integrierten Programmerfunktion standardmäßig fahrtrichtungsabhängige Funktionen sogar in richtungsunabhängige umprogrammiert werden.

Dreilichtspitzensignale von Triebfahrzeugen arbeiten in eingeschaltetem Zustand fahrtrichtungsabhängig und stets mit gleichbleibender Helligkeit. Somit kann selbst bei Fahrzeugstillstand an der Beleuchtung die aktuell eingestellte Fahrtrichtung erkannt werden.

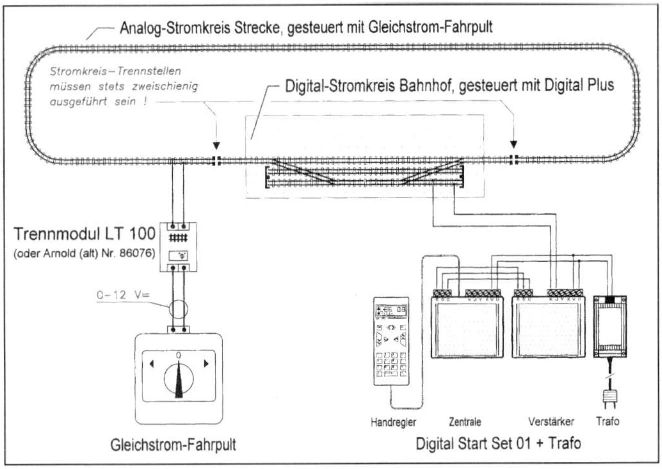

Kombination eines Anlalogstromkreises mit einem Digitalstromkreis. Dank der Digital Plus Eigenschaften fahren sowohl Analog- und Digital-Loks mit beiden Steuerungsarten. Einzige Bedingung ist die Ergänzung des Gleichstromfahrpultes durch ein sog. Trennmodul LT 100.

Wem die Zahl der in den Lok-Decodern selbst enthaltenen Funktionen nicht ausreicht, der kann durch die ebenfalls im Zusammenhang mit den Lok-Decodern bereits vorgestellten Funktions-Decoder die Zahl der fernsteuerbaren Funktionen weiter erhöhen.

Während bei anderen Digitalsteuerungen nur Bedienungselemente (Tasten) zur Betätigung von Funktionen vorhanden sind, wird auf dem LCD-Display des Handsteuergerätes LH 100 zusätzlich der Status jeder Funktion angezeigt.

Der Vollständigkeit halber sei erwähnt, daß mit dem Handsteuergerät LH 100 natürlich die in Roco-Fahrzeugen eingebauten Signalhörner (Lokpfeifen) ebenso ferngesteuert werden können, wie der Roco-Digitalkranwagen.

Kombination mit anderen Digitalsystemen

Andere Digitalsysteme sind

– Arnold Digital (ehemalige Fa. Arnold, angeboten zwischen Dezember 1988 bis Mai 1995)

– Märklin Digital = (Fa. Märklin, angeboten zwischen Mitte 1989 bis Mitte 1996)

– Roco Digital und

– LGB Digital

Stationäre Komponenten dieser Digitalsteuerungen lassen sich über das Übersetzungsmodul LC 100 mit Digital Plus kombinieren, also weiter verwenden. Dazu ein konkretes Beispiel: Wer Stellpulte (Keyboards der Firmen Märklin und Arnold) und Fahrstraßenstellpulte (Memory der Fa. Märklin) besitzt, kann diese Geräte weiterhin zum stellen von Magnetartikeln verwenden, wenn er zu Digital Plus aufsteigt.

Was in diesem Zusammenhang besonders wichtig erscheint: Die Digital-Loks dieser Anbieter können ohne jede weitere Vorkehrung mit Digital Plus gesteuert und programmiert werden.

Kombination von Analog- und Digitalstromkreisen

Triebfahrzeuge mit Digital Plus Lok-Decodern lassen sich auch auf üblichen Gleichstromanlagen mit herkömmlichen Gleichstromfahrpulten steuern. Sieht man einmal von der Stirnlampenbeleuchtung ab, so verhalten sie sich dabei wie jede Analog-Lok. Umgekehrt können Analog-Loks bei Digital Plus auch in Digitalstromkreisen gefahren werden.

Dieser Systemvorteil schafft die Voraussetzungen zur Kombination eines oder mehrerer Analogstromkreise mit einem Digitalstromkreis. Konventionelle Gleichstromfahrpulte müssen lediglich durch das Trennmodul LT 100 aus dem Digital Plus Angebot (früher gab es von Arnold das baugleiche Trennmodul Nr. 86076) ergänzt werden. Auf diese Weise kann ein vorhandenes Gleichstromfahrpult zum Betrieb auf einer freien Strecke weiter verwendet werden und mit Digital Plus läßt sich im Bahnhof rangieren.

Die sinnvolle Weiterverwendung ggf. vorhandener Gleichstromfahrpulte hat noch einen weiteren Effekt: Der Bedarf an Leistungsverstärkern LV 100 wird reduziert.

Erweiterungen und Vollversion

Die im Digital Plus Set 01 enthaltenen Komponenten stammen ausnahmslos aus dem Standardprogramm der Fa. Lenz. Deshalb bleibt – im Unterschied zu andern Digitalsteuerungen – bei einem weiteren Ausbau kein einziges Teil übrig.

Auf einer Modellbahnanlage existieren drei Aufgabenbereiche, nämlich

– FAHREN mit Fahrzeugen und betätigen von eingebauten Zusatzfunktionen,

– SCHALTEN von auf der Anlage befindlichen Verbrauchern wie Signale, Weichen, Gleisabschnitte (z.B. Signalhalteabschnitte), Entkupplungsgleise, Verladekran, Bahnübergang, Blinklichtanlagen, usw

– MELDEN von Fahrzeugstandorten (Gleisbesetztzustände und Gleisfreimeldungen), Übermittlung von zuggesteuerten Befehlen zur automatischen Betätigung von Weichen und Signalen, Rückmeldung von Signal- und Weichenstellungen

Das Digital Plus Start Set läßt sich nahezu unbegrenzt ausbauen. Hier eine stichwortartige Übersicht über das Gesamtprogramm:

Die Eigenschaft, Digital Plus nicht nur zum FAHREN verwenden zu können, sondern darüberhinaus zum SCHALTEN und MELDEN, verdeutlicht – neben dem Central Control 2000 von Trix – die Ausnahmestellung dieser Mehrzugsteuerung im Vergleich zu anderen Einsteiger-Geräten.

Qualität und Funktionssicherheit

Seit geraumer Zeit wird Digital Plus mit der Softwareversion 2.0 ausgeliefert. Bei dem im Start Set 01 enthaltenen Lok-Decoder LE 130 handelte es sich um die aktuellste Version.

Diese Komponenten arbeiten ausnahmslos fehlerfrei und zuverlässig. Digital Plus bietet heute in elektrischer und mechanischer Hinsicht Top-Qualität.

Angebotsübersicht Digital Plus

Kurzbezeichnung	Digital-Artikel
	Handbuch Digital Plus
LC 100	Übersetzungsmodul zur Kombination von Arnold-, Märklin=-, Lehmann- und Roco-Digitalkomponenten mit Digital Plus
LV 100	Leistungsverstärker 3 Ampere
LG 100	Bremsgenerator für vorbildgerechte Verzögerung in Signalhalteabschnitten
LT 100	Trennmodul für die Kombination digitaler und analoger Stromkreise auf einer Anlage
LK 100	Kehrschleifenmodul (für Digitalbetrieb)
LW 100	Stellwerk zum Betrieb von 16 x 16 Magnetartikeln mit Doppelspulenantrieb und integrierter Fahrstraßensteuerung für 64 Fahrstraßen
LW 120	Tastenmodul für Gleisbildstellpult
LW 130	Anzeigemodul für Gleisbildstellpult
LS 100	Schaltempfänger zum Anschluß von 4 Magnetartikeln mit Doppelspulenantrieb und echter Rückmeldung der Magnetartikelstellungen
LS 110	wie vor, jedoch ohne Rückmeldung
LS 120	wie vor, jedoch für 2 Lehmann EPL-Antriebe
LA 010	Adapter zum Anschluß motorischer Antriebe
LS 130	Schaltempfänger mit 2 Relaisausgängen mit je einem zweipoligen Umschalter und Eingängen zur zuggesteuerten Kontaktgabe (z.B. für einfache Blocksteuerungen)
LB 100	Gleisbelegtmelder für zwei Gleisabschnitte
LR 100	Rückmeldebaustein mit 16 Meldeeingängen
L I 100	Interface für Computerbetrieb

Diesen hohen Standard weisen alle Komponenten des Sets auf – angefangen von der Zentrale über den Leistungsverstärker und das Handsteuergerät. Dauerhafte Beschriftung der Tasten, exakt definierte Druckpunkte bei der Betätigung, solide Klemmen nach Industriestandard usw. sind augenscheinliche Merkmale.

Kosten

Bei den Einstiegskosten für das Digital Plus Set 01 ist natürlich unübersehbar, daß es sich um eine Profi-Digitalsteuerung handelt. Kostenreduzierend macht sich die Möglichkeit bemerkbar, auch Analog-Loks einsetzen zu können. Zweizugbetrieb ist schon mit nur

Ungefähre Digital Plus Preise

H0 Digital Plus Set 01:	
1 Stk Digital Plus Set (enthält Zentrale LZ 100, Leistungsverstärker LV 100, Handsteuergerät LH 100, Lok-Decoder LE 130, Digital Handbuch)	700,– DM
1 Stk Trafo (z.B. Titan, Typ 108, 60 VA)	105,– DM

einer Digital-Lok machbar und der dafür erforderliche Lok-Decoder ist Bestandteil des Digital Plus Sets.

Zusammenfassung

Digital Plus gefällt insbesondere durch:

– Höchstmaß an Kompatibilität

– modularen Aufbau und die daraus resultierende schrittweise Ausbaumöglichkeit

– Update-Service

– elektrische Leistung (Ausgangsstrom bis 3 Ampere)

– mobiles Handsteuergerät mit benutzergeführter Bedienung über das LCD-Display

– lokspezifische Programmierbarkeit sämtlicher Triebfahrzeugeigenschaften

– hohen Fahrkomfort

– N- und H0-Lok-Decoder mit Motordrehzahlregelung, sowie Varianten mit und ohne Schnittstellenstecker

– Aufstiegsmöglichkeit unter Beibehaltung der Digital-Loks von den Systemen Arnold Digital (alt), Märklin Digital=, LGB Digital und Roco Digital zu Digital Plus

– nahezu unbegrenzte Ausbaumöglichkeiten für digitales FAHREN, SCHALTEN und MELDEN

– Qualität der Komponenten und Funktionssicherheit

7 Arnold Commander 9

Arnold Digital zählte einst speziell für N-Bahner zur ersten Adresse. Ein herausragendes Maß an Kompatibilität und vor allem das durchdachte Digital-Umrüstkonzept für N-Loks lauteten zwei der vielen Systemvorzüge. Der avisierte Commander 9 zwingt nun zur Ausrüstung aller N- und H0-Fahrzeuge mit Lok-Decodem. Als Besonderheiten werden eine feinfühlige Geschwindigkeitssteuerung, Decoder mit Motordrehzahlregelung und die Möglichkeit zur Steuerung von bis zu acht Magnetartikein angekündigt.

Arnold Digital alt und neu – eine Erläuterung

Die ursprüngliche Firma Arnold – der „Pionier der N-Bahnen" – war der erste Modellbahnhersteller, der das in der von der Fa. Lenz Elektronik entwickelten Digitalsystem steckende Potential erkannte und vor allem auch entsprechend handelte.

Im Dezember 1988 kam Arnold Digital auf den Markt; die erste kompatible Mehrzugsteuerung für N- und H0-Gleichstrombahnen.

Die Steuerung war nicht nur zum Betrieb von bis zu 98 Digital-Loks und einer Analog-Lok ausgelegt; nach entsprechender Erweiterung konnten zusätzlich bis zu 256 Magnetartikel gesteuert werden.

Im Herbst 1992 folgte mit dem Commander 6 und dem sog. Zusatzfahrregler eine echte Digital-Einsteigersteuerung – ebenfalls mit den Vorzügen einer uneingeschränkten Kompatibilität ausgestattet, von der Fa. Lenz entwickelt und gefertigt. Der Commander 6 gefiel unter anderem durch seine einfache, von herkömmlichen Gleichstromfahrpulten gewohnte Bedienung.

Im Mai 1995 geriet die Fa. Arnold in Schwierigkeiten und in Folge davon war ihr Digitalsystem – abgesehen von Lagerbeständen – nicht mehr erhältlich. In dem Firmenverbund Rivarossi/Jouef/Lima/Arnold fand man eine neue Heimat.

Bereits anläßlich der Nürnberger Spielwarenmesse 1996 wurde ein neue, weiterentwickelte Arnold Digital Steuerung angekün-

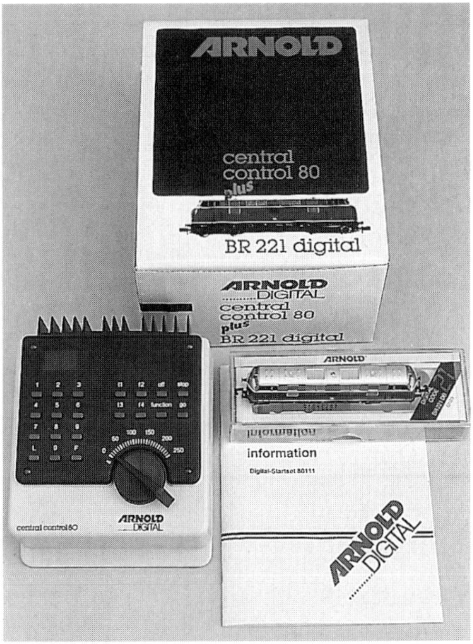

So sah die ehemals zum Betrieb von bis zu 99 Triebfahrzeugen geeignete Arnold Start-Packung bestehend aus einer voll ausbaufähigen Zentrale mit integriertem Fahr-Gerät und einer Digital-Lok aus

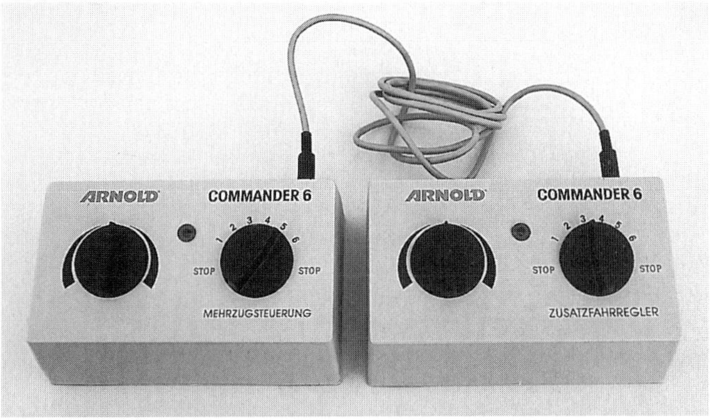

Ehemals von Arnold angebotener Commander 6 – hier erweitert um den sog. Zusatzfahrregler für einen weiteren Mitspieler – zum Betrieb von bis zu fünf Digital-Loks und einer Analog-Lok

digt. Im Arnold Katalog 1996/97 wurde der Digital-Interessent um Geduld gebeten. Auf dem Messestand 1997 in Nürnberg waren schließlich einige vorführbereite Handmuster von stationären Geräten des neuen Arnold Digitalsystems eingesetzt. Die zugehörigen Lok-Decoder waren hingegen nicht zu sehen.

Zum Zeitpunkt der Drucklegung dieses Buches – Sommer 1997 – war Arnold Digital (neu) noch nicht verfügbar. Die vergleichsweise knappe Beschreibung der Systemeigenschaften basiert auf Prospektangaben des Firmenverbundes Rivarossi/Jouef/Lima/Arnold. Zur Unterscheidung ist die früher erhältliche Steuerung Arnold Digital mit dem Zusatz „alt" versehen.

Verwendungsmöglichkeiten

Der Commander 9 ist für Zweischienen-Zweileiter-Gleichstrombahnen der Baugrößen N und H0 ausgelegt. Das Gerät dient dem Einsatz von bis zu 9 Digital-Loks mit alten und neuen Arnold Lok-Decodern. Außerdem lassen sich mit diesem Einsteiger-Gerät zusätzlich bis zu 8 Magnetartikel mit Doppelspulenantrieb (Weichen, Signale) steuern.

Kompatibilität

Arnold bot bis zum Mai 1995 mit seinem Einsteigergerät Commander 6 ein Optimum an Kompatibilität. Insbesondere für N-Bahner war es ein kaufentscheidendes Argument, auch im Digitalstromkreis Analog-Loks einsetzen zu können, weil bei dieser Baugröße in bestimmte Fahrzeuge – beispielsweise in eine Köf – einfach kein Lok-Decoder hineinpaßt.

Der neue Commander 9 bietet diesen Vorzug leider nicht mehr. Künftig handelt es sich um bei Arnold Digital (neu) eine artreine Digitalsteuerung, das heißt, jede N- oder H0-Lok muß mit einem Lok-Decoder ausgerüstet werden. Diejenigen N-Loks, in denen das aus räumlichen Gründen nicht gelingt, sind vom Betrieb auf Digitalanlagen ausgeschlossen.

Alle Digital-Loks des früheren Arnold Digitalsystems können mit dem neuen Commander 9 gesteuert werden. Auch Fahrzeuge mit Lok-Decodern aus dem Hause Lenz und Lokomotiven mit Decodern des Systems Märklin Digital= sollen betrieben werden können.

Warum fahren bei Arnold Digital (neu) keine Analog-Loks mehr?

Der Betrieb von Analog-Loks im Digitalstromkreis ist patentrechtlich bis ins Jahr 2000 geschützt. Die Patente lauten auf den Namen Bernd Lenz. Solange zwischen den Firmen Arnold und Lenz eine vertragliche Bindung bestand, durfte Arnold von den Patenten partizipieren. Dies war bis Mai 1995 der Fall. Zwischen dem Firmenverbund Rivarossi/Jouef/Lima/Arnold und der Fa. Lenz bestehen keine vertraglichen Vereinbarungen über Patentnutzungsrechte.

Das nun angekündigte Arnold Digital System stammt nicht mehr aus der Entwicklungsabteilung der Fa. Lenz. Deshalb fehlt dem neuen Arnold Digital die – insbesondere für N-Bahner – eigentlich unverzichtbare Eigenschaft, in Digitalstromkreisen auch Analog-Loks einsetzen zu können.

Aufbau

Die Grundausstattung besteht aus einem Trafo zur Stromversorgung und dem stationären Commander 9, sowie ausschließlich Digital-Loks. Damit gestaltet sich der Aufbau ebenso einfach und fehlerfrei wie z.B. bei Märklin Delta.

Bedienungskonzept

Arnold hat sich – wie schon bei dem früher angebotenen Commander 6 – für eine „serielle" Zugsteuerung entschieden. Beim Commander 9 handelt es sich wieder um ein ortsfestes Gerät.

Stromversorgung und Anschluß

Zur Stromversorgung des Commander 9 wird eine externe Stromversorgung benötigt, wobei es sich um einen Trafo mit einem 16 Volt Wechselspannungsausgang handeln muß. Wird der maximale Ausgangsstrom des Commanders 9 von 2,0 Ampere gebraucht, dann muß zur Versorgung natürlich ein Trafo verwendet werden, der bei 16 Volt mindestens 2,0 Ampere liefert.

Der Commander 9 wird zwischen Trafo und Gleisanlage eingeschleift. Zwei Leitungen zwischen Stromversorgung und Commander 9, sowie die beiden Anschlüsse an die Gleise bilden den gesamten „Verdrahtungsaufwand".

Inbetriebnahmevorbereitungen

Zu diesem Punkt sind noch keine Aussagen möglich. Auch ist derzeit nicht bekannt, ob betriebsbereite Startpackungen mit werksseitig programmierten Digital-Loks angeboten werden, oder ob man sich auf die Lieferung von einzelnen Digitalkomponenten beschränkt.

Bedienung

Die pultförmige Geräteoberfläche ist durch einen großen Endlos-Drehknopf (ohne die von der Einknopfbedienung bei Gleichstromfahrpulten bekannte Mittelstellung), eine dreistellige LED-Anzeige und Tasten gekennzeichnet.

Die Geschwindigkeitssteuerung arbeitet mit 28 Fahrstufen, also doppelt so vielen Schritten wie beim Vorgängermodell. Der Commander 9 ist zur Programmierung der Lokadressen 1 bis 9 ausgelegt.

Weitere Bedienungsstellen

Eine Erweiterungsmöglichkeit um eine zweite oder gar mehrere Bedienungsstellen für weitere Mitspieler ist angekündigt.

Fahrzeugangebot

Betriebsfertige Digital-Loks

Der anläßlich der Spielwarenmesse 1996 erhältliche Neuheitenkatalog enthielt schon zahlreiche N-Digital-Loks die früher nicht als solche erhältlich waren. Als Beispiele seien die Ellok Ce 6/8 (Krokodil) und die S 3/6 (BR 018) genannt. Im Arnold Katalog 1996/97 waren mehrere der angekündigten Digital-Loks allerdings schon nicht mehr aufgeführt. Trotzdem enthält der Arnold Katalog 1996/97 das respektable Angebot von 46 betriebsfertigen Arnold-Digital-Loks – nur geringfügig weniger als vor dem Zusammenschluß mit Rivarossi.

Die Angebotssituation auf dem Digital-Triebfahrzeugsektor wird sich vermutlich erst stabilisieren, wenn die angekündigten Lok-Decoder für die Baugrößen N und H0 tatsächlich verfügbar sind und deren endgültige Einbaumaße festliegen.

Nachrüstkonzept

Arnold führte bereits ab 1988 ein durchdachtes Nachrüstkonzept für mehr als 100 hauseigene N-Modelle ein. Dabei muß in der Regel nur die Platine einer Analog-Lok gegen eine Platine mit integriertem Lok-Decoder (sog. Nachrüst-Lok-Decoder) getauscht werden. Einzelheiten gehen aus Kapitel 1 hervor.

Wurde früher gerade das Nachrüstkonzept durch übersichtliche Tabellen (welcher Nachrüst-Lok-Decodertyp für welche Loktype, einschließlich zwischenzeitlich nicht mehr lieferbarer Lokmodelle) im Arnold-Katalog deutlich hervorgehoben, so sucht man danach im neuen Katalog vergebens. Die Zukunft des Nachrüstkonzeptes ist momentan nicht zu übersehen.

Lok-Decoderangebot

Avisiert sind zwei Lok-Decodertypen, einer für N-Fahrzeuge und ein weiterer für Fahrzeuge der Baugröße H0. Der H0-Decoder soll wahlweise mit genormtem Schnittstellenstecker lieferbar sein. Die Tabelle enthält hierzu die bislang veröffentlichten Details

Avisierte Arnold Lok-Decodereigenschaften

Anbieter:	**Arnold (alt)**	**Arnold**	**Arnold**
Lok-Decoder ohne Schnittstellenstecker:	Nr. 81103 (LE 075)	Nr. 81210	Nr. 81200
Lok-Decoder mit Schnittstellenstecker nach NEM:	–	–	Nr. 81201
Geeignet für Baugröße	N	N	H0
Einstellung der Lok-Decoder-eigenschaften ohne Öffnung der Lok	ja	ja	ja
Adressen für Digital-Loks	1 bis 99	1 bis 119	1 bis 119
Adresse für Analog-Lok	80	keine	keine
Eignung für Betrieb auf herkömmlichen Gleichstromanlagen:	ja	ja	ja
Fahrstufenzahl zur Geschwindigkeits-steuerung:	14	28	28
Motordrehzahlregelung integriert:	nein	ja	ja
Lokbezogene Höchstgeschwindigkeits-einstellung:	nein	ja	ja
Geschwindigkeitskennlinie lokbezogen einstellbar:	nein	ja	ja
Beschleunigung einstellbar	ja, in 15 Stufen	ja, in 31 Stufen	ja, in 31 Stufen
Bremsverhalten einstellbar	ja, in 15 Stufen	ja, in 31 Stufen	ja, in 31 Stufen
Maximalbelastbarkeit des Motorausganges	0,5 A	0,75 A	1,5 A
Zahl der Funktionen:	1	2	2
Motor- u. Funktionsausgänge kurzschlußfest	nein	ja	ja
Lok-Decoderabmessungen L x B x H in mm	15,5 x 11,4 x 3,6 + 10,5 x 7,6 x 2,6	maximal 18 x 13 x 5	maximal 26 x 20 x 5,5

und einen Vergleich zu den Eigenschaften von Arnold Digital (alt) am Beispiel des N-Lok-Decoders Nr. 81103.

Fahreigenschaften

Zur Geschwindigkeitssteuerung stehen bei Arnold Digital (neu) 28 Fahrstufen zur Verfügung, also doppelt so viele wie früher. Das dürfte sich auf die Feinfühligkeit der Geschwindigkeitssteuerung positiv auswirken. Gleichermaßen erfreulich wie sachgerecht erscheint die Entscheidung, beide Lok-Decodertypen serienmäßig mit einer Motordrehzahlregelung auszurüsten.

Weitere, ein vorbildgetreueres Fahrverhalten fördernde Eigenschaften – wie in 31 Stufen einstellbares Beschleunigungsverhalten, oder ebenfalls in 31 Stufen getrennt davon wählbares Bremsverhalten – sind in den Lok-Decodern zwar integriert, aber mit dem Einsteiger-Gerät nicht beeinflußbar. Beschleunigung, Bremsverhalten und lokspezifische Höchstgeschwindigkeit lassen sich nur mit der Vollversion von Arnold Digital (neu) einstellen bzw nutzen. Für die Praxis heißt das, daß mit identischen Digital-Loks – allein durch den Aufstieg zur Vollversion Arnold Digital – vorbildgerechtere Fahreigenschaften erzielt werden.

Fahreigenschaften in Signalhalteabschnitten

Aus der Prospektangabe, daß der Commander 9 auch als Bremsgenerator Verwendung finden kann, darf geschlossen werden, daß vorbildgerecht verlaufende Bremsvorgänge in Abhängigkeit von Signalstellungen realisierbar sein werden.

Fernsteuerbare Funktionen

Die Lok-Decoder sind mit zwei fernsteuerbaren Funktionen ausgestattet, wovon eine für die fahrtrichtungsabhängige Umschaltung der Stirnlampenbeleuchtung vorgesehen ist.

Magnetartikel schalten

Der Commander 9 kann durch bis zu zwei Arnold Digital S 4 Weichenempfänger erweitert werden. Die Ergänzung erlaubt die Steuerung von bis zu acht Magnetartikeln mit Doppelspulenantrieb (Signale, Weichen).

Die Steuerung von Magnetartikeln mit einem Einsteigergerät stellt zweifellos eine Besonderheit dar.

Aufstieg zur Vollversion

Sollte der Commander 9 gestiegenen Ansprüchen nicht mehr genügen, oder der Wunsch aufkommen, zusätzlich in größerem Maße digital SCHALTEN zu wollen, dann kommt ein Aufstieg zur Vollversion Arnold Digital (neu) in Betracht. Dabei kann der Commander 9 als Bremsgenerator für vorbildgerecht verlaufende Bremsvorgänge in Signalhalteabschnitten sinnvoll weiter verwendet werden.

Arnold Digital bietet viel für den Fahrbetrieb und das digitale SCHALTEN, aber in den Unterlagen sind noch keine Angaben über die Möglichkeiten zum MELDEN von Magnetartikelstellungen und vor allem von Gleisbelegt- bzw. -besetztzuständen enthalten.

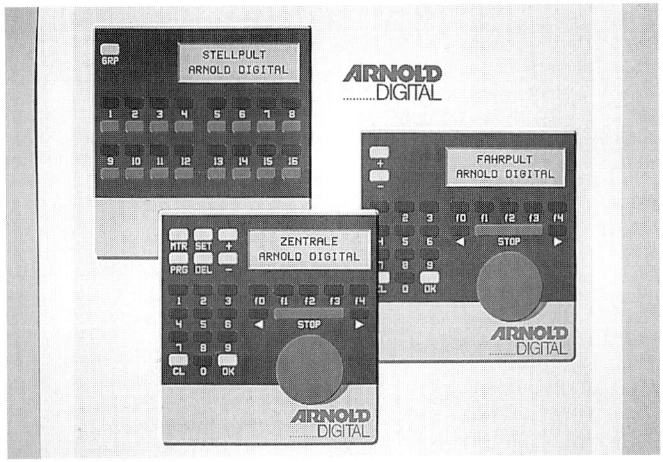

So sieht das „neue Arnold Digital Konzept" laut Prospektangabe aus; stationäre Zentrale mit integriertem Fahr-Gerät, einzelnes Fahr-Gerät und Tastenstellpult zur Betätigung von Magnetartikeln

Übersicht der avisierten Vollversion Arnold Digital (neu)

Artikel Nr.	Digital-Artikel
86200	Digitalzentrale mit integriertem Fahrpult und Programmierfunktion, 3,0 Ampere, 119 Lokadressen, 10 Mehrfachtraktionen mit maximal 4 Loks, 28 Fahrstufen, beleuchtete Anzeige mit 2 x 16 Zeichen und Hilfe-Funktion, seitliche Anschlüsse für Fahrpulte und Stellpulte kompatibel zu Arnold Digital (alt) und Märklin, Ausgänge für Fahrbetrieb und Programmiergleisabschnitt
86205	Leistungsverstärker 3,0 Ampere
86210	Fahrpult, 119 Lokadressen, 10 Mehrfachtraktionen mit maximal 4 Loks, 28 Fahrstufen, beleuchtete Anzeige mit 2 x 16 Zeichen und Hilfe-Funktion
86220	Stellpult für bis zu 256 Magnetartikel, während des Betriebes umschaltbar auf jede beliebige Weichengruppe, beleuchtete Anzeige mit 2 x 16 Zeichen
86250	Weichenempfänger für H0 und N, stellt vier Weichen oder Signale, Adressen von 1 bis 256 programmierbar, hohe Schaltleistung durch Energieversorgung aus separatem Trafo mit 16 V Wechselspannung, mehrere Weichen pro Ausgang schaltbar, Kurzschluß- und Überlastsicherung, Schraubklemmenanschlüsse
86900	Arnold Digital Software DIGIPLUS 4.0
86240	Interface
7098	Transformator 50 VA, 16 Volt

Zusammenfassung

Ein fundiertes Fazit kann momentan nicht gezogen werden. So läßt sich über wichtige Kriterien – wie Bedienungsfreundlichkeit, Fahrverhalten und Preis – keine Aussage machen.

Das vorgestellte Bedienungskonzept für den Commander 9 – nämlich nur ein ortsgebundenes Gerät – vermag nicht so recht zu überzeugen. Zum Spiel im Team ist diese Neuheit kaum prädestiniert.

Die Katalogangaben bestätigen ferner einen – insbesondere für N-Bahner – erheblichen Nachteil des neuen Commanders 9: der Einsatz von Analog-Loks im Digitalstromkreis ist künftig ausgeschlossen. In diesem Punkt reicht Arnold Digital „neu" schon von der Papierform her gesehen nicht an seinen Vorgänger Arnold Digital „alt" heran.

Positiv hervorzuheben sind die hohe Fahrstufenzahl und die serienmäßige Motordrehzahlregelung, welche für einen guten Fahrkomfort sorgen dürften. Ebenso zweckmäßig erscheint, daß bei einem Aufstieg zur Vollversion vorhandene Geräte – Trafo und Commander 9 – sinnvoll weiter verwendet werden können.

8 Trix Central Control 2000

Das ortsfeste Gerät ist zur Steuerung von bis zu neun Digital-Loks der Baugrößen N und H0 ausgelegt. Alle Loks rnüssen mit einem Lok-Decoder ausgerüstet sein. Herausragende Merkmale sind die guten Fahreigenschaften und die uneingeschränkte Erweiterbarkeit des Einsteiger-Gerätes bis hin zum digitalen Schalten von Magnetartikein und der Meldung besetzter und freier Gleisabschnitte.

Verwendungsmöglichkeiten

Im Jahr 1983 hat Trix als erster Großserienhersteller seine Mehrzugsteuerung Trix Selectrix für Zweischienen-Zweileiter-Gleichstrombahnen der Baugrößen N und H0 vorgestellt.

Trix offeriert N- und H0-Bahnern je eine komplette betriebsbereite Startpackung mit Digitalsteuerung, Digital-Lok, Güterwagen, zwei Weichen, Gleisen, usw. Das in der Startpackung enthaltene Digitalgerät Central Control 2000 ist auch einzeln erhältlich. So kann der Anwender wahlweise seinen Digitalstart individuell gestalten.

Das Central Control 2000 ist mehr als ein übliches Einsteiger-Gerät – es enthält nämlich bereits eine vollwertige Zentraleinheit, eine Programmiereinheit und zusätzlich eine für bis zu neun Digital-Loks der Baugrößen N und H0 geeignete Fahrzeugsteuerung.

Eine weitere Besonderheit: Neben Fahrzeugen mit hauseigenen Selectrix-Lok-Decodern lassen sich innerhalb eines Digitalstromkreises zusätzlich Triebfahrzeuge mit Lok-Decodern anderer Fabrikate steuern.

Natürlich drängt sich nach der am 01.01.97 erfolgten Übernahme der Fa. Trix durch die Fa. Märklin die Frage nach der Zukunft der Selectrix-Steuerung auf. Bekanntlich hatte Märklin in der Vergangenheit schon einmal zwei technisch unterschiedliche Systeme im Angebot und hat sich mittlerweile ausschließlich auf das „Motorola-Format" konzentriert – nicht zuletzt weil die technische Weiterentwicklung und die Produktion von zwei Systemen nicht gerade als kostengünstige Lösung zu bezeichnen ist.

Kompatibilität

Selectrix ist seit der Vorstellung im Jahre 1983 als artreine Digitalsteuerung konzipiert. Diesem Grundsatz ist man auch bei der Weiterentwicklung Central Control 2000 treu geblieben. Zwar hat diese Entscheidung technische Vorzüge, aber für den Anwender bringt sie auch Nachteile mit sich. Nach und nach eine Analog-Lok nach der anderen in eine Digital-Lok umrüsten – so wie das beispielsweise bei Digital Plus funktioniert – das geht bei Selectrix leider nicht. Mit herkömmlichen Gleichstrom-Fahrpulten können nur Selectrix-Loks fahren, in welchen der Decoder Nr. 66832 eingebaut ist. Mit allen anderen Lok-Decodertypen funktioniert diese Betriebsweise nicht.

Aber in anderer Hinsicht wird Kompatibilität geboten: Neben Fahrzeugen mit Selectrix-Lok-Decodern können mit diesem Gerät auch Digitalfahrzeuge folgender Systeme gesteuert werden:

- Arnold Digital (alt),
- voraussichtlich Arnold Digital (neu),
- Digital Plus,
- LGB Digital,
- Märklin Digital= und
- Roco Digital.

Mit dem Central Control 2000 lassen sich

- bis zu neun Lokomotiven mit Selectrix-Lok-Decoder oder
- bis zu fünf Lokomotiven mit Selectrix-Lok-Decodern und zusätzlich bis zu vier Fahrzeu-

Als Einstiegslösung eine Stromversorgung mittels vorhandenem Fahrpult für das Central Control 2000 – ein pultförmiges Fahr-Gerät reicht zum verdrahtungsfreien Betrieb von bis zu neun Zügen

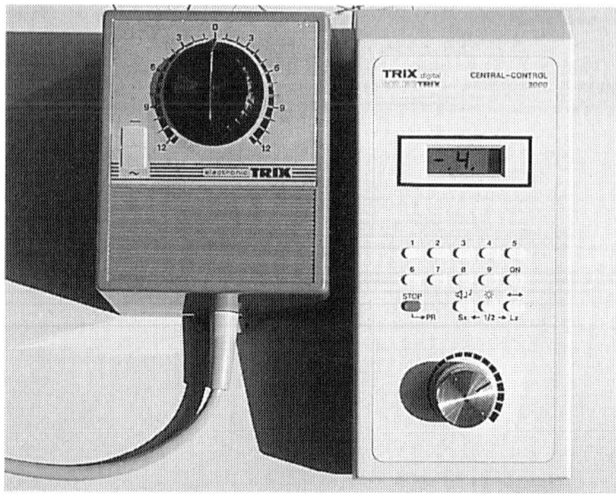

ge mit Decodern der vorgenannten Fabrikate, oder

– bis zu neun Lokomotiven mit Lok-Decodern der vorgenannten Fabrikate

innerhalb eines Digitalstromkreises gemeinsam, aber unabhängig nach Fahrtrichtung und Geschwindigkeit steuern.

Diese Art der Kompatibilität ist eine Besonderheit. Für Hobby-Einsteiger dürfte diese Eigenschaft allerdings weniger interessant sein. Bestenfalls hat dieses Spezifika für Umsteigewillige von anderen Systemen eine Bedeutung.

Eine Lok mit gezieltem Tastendruck aufrufen geht schneller, als an einen Knopf über mehrere Positionen in die gewünschte Stellung zu drehen

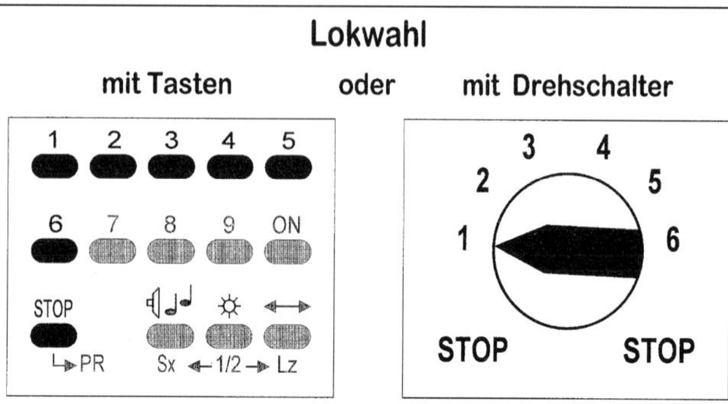

Einen Drehschalter von einer Endstellung in die andere zu drehen dauert länger, als gezielt eine Taste zu drücken - dies gilt insbesondere für den Not-Halt! Aber einer Taste sieht man ihre Stellung nicht an, deshalb wird zusätzlich eine Anzeige benötigt.

Aufbau

Zur Betriebsaufnahme reichen neben Digital-Loks bereits ein Trafo und die Central Control 2000. Letztere ist zwar in einem leichten, aber von der Konzeption her ortsgebundenen, pultförmigen Gehäuse (Breite 105 mm, Länge 221 mm, maximale Höhe 94 mm) untergebracht.

Mit Hilfe der zahlreichen Ausbauvarianten läßt sich ein allen Anforderungen – zentrale und dezentrale Aufstellung, sowie ortsveränderliche Bedienung – entsprechender Aufbau der Fahrzeugsteuerung verwirklichen. Diese Möglichkeiten werden an anderer Stelle erläutert. Zusätzlich zu den einzeln erhältlichen Digitalbausteinen bietet Trix – wie eingangs erwähnt – vollständige Selectrix-Startpackungen mit Trafo, Central Control 2000, Lok, Wagen, Gleisen und Weichen an – getreu dem Motto: kaufen, auspacken und losfahren.

Bedienungskonzept

Auch dieses Gerät hat eine „serielle" Bedienung. Eine Lok wird aufgerufen, Fahrtrichtung und Geschwindigkeit eingestellt und anschließend die nächste Lok aufgerufen. Währenddessen fährt die erste Lok mit den eingestellten Fahrbefehlen so lange weiter, bis sie wieder aufgerufen, oder durch ein HALT zeigendes Signal mit Zugbeeinflussung gebremst wird.

Allerdings erfolgt die Fahrzeugauswahl hier nicht mit einem Lokwahlschalter, sondern mit neun Tasten. So ist jede der maximal neun Lokomotiven mit einem einzigen Tastendruck gezielt und besonders schnell aufrufbar. Auch die Fahrtrichtungswahl geschieht über eine Taste. Zur Steuerung der Geschwindigkeit dient der bewährte Drehknopf.

Im Unterschied zu vielen Einsteiger-Geräten verfügt das Central Control nicht nur über Bedienungselemente, sondern zusätzlich über ein LCD-Display zur Anzeige von Betriebszuständen.

Stromversorgung und Anschluß

Zur Versorgung des Central Control 2000 wird eine externe Stromversorgung benötigt. Es kann jedes Gerät verwendet werden, das zwischen 14 und 16 Volt (maximal 18 Volt) Wechselspannung oder 18 bis 20 Volt (maximal 24 Volt) Gleichspannung zur Verfügung stellt. Natürlich vermag das Central Control 2000 höchstens so viel Ausgangsstrom zu liefern, wie ihm eingangsseitig von der Stromversorgung bereit gestellt wird. Benötigt man den maximalen Ausgangsstrom von 2,5 Ampere, dann muß ein entsprechend leistungsfähiger Modellbahn-Lichtstrom-Trafo verwendet werden. Der Ausgangsstrom reicht zum gleichzeitigen Betrieb von vier bis fünf H0-Zügen, oder etwa sechs Zügen der Baugröße N.

Mit einem Ausgangsstrom von 2,5 Ampere zählt das Central Control 2000 zu den leistungsfähigen Digital-Einsteiger-Geräten.

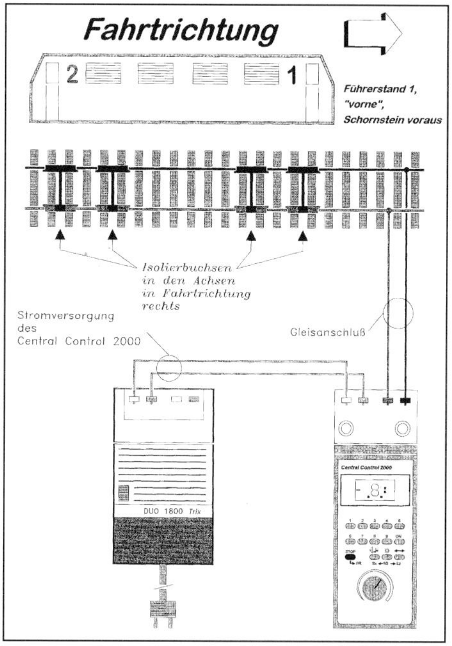

Anschluß Central Control 2000

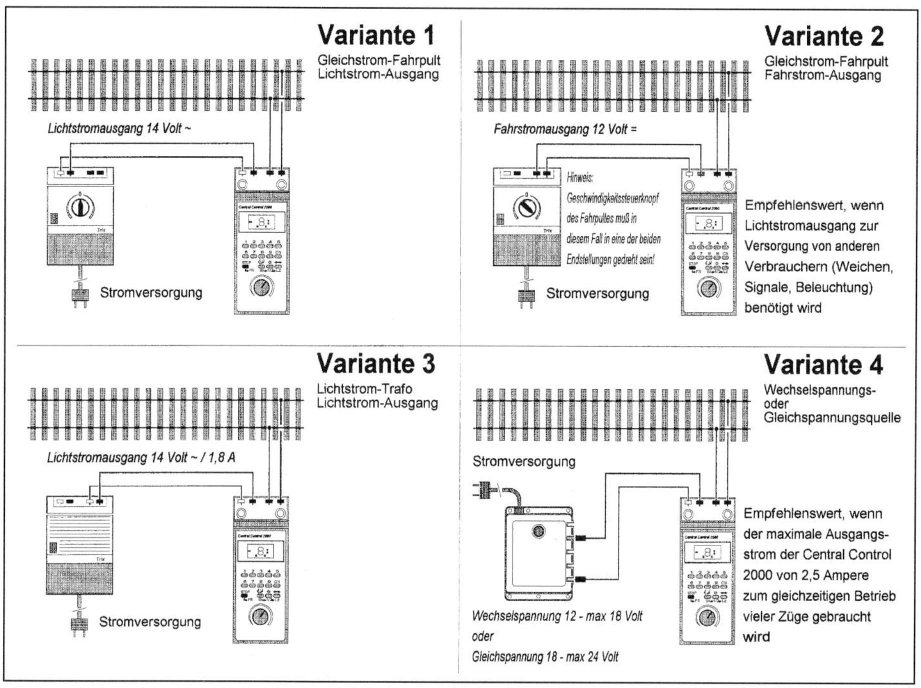

Stromversorgungsvarianten für das Central Control 2000

Der den Startpackungen beiliegende Stromversorgungstrafo liefert allerdings nur etwa 1 Ampere. Diese Vorgehensweise erscheint nicht sonderlich konsequent. Baut der Kunde die Startpackung anschließend aus und möchte die Leistung des Central Control 2000 nutzen, so muß er den Startpackungstrafo gegen eine leistungsfähigere Ausführung tauschen.

Das Central Control 2000 ist über je zwei Leitungen an die Stromversorgung und an die Schienen anzuschließen. Die Mehrzugsteuerung entspricht den VDE-Sicherheitsbestimmungen, wenn zur Stromversorgung ein VDE-geprüfter Modellbahn-Trafo verwendet wird.

Inbetriebnahmevorbereitungen

Folgende Betriebsmodi stehen zur Wahl:

– Betrieb von Fahrzeugen mit Selectrix-Lok-Decodern,

– Mischbetrieb (Selectrix-Loks und Fahrzeuge mit Lok-Decodern anderer Fabrikate) und

– Betrieb von Fahrzeugen mit Lok-Decodern der „Lenz-Familie".

Logischerweise muß man sich für eine der drei Betriebsarten entscheiden. Das geschieht durch gleichzeitigen Druck auf die rote STOP-Taste und eine der drei Betriebsartentasten. Die Wahl wird im Display des Gerätes angezeigt und bis zu einer Änderung (auch bei ausgeschaltetem Gerät) gespeichert.

Eine weitere Voraussetzung zur Betriebsaufnahme ist die einmalige Zuordnung (Programmierung) der Digital-Loks zu den Lokaufruftasten 1 bis 9 des Central Control 2000. Bei artreinem Selectrix-Betrieb entsprechen den Tasten 1 bis 9 auch den Selectrix-Adressen 01 bis 09.

Die Programmierung geht im Prinzip folgendermaßen vor sich: Eine Lok mit Selectrix-Lok-Decoder wird auf die Schienen gestellt (alle anderen Fahrzeuge müssen zuvor entfernt werden). Anschließend werden am Central Control 2000 die rote Programmiertaste und die gewünschte Adressentaste (Taste 1 bis 9) gleichzeitig gedrückt. Damit ist der Vorgang abgeschlossen. Er bewirkt folgende Einstellungen im Lok-Decoder:

– Adresse (entsprechend der Vorgabe zwischen 1 und 9)

– Höchstgeschwindigkeit (automatisch Stufe 7, d.h. das Maximum)

– Anfahr/Bremsverhalten in Signalhalteabschnitten (automatisch Stufe 1)

– Einteiliger Signalhalteabschnitt (automatisch Stufe 1)

– Motorcharakteristik [Impulsdauer] (automatisch Stufe 2)

Die mit „automatisch" bezeichneten Werte sind beim Einsteiger-Gerät vom Anwender nicht beeinflußbar. Ebensowenig kann die Massensimulation verändert werden.

Anschließend erfolgt die beschriebene Prozedur mit der nächsten Lok und einer anderen Lok-Aufruf-Taste. Die Fahrzeuge sind nun auf Dauer mit den entsprechenden Tasten aufrufbar. Die Zuordnung bleibt selbstverständlich auch bei ausgeschalteter Stromversorgung gespeichert.

Es ist dem Anwender freigestellt, in welcher Reihenfolge er welche Digital-Lok mit welcher Taste (1–9) programmiert. Dazu muß weder die ursprüngliche (also eventuell bereits werksseitig eingestellte) Lok-Decoder-Adresse bekannt sein, noch benötigt man dazu eine Code-Tabelle. Eine einmal gewählte Adresse läßt sich jederzeit durch Wiederholung der Programmierung ändern.

Im Unterschied zu anderen Einsteiger-Geräten sind beim Central Control 2000 zur Programmierung lediglich zwei Tasten zu bedienen. Zudem erfordert der Vorgang keinerlei Eingriffe in Fahrzeuge. In diesem Punkt hat man das zuerst von Lenz realisierte Konzept übernommen. Somit ist das Programmierungsverfahren besonders anwenderfreundlich.

Sollen neben Fahrzeugen mit Selectrix-Lok-Decoder auch Fremdfabrikate, oder ausschließlich Fremdfabrikate eingesetzt werden, sieht die Situation anders aus. Für Selectrix-Loks sind dann die ungeraden Adressen (sprich: Tasten) 1, 3, 5, 7 und 9 reserviert und für Fremdfabrikate die geraden Adressen 2, 4, 6 und 8.

Fahrzeuge mit Lok-Decodern anderer Hersteller können mit dem Central Control 2000 allerdings nicht programmiert werden.

Das bedeutet für den Anwender, daß er solche Digital-Loks auf die Adressen 2, 4, 6 oder 8 – beispielsweise bei seinem Fachhändler mit dessen Programmer – einstellen lassen muß. Ebenfalls können bei dieser Gelegenheit die Mindestanfahrspannung, das Beschleunigungs- und das Bremsverhalten, sowie die loktypbezogene Höchstgeschwindigkeit programmiert werden. Die bei Fremdfabrikaten vorgenommenen Einstellungen bleiben auch beim Betrieb mit der Central Control 2000 wirksam, weil diese Kenngrößen im Lok-Decoder gespeichert sind. Die fehlende Programmiermöglichkeit für Fremdfabrikate ist ein Nachteil, der den Fremdfahrzeugeinsatz sicher nicht fördert.

Bedienung

Zuerst fällt die klare Gliederung der pultförmigen Bedienungsoberfläche ins Auge. Oben eine LCD-Anzeige, darunter ein Tastenfeld und ganz unten der gewohnte Drehknopf zur Geschwindigkeitssteuerung. Bei der weiterentwickelten Selectrix 2000 Geräteserie hat man sich vom tristen Grau verabschiedet und als Gehäusegrundfarbe ein freundliches, unaufdringliches Weiß gewählt. Stellt man das Gerät nach dem Auspacken auf die Anlage, dann rutscht das leichte Gehäuse hin und her, weil es keine Gummifüßchen hat. Allerdings sind Bohrungen zur Gehäusebefestigung mittels Holzschrauben vorhanden. Die vier Schnellspannklemmen sind farbig und durch Piktogramme gekennzeichnet, so daß der richtige Anschluß kein Problem sein sollte.

Zuerst muß über eine mit den Ziffern 1 bis 9 beschriftete Taste die gewünschte Digital-Lok aufgerufen werden. Die gewählte Adresse wird im LCD-Display angezeigt.

Anschließend folgt die Fahrtrichtungswahl mit der entsprechend gekennzeichneten Taste [↔]. Ein Richtungsbalken im Display informiert den Anwender über die aktuelle Einstellung. Die Fahrtrichtung kann übrigens jederzeit – also nicht nur bei Fahrzeugstillstand – geändert werden. Ein Druck auf die Fahrtrichtungstaste während der Fahrt bewirkt, daß die Lok allmählich bis zum Stillstand bremst, dann erst die Richtung wechselt und anschließend allmählich wieder auf die eingestellte Geschwindigkeit beschleunigt.

Anschließend kann die Geschwindigkeit in gewohnter Weise mit dem Geschwindigkeitssteuerknopf eingestellt werden. Dieser Drehknopf mit griffgünstig geriffelter Fläche und einem angenehm großen Drehwinkel von 270° trägt zusammen mit den 31 Fahrstufen wesentlich zu der feinfühligen Steuerung bei. Ein um den Knopf angebrachtes Piktogramm soll die eingestellte Geschwindigkeit anzeigen. Zweckdienlicher wäre eine mit den Ziffern 0 und 1 bis 31 (= Fahrstufenzahl) beschriftete Skala, weil so die Reproduzierbarkeit eingestellter Werte präziser wäre, zumal bei diesem Gerät auf eine Anzeige der eingestellten Fahrstufe im Display verzichtet wurde.

Durch Druck auf eine der neun Lokwahltasten kann jederzeit zu einem anderen Triebfahrzeug gewechselt und dieses direkt gesteuert werden. In der Praxis wird die Überlegenheit des Tastenaufrufes im Vergleich zu einem Drehschalter deutlich; insbesondere wenn von einer hohen Adresse – z.B. 9 – auf eine niedrige – wie 1 – gewechselt wird.

Ein weiteres wichtiges Bedienungselement ist die rot hervorgehobene Not-Halt-Taste. Dabei handelt es sich um einen System-Not-Halt, bei welchem die Versorgungsspannung ausgeschaltet wird und somit alle Fahrzeuge sofort anhalten. Bei Loks mit Schneckengetrieben und ohne mechanische Schwungmasse geschieht das abrupt. Als Folge neigen schnell fahrende, lange Züge in engen Radien und in Gefälleabschnitten zu Entgleisungen. Fahrzeuge mit eingebauten, mechanischen Schwungmassen verhalten sich da natürlich weniger kritisch. Zum Betriebsmodus kehrt man durch Druck auf die mit „on" beschriftete Taste zurück, wobei alle Fahrzeuge allmählich auf ihre ursprüngliche Geschwindigkeit beschleunigen.

Auf den ersten Blick erscheint die Bedienung des Central Control 2000 nicht ganz so einfach wie bei anderen Einsteigergeräten. In der Praxis funktioniert jedoch alles bestens, weil qualitativ gute Tasten mit ordentlichen Druckpunkten verwendet worden sind und wichtige Betriebszustände auf einer recht gut lesbaren LCD-Anzeige ständig angezeigt werden.

Weitere Bedienungsstellen

Dafür kommen sowohl standortgebundene Geräte, als vor allem auch mobile Handsteuergeräte in Betracht. Maximal sind 15 Bedienungsstellen anschließbar.

Das standortgebundene, neue Lok Control 2000 stellt eine Möglichkeit dar. Es unterscheidet sich vom Vorgängermodell durch einen integrierten Programmer. Eine solche Erweiterung hat zur Folge, daß anstelle der ursprünglich 9 Selectrix-Loks nun bis zu 99 eingesetzt werden können, oder aber 32 Selectrix-Loks und 32 Fremdfabrikate. Die Differenz zwischen den 64 Fahrzeugadressen und den insgesamt 104 Selectrix-Adressen steht zum SCHALTEN und MELDEN mit Selectrix-Komponenten zur Verfügung. Verwendet man ausschließlich Selectrix-Fahrzeuge, so kann jede der 104 Adressen wahlweise zum FAHREN (bis Adresse 99), SCHALTEN oder MELDEN benutzt werden.

Im Angebot befindliche Verlängerungs- und Verbindungsleitungen ermöglichen eine flexible Anordnung von Anschlußstellen für Handsteuergeräte – wie das neue mobile Gerät Control Handy – um die gesamte Modellbahnanlage.

Bedienungsanleitung

Die etwas schlichte, vier DIN-A-4-Seiten umfassende Bedienungsanleitung ist hinsichtlich des Anschlusses und der Gerätefunktionen verständlich aufgebaut. Allerdings wird darin keineswegs ausreichend auf die Ausbaumöglichkeiten für das Central Control 2000 eingegangen. Hinweise zu Umrüstmöglichkeiten für Analog-Loks auf Selectrix-Betrieb fehlen gänzlich. Selbst die Ausrüstung von immer mehr Modellen mit einer elektrischen Schnittstelle ist mit keiner Silbe erwähnt. Auch einige einfache Schaltungsbeispiele, wie der signalstellungsabhängige Betrieb, wären eine nützliche Ergänzung.

Fahrzeugangebot

Betriebsfertige Digital-Loks

Ein Hersteller, der keine betriebsbereite Digital-Startpackung im Sortiment führt, oder keine betriebsfertigen Digital-Loks anbietet, faßt im Marktsegment der Digital-Einsteiger-Geräte kaum Fuß. Märklin hat das Delta-Startpackungsprinzip mit großem Erfolg eingeführt, Roco hat mit seinen Digitalstartpackungen nachgezogen und nun bietet auch Trix den Digitaleinstieg nach dem Startpackungsmuster an.

In den Trix Digital Startpackungen der Baugrößen N und H0 ist eine betriebsfertige Digital-Lok enthalten. Ansonsten bietet Trix keine Loks mit eingebautem Lok-Decoder an, denn dieser Hersteller setzt auf die in Kapitel 1 beschriebene Elektrische Schnittstelle.

Loks mit elektrischer Schnittstelle

Durch eine elektrische Schnittstelle in der Lok entfällt im Grundsatz die Lagerhaltung von speziellenn Digital-Loks beim Handel, weil sich die Umrüstung einer Analog-Lok in eine Digital-Lok auf den Tausch des serienmäßigen Analogbausteines gegen einen Selectrix-Lok-Decoder beschränkt. Trix rüstet seine Modelle nach und nach mit genormten Schnittstellen aus. Trix-Loks mit eingebauter Elektrischer Schnittstelle sind im Katalog durch ein entsprechendes Symbol gekennzeichnet.

Lok-Decoderangebot

Selectrix-Lok-Decoder sind besonders klein und damit vergleichsweise leicht in den Fahrzeugen unterzubringen. Die Abmessungen gehen aus der Tabelle hervor. Hervorzuheben ist die außerordentlich flache Bauweise des Typs 66830, der sich daher besonders gut in Fahrzeugen der Baugröße N einbauen läßt.

Was die technischen Eigenschaften angeht, so sind die verschiedenen Typen – abgesehen vom Ausgangsstrom und der Zahl der Zusatzfunktionen – fast identisch. Es gibt keine „Sparversionen". Bei Selectrix zählt beispielsweise eine integrierte Motordrehzahlregelung schon immer zur Standardausstattung.

Der Decoder 66832 erlaubt – nach entsprechender Programmierung – auch den Betrieb einer Selectrix-Lok auf einer herkömmlichen Zweischienen-Zweileiter-Gleichstromanlage. Die anderen Decoder bieten diese Möglichkeit nicht.

Die in der Tabelle aufgezählten Lokdecodereigenschaften können jedoch noch nicht mit dem Central Control 2000, sondern erst nach Ergänzung dieses Gerätes durch ein weiteres Steuergerät – wie das Lok Control 2000 oder das Control Handy – genutzt werden.

Anläßlich der Nürnberger Spielwarenmesse 95 wurde der neue Lok-Decoder Nr. 66 832 vorgestellt. Diese Lok-Decoder-Variante ist geringfügig größer als der nach wie vor erhältliche Typ 66830, aber durch die schmale Bauform dennoch für zahlreiche N- und praktisch alle H0-Loks geeignet. Die hier angewandte Technik – das direkte aufbringen hochintegrierter ICs auf eine Leiterplatte – ist in technoligischer Hinsicht beispielsweise mit der von der Fa. Lenz für Arnold bereits zwischen 1988 und 1996 praktizierten Technik identisch. Durch diese Fertigungstechnologie ist der Lok-Decoder preiswerter.

Abmessungen der Selectrix-Lok-Decoder

Lfd. Nr.:	Artikel-Nr.:	Abmessungen L x B x H [mm]	Ausgangsstrom (für Motor) in [mA]	Fernsteuerbare Zusatzfunktionen
1	66 830	14 x 9 x 2,5	500	1
2	66 831	29 x 13 x 2,5	1000	2
3	66 832	37,5 x 12,5 x 3	1200	2

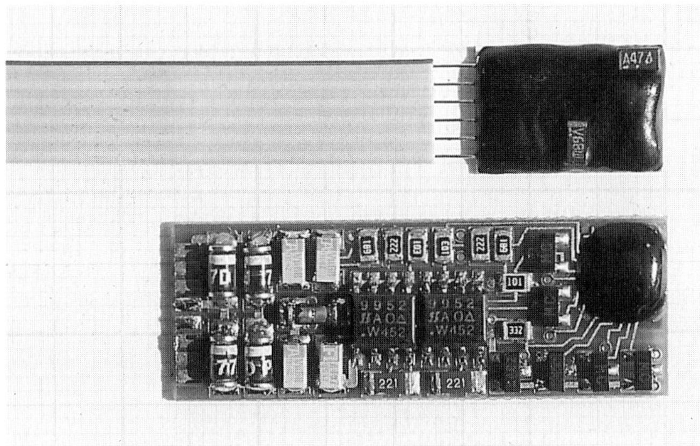

Selectrix-Lok-Decoder – hier die Typen Nr. 66830 und Nr. 66832 – haben verhältnismäßig geringe Abmessungen und vor allem eine geringe Bauhöhe.

Ergänzt wird das Lok-Decoderangebot durch den auf der Nürnberger Messe 1997 vorgestellten Funktions-Decoder Nr. 66834, der die zusätzliche Fernsteuerung von bis zu 4 Funktionen (z.B. Beleuchtung von Steuerwagen rot/weiß, Innenbeleuchtung) erlaubt.

Was den Lokdecodereinbau in Fahrzeuge ohne Elektrische Schnittstelle anlangt, ver-

Eigenschaften von Selectrix-Lok-Decodern

Lfd. Nr.	Funktion	Bemerkung
1	Adressen	01 bis 104
2	Einstellbare Höchstgeschwindigkeit	Stufe 1 bis 7, Reduzierung um bis zu 40%
3	Brems- und Anfahrweg in Signalhalteabschnitten	Stufe 1 bis 7, ca. 10 cm bis 120 cm
4	Aufbau eines Signalhalteabschnittes	ein- oder zweiteiliger Abschnitt
5	Motorcharakteristik	Stufe 1 bis 4, Impulsdauer
6	Massensimulation bei handgesteuertem Betrieb	Stufe 1 bis 5, von 4 sec bis 14 sec (Stillstand bis vmax bzw. umgekehrt)

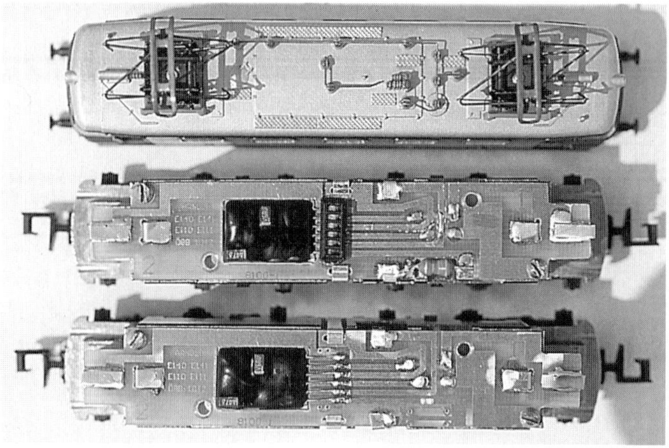

Beispielhaft eine Arnold BR 141 mit einer von der Fa. Rautenhaus gefertigten Platine und Selectrix-Lok-Decoder wahlweise mit lösbarer Steckverbindung oder Lötverbindung .

weist Trix auf autorisierte Umrüstbetriebe für hauseigene Loks und für Fremdfabrikate.

Für zahlreiche Fremdfabrikate bietet die Fa. Rautenhaus, Modellbahntechnik, Bürgermeister-Mävers-Straße 2a, in 28857 Syke, Tel.: (04242) 4377, für die jeweiligen Loktypen speziell gefertige Platinen mit integrierter Schnittstelle an.

Fahreigenschaften

Diesen Vergleich mit anderen Mehrzugsteuerungen für Gleichstrom-Bahnen gewinnt die Selectrix-Steuerung gemeinsam mit Digital Plus.

Selbst weniger gut laufende Analog-Loks bieten nach dem Einbau eines Selectrix-Lok-Decoders passable Fahreigenschaften. Weil es im Trix-Sortiment ausschließlich Lok-Decoder mit integrierter Motordrehzahlregelung gibt, profitiert bereits jeder Einsteiger von den hervorragenden Fahreigenschaften.

Diese Aussagen gelten für Fahrzeuge der Baugröße H0, aber in besonderem Maße für N-Fahrzeuge. Hier ist der Vorteil noch deutlicher, weil die Güte der elektromechanischen Konstruktion dieser Fahrzeuge zumeist nicht ganz an den H0-Standard heranreicht.

Nun einige Erläuterungen zu den Ursachen für das besonders gute Fahrverhalten der Selectrix-Loks:

Die Selectrix-Steuerung arbeitet mit 31 Fahrstufen, während die meisten anderen Steuerungen nur etwa die Hälfte bieten. Jeder Selectrix-Lok-Decoder hat eine integrierte Motordrehzahlregelung, deren Charakteristik bei Bedarf auch noch an den jeweiligen Motor angepaßt werden kann. Sie bewirkt, daß praktisch jede Lok mit Fahrstufe 1 anfährt und damit stets der gesamte Drehwinkel des Geschwindigkeitssteuerknopfes von 270° zur Steuerung zur Verfügung steht.

Beim Ausbau zur Vollversion werden die Fahreigenschaften weiter optimiert, weil dann die bereits beschriebenen, lokspezifisch einstellbaren Parameter (Höchstgeschwindigkeit, Massensimulation, usw.) genutzt werden können, ohne daß an den Fahrzeugen Eingriffe notwendig werden.

Etwas gewöhnungsbedürftig erscheinen – zumindest für Hobby-Einsteiger – die Reaktionszeiten der Selectrix-Loks auf Fahrbefehle. Ändert man beispielsweise die Geschwindigkeitseinstellung an einem Fahr-Gerät, so dauert es (ohne daß eine Massensimulation eingestellt ist) relativ lange, bis die Fahrstufenänderung von der Lok in eine Geschwindigkeitsänderung umgesetzt wird. Modellbahnprofis empfinden hingegen gerade diese Reaktionszeit als besonders vorbildgerechte Eigenschaft.

Fahreigenschaften in Signalhalteabschnitten

Selectrix bietet zur Realisierung vorbildgerecht verlaufender Brems- und Anfahrvorgänge in Abhängigkeit von Signalstellungen eine wirkungsvolle und zugleich äußerst preiswerte Lösung, nämlich den Einbau einer sog. Bremswegdiode in den Signalhalteabschnitt.

Mit dem Einsteiger-Gerät Central Control 2000 ist zwar die Länge des Brems- und Anfahrweges noch nicht einstellbar, aber selbst

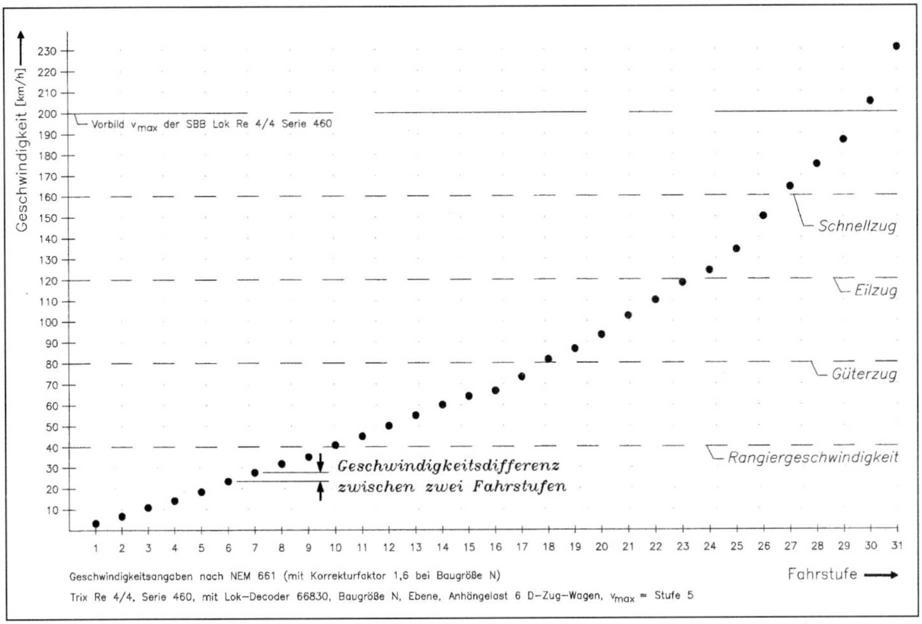

Geschwindigkeitseinstellung am Beispiel einer Trix Re 460 der Baugröße N – prägnant sind die geringen Geschwindigkeitsdifferenzen zwischen den einzelnen Fahrstufen.

beim Einsteiger-Gerät kann der Bremsvorgang – im Unterschied zu einem abrupten Halt – gut beobachtet werden. Sinngemäß gilt die Aussage für den Beschleunigungsvorgang. Auch bei der Selectrix-Steuerung muß die Länge der Signalhalteabschnitte nur entsprechend der Bremsweglänge (ohne Berücksichtigung der Anfahrstrecke) bemessen werden.

Bei der Vollversion kommt ein weiterer, vorbildgerechter Effekt hinzu, nämlich der reproduzierbare HALT der Züge vor den Signalstandorten. Das funktioniert dank Selectrix-Lok-Decodern mit integrierter Motordrehzahlregelung unabhängig von der Anhängelast und unabhängig von der Lage der Signalhalteabschnitte (Ebene, Steigung, Gefälle, Kurve).

Diese Vorzüge sind bei artreinem Selectrix-Betrieb nutzbar, aber bei Mischbetrieb – also dem gleichzeitigen Einsatz von Fremdfabrikaten – natürlich nicht. Auch unter diesem Aspekt erscheint der Fremdfahrzeugeinsatz eher problematisch.

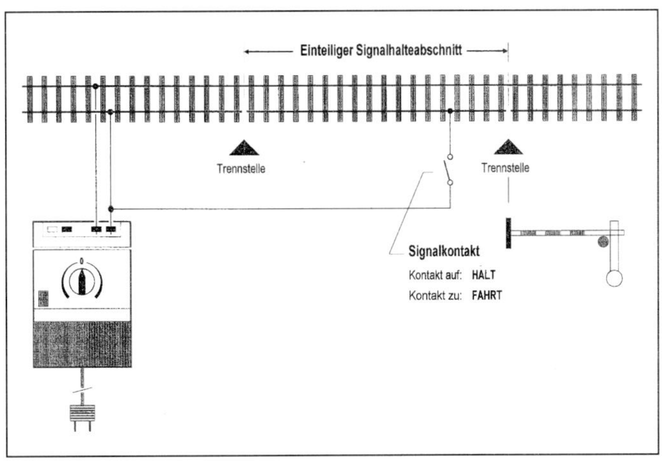

Üblicher Aufbau eines Signalhalteabschnittes. Die Zugbeeinflussung geschieht durch ein- und ausschalten der Stromversorgung

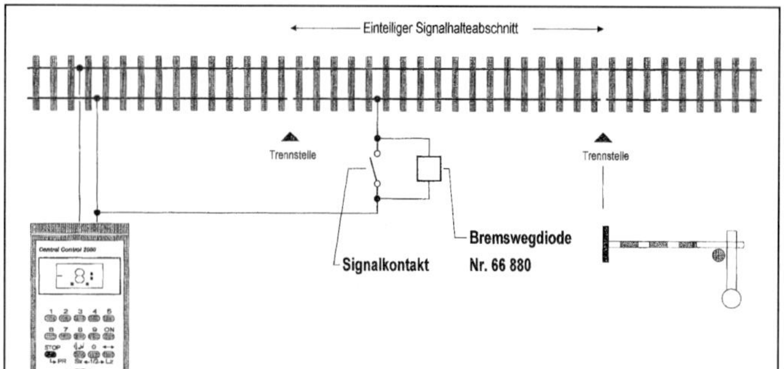

Für vorbildgerechte Brems- und Anfahrvorgänge in Abhängigkeit von Signalstellungen genügt bei SELECTRIX der Einbau einer sog. "Bremswegdiode" parallel zum Signalkontakt (Fahrstromschalter)

Vorbildgerechtes Brems- und Anfahrverhalten in Abhängigkeit von Signalstellungen läßt sich bei Selectrix auf einfache und preiswerte Weise realisieren; die Ergänzung mit einer Bremswegdiode reicht bereits aus.

Fernsteuerbare Funktionen

Trix hat das Central Control 2000 zur Bedienung von zwei Funktionen ausgestattet. Die Dauerfunktion wird mittels eines Doppelpunktes im Display angezeigt und die Momentfunktion durch zwei einzelne, waagerecht nebeneinander liegende Punkte.

Konstruktiv ist der Selectrix-Lok-Decoder Nr. 66830 mit einer und die Decoder Nr. 66831 und Nr. 66832 mit je zwei fernsteuerbaren Ausgängen ausgerüstet.

Die Stirnlampen jeder Selectrix-Lok sind ein- und ausschaltbar. In eingeschaltetem Zustand arbeitet die Beleuchtung fahrtrichtungsabhängig und ständig – also auch bei Stillstand.

Auch die Selectrix-Steuerung arbeitet mit einer ständig gleich hohen Spannung am Gleis. Das bewirkt bei Wagen mit Innenbeleuchtung eine von den Betriebsbedingungen unabhängige, stets gleichmäßig helle Beleuchtung. Seuthe-Dampfentwickler arbeiten bei abgestellten Dampfloks; sie sind derzeit jedoch nicht ein- und ausschaltbar.

Nicht so gut wirken bei Selectrix innenbeleuchtete Wagen, die in Signalhalteabschnitten vor HALT zeigenden Signalen stehen. In diesen Fahrzeugen reduziert sich die Beleuchtungsstärke etwa auf die Hälfte. Ferner beeinträchtigen Wagen mit Innenbeleuchtung den Verlauf des Bremsvorganges vor Signalen, weil sie die Trennstelle zwischen Selectrix-Stromkreis und den über die Bremsdiode versorgten Signalhalteabschnitt beim überfahren immer wieder überbrücken.

Hinsichtlich der Zusatzfunktionen vermag Trix nicht vollständig zu überzeugen. Zum einen blieb eine Funktion bei den Decodern 66831 und 66832 bislang ungenutzt und zum anderen sind hinsichtlich der Funktion innenbeleuchteter Wagen in Signalhalteabschnitten gewisse Abstriche zu machen.

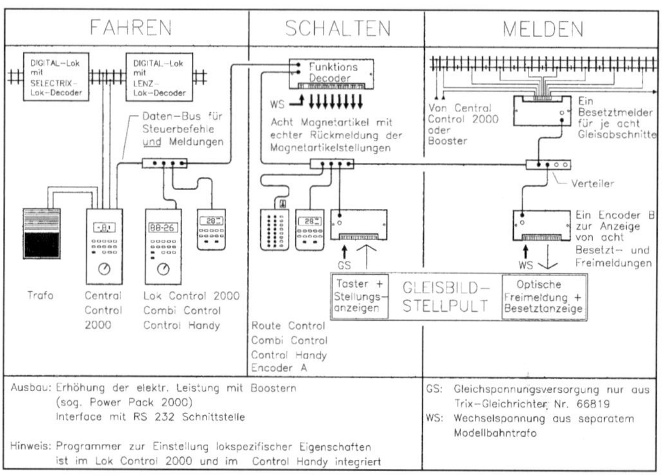

Ausbau des Central Control 2000 – bis hin zum SCHALTEN und MELDEN

Erweiterungen und Ausbau zur Vollversion

Das Central Control 2000 ist kein einfaches Einsteiger-Gerät, sondern eine „ausgewachsene" Digitalzentrale mit einer vereinfachten Bedienungsoberfläche für 9 Fahrzeuge.

Der gesamte Funktionsumfang zum FAHREN, SCHALTEN und MELDEN steht bereits zur Verfügung, wenn das Einsteiger-Gerät nur durch ein weiteres Gerät – beispielsweise das Lok Control 2000 – ergänzt wird.

Selectrix läßt sich nahezu unbegrenzt ausbauen. Die Tabelle enthält einige wichtige Bausteine aus dem Gesamtprogramm mit stichwortartiger Beschreibung.

Wie bei jedem Digitalsystem müssen auch bei Selectrix beim weiteren Ausbau die einzelnen Komponenten untereinander mit Leitungen verbunden werden. Bei Digital Plus geschieht dies beispielsweise durch Verbindung geräteseitig montierter, eindeutig beschrifteter Schraubklemmen mit in der Länge individuell anpaßbaren, üblichen Modellbahnkabeln.

Selectrix erfordert dagegen Spezialkabel. Selectrix-Komponenten sind mit Diodenbuchsen ausgerüstet. Sie müssen mit speziellen Verbindungsleitungen und Verlängerungsleitungen mit Vierfachverteilern, die über modifizierte Diodenstecker verfügen, miteinander verbunden werden. Dies ist eine vergleichsweise teuere Lösung, zumal die Verbindungsleitung nur mit 1 m Länge und die Verlängerungsleitung mit Vierfachverteiler nur mit einer Länge von 5 m erhätlich ist.

Die Eigenschaft, das Central Control 2000 nicht nur zum FAHREN verwenden zu können, sondern darüberhinaus zum SCHALTEN und MELDEN, signalisiert – zusammen mit Digital Plus – eine Ausnahmestellung im Vergleich zu den meisten anderen Einsteiger-Geräten.

Die Frage, ob das Einsteiger-Gerät beim Aufstieg weiterverwendet werden kann, stellt sich somit bei Trix erst garnicht. Die Central Control 2000 ist die Basis des gesamten Selectrix-Systems.

Qualität und Funktionssicherheit

Beim Testbetrieb traten weder mechanische noch elektrische Funktionsmängel am Central Control 2000 und den Lok-Decodern auf.

Der Qualitätsstandard von Bedienungs- und Anzeigeelementen hinterläßt einen guten Eindruck; das Gehäuse erreicht dieses Niveau jedoch nicht ganz.

Hinsichtlich der Kontaktsicherheit von Buchsenleiste und Schnittstellenstecker der N-Schnittstelle erscheint etwas Vorsicht angebracht. Die Stromübertragung erfolgt aus-

AUSZUG AUS DEM SELECTRIX-ANGEBOT

Kurz-bezeichnung	Digital-Artikel
69005	Handbuch Selectrix Modellbahn Digital
66880	Bremswegdioden für vorbildgerechte Brems- und Anfahrvorgänge in Abhängigkeit von Signalstellungen
66816	Lok Control 2000, stationäres Fahrgerät für bis zu 99 Loks mit Programmiereinrichtung, Schalten von Magnetartikeln und Anzeige von Rückmeldungen ebenfalls möglich
66881	Nachrüstsatz für Lok Control 2000 zur Schaltung kompletter Fahrstraßen
66815	Control Handy, mobiles Handsteuergerät für bis zu 99 Loks mit Programmiereinrichtung Schalten von Magnetartikeln und Anzeige von Rückmeldungen ebenfalls möglich
66813	Route Control, mobiles Tastenstellpult mit Stellungsanzeigen zur Bedienung von bis zu acht Magnetartikeln mit Doppelspulenantrieb
66807	Power Pack 2000, Leistungsverstärker mit etwa 2,5 Ampere Ausgangsstrom
66828	Funktionsdecoder 2000, Schaltempfänger zum Anschluß von 8 Magnetartikeln mit Doppelspulenantrieb und echter Rückmeldung der Magnetartikelstellungen
66820	Besetztmelder für acht Gleisabschnitte
66882	Widerstandslack zur Überbrückung von Achsisolierungen, damit auch Fahrzeuge ohne Stromverbraucher vom Besetztmelder erkannt werden
66824	Computer Interface

Daneben gibt es verschiedene Bausteine zur Verbindung der Digitalsteuerung mit dem Trix-Gleisbildstellpult (Encoder A, Encoder B, Gleichrichter), diverse Verbindungs- und Verlängerungsleitungen, sowie einen Translater zur Verdoppelung der Adressenzahl.

Mobiles Handsteuergerät Control Handy zum Ausbau des Central Control 2000

schließlich durch die Auflage der einzelnen, ziemlich stabilen, aber damit auch starren Drahtenden auf den Leiterbahnen der Fahrzeugplatine. Die eher bescheidene Kontaktkraft der winzigen Kupferfedern und die Tatsache, daß die Federn keine Stromübertragungsfunktion, sondern nur mechanische Kontaktkraft erzeugen, könnte zu Problemen führen, die dann durch Lötverbindungen behoben werden müssen. Der eigentliche Zweck einer Schnittstelle ginge damit verloren. Oxidationsbedingte Kontaktprobleme sind wohl auch nicht ganz auszuschließen. Über diese Punkte kann letztlich nur eine Langzeiterprobung Aufschluß geben.

Kosten

Zur Orientierung ein Beispiel zum Betrieb mit zwei Loks. Dabei ist zu berücksichtigen, daß bei diesem System jede Lok mit einem Lok-Decoder ausgestattet werden muß.

Das Preis/Leistungsverhältnis der Trix-Selectrix-Steuerung ist angesichts der Eigenschaften als akzeptabel einzustufen; dies gilt insbesondere für Interessenten, die den späteren Ausbau zu einer vollwertigen Digitalsteuerung im Auge haben.

Selectrix-Preise für Einsteiger Komponenten zur Orientierung

Grundausstattung	
1 Stk Central Control 2000	280,– DM
1 Stk Selectrix-Lok-Decoder 66830 (großer Decoder)	80,– DM
1 Stk Selectrix-Lok-Decoder 66831 (kleiner Decoder)	90,– DM

Zusammenfassung

Selectrix erscheint insbesondere für betriebsorientierte Eisenbahnfans interessant, die von Beginn an Wert auf beste Fahreigenschaften Wert legen.

Über eine systembedingte Besonderheit muß man sich im klaren sein: Bei Selectrix müssen sämtliche Loks mit einem Lok-Decoder ausgerüstet werden. Einerseits erleichtert die kleine Bauform der Selectrix-Lok-Decoder ihren Einbau insbesondere in N-Loks. Aber das Angebot an betriebsfertigen Digital-Loks (Loks mit Elektrischer Schnittstelle) ist immer noch sehr begrenzt.

Und über einen zweiten Punkt muß man sich ebenfalls im klaren sein: Wer an einen Ausbau der Trix-Steuerung denkt, muß die Bereitschaft mitbringen, sich intensiv mit den einzelnen Bausteinen und ihrem Anschluß zu befassen – Aufbau, Anschluß und Einstellung der Selectrix-Komponenten sind bei der Vollversion nicht so übersichtlich und einfach wie beispielsweise bei Märklin Digital.

Während die Geräte nahezu aller anderen Hersteller ausschließlich für den Fahrbetrieb dimensioniert sind, läßt sich das Central Control 2000 – nach entsprechender Ergänzung – zusätzlich auch zum SCHALTEN und MELDEN einsetzen. Verlorene Investitionen gibt es bei Selectrix nicht.

9 Fleischmann DIGITALcontrol

Dies ist eine vowiegend für Fleischmann N- und HO-Gleichstrombahnen entwickelt Einsteiger-Digitalsteuerung zum Betrieb von bis zu vier bzw. fünf Zügen. Es hande sich um ein stationäres Bedienungspult, weiches sich um ein mobiles Handsteuergerät erweitern läßt. Die Technik orientiert sich am hauseigenen FMZ-Standard. Nach Erweiterung des Basis-Gerätes durch ein Gleichstromfahrpult und einen sog. FM Koppler lassen sich im FMZ-Stromkreis zusätzlich Analog-Loks steuern.

Einstiegsvarianten

Das DIGITALcontrol ist sowohl einzeln erhältlich wie auch als Bestandteil von verschiedenen Fleischmann-Startsets. Für Baugröße N ist eine komplette Startpackung mit Digitalsteuerung, Digital-Lok, Güterwagen, Weichen, Gleisen, usw erhältlich. Dem H0-Bahner stehen vier verschiedene Startsets zur Auswahl.

Kompatibilität

Mit dem neuen DIGITALcontrol lassen sich – wie schon mit den anderen FMZ-Produkten – ausschließlich Digital-Loks mit Fleischmann-Lok-Decodern betreiben. Die von Digital Plus, Roco Digital und LGB Digital bekannte Eigenschaft, Digital-Loks auch in Analogstromkreisen mit herkömmlichen Fahrpulten steuern zu können, besteht bei Fleischmann nicht.

In Fleischmann Digitalstromkreisen können jedoch zusätzlich Analog-Loks fahren.

Im Unterschied zu Digital Plus kann bei Fleischmann eine Analog-Lok nicht mit dem DIGITALcontrol selbst gesteuert werden. Das Einsteigergerät DIGITALcontrol bedarf vielmehr der Ergänzung durch ein Gleichstrom-Fahrpult und ein zweites Gerät, den sog. FMZ-Koppler. Als weiterer Unterschied zu Digital Plus sind in Analog-Loks die serienmäßigen 14 Volt-Lämpchen (zur Stirnlampenbeleuchtung) durch spannungsfestere 24 Volt-Birnchen zu ersetzen. Falls Wagen mit Innenbeleuchtungen zum Einsatz kommen, sind auch hier spannungsfestere 24 Volt-Birnchen zu verwenden.

Zusammenfassend ist festzustellen, daß das DIGITALcontrol nahtlos in das hauseigene FMZ-System paßt, aber mit anderen Digitalsystemen keinerlei Kompatibilität besteht. Folglich bedeutet der Einstieg in die FMZ-Technik eine ausschließliche Bindung an das Fabrikat Fleischmann.

Vorteil der Analog-Kompatibilität

Aus der Möglichkeit, in FMZ-Stromkreisen auch Analog-Loks einsetzten zu können, erwachsen dem Anwender verschiedene Vorzüge:

– selbst Triebfahrzeuge, in welche aus räumlichen Gründen keine Fleischmann-Lok-Decoder hineinpassen, können auf Digitalanlagen als Analog-Lok weiter betrieben werden. Diese Eigenschaft macht die FMZ-Steuerung für die Baugröße N überhaupt erst attraktiv, weil die Fleischmann-Lok-Decoder durch einen systembedingt zusätzlich erforderlichen Kondensator einen vergleichsweise großen Raumbedarf aufweisen,

– es müssen nicht gleich alle vorhandenen Lokomotiven auf einmal mit Fleischmann-Lok-Decodern ausgestattet werden (Arbeitsaufwand und Kosten!), vielmehr ist eine schrittweise Nachrüstung vorhandener Fahrzeuge realisierbar,

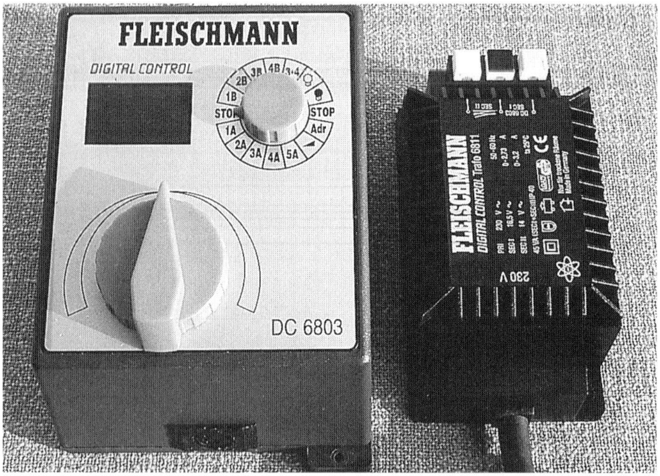

Übersichtlicher Aufbau der Fleischmann-Einsteiger-Digitalsteuerung aus nur zwei Komponenten

– nicht nur für Digitaleinsteiger, sondern insbesondere auch für Umsteiger von Analog- auf Fleischmann-Digitalbetrieb ist eine solche Digitalsteuerung interessant.

Bei Digital Plus kann im Digitalstromkreis zusätzlich zu den Digital-Loks nur eine Analog-Lok individuell hinsichtlich Fahrtrichtung und Geschwindigkeit gesteuert werden. Setzt man bei diesem System mehrere Analog-Loks im Digitalstromkreis ein, dann verhalten sie sich hinsichtlich Fahrtrichtung und Geschwindigkeit gleichartig.

Der Systemvorzug von Fleischmann ist darin zu sehen, daß hier nicht nur eine Analog-Lok fahren kann, sondern so viele Gleichstromloks, wie herkömmliche – jeweils um einen FMZ-Koppler ergänzte – Gleichstromfahrpulte vorhanden sind. Dazu ein konkretes Beispiel: Besteht eine Anlage aus zwei Analogstromkreisen, so kann in jedem Stromkreis eine Analog-Lok fahren. Zusätzlich lassen sich auf der gesamten Anlage bis zu vier bzw fünf FMZ-Loks betreiben – insgesamt also sechs bzw sieben Züge, wobei die beiden Analog-Loks natürlich nur innerhalb ihrer Stromkreisgrenzen freizügig bewegt werden können.

Allerdings darf man nicht übersehen, daß der Betrieb einer Analog-Lok bei Digital Plus zum Nulltarif geboten wird, während die etwas erweiterte Analog-Kompatibilität bei Fleischmann den Aufpreis von einem FMZ-Koppler und einem Gleichstromfahrpult pro Analogstromkreis kostet.

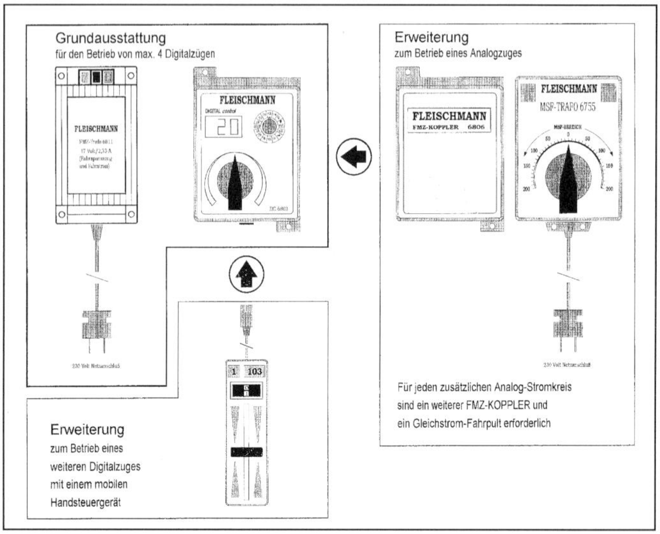

Zum Betrieb von Analog-Loks ergänzter Aufbau

Aufbau

Die Digitalsteuerung besteht aus zwei ortsfesten Komponenten, nämlich Stromversorgungstrafo und DIGITALcontrol. Wahlweise kann die Steuerung durch ein mobiles Handsteuergerät ergänzt werden. Sollen zusätzlich Analog-Loks fahren, so muß die Grundausstattung um ein Gleichstromfahrpult und einen sog. FMZ-Koppler ergänzt werden.

Bedienungskonzept

Fleischmann bietet mit seinem DIGITALcontrol – analog dem Märklin Delta Control – eine ortsfeste Mehrzugsteuerung. Auch das DIGITALcontrol hat eine „serielle" Bedienung. Das Prinzip: Eine Lok wird aufgerufen, Fahrtrichtung und Geschwindigkeit eingestellt und anschließend die nächste Lok aufgerufen. Währenddessen fährt die erste Lok mit den eingestellten Fahrbefehlen so lange weiter, bis sie wieder aufgerufen, oder durch ein HALT zeigendes Signal mit Zugbeeinflussung gebremst wird. Auf diese Weise kann mit bis vier FMZ-Loks gefahren werden. Die Fahrzeugauswahl geschieht mit einem Lokwahlschalter, der als Drehschalter ausgebildet ist. Fahrtrichtung und Geschwindigkeit werden mit der vertrauten Einknopfbedienung gesteuert.

Als Option kann an das DIGITALcontrol ein mobiles Handsteuergerät angeschlossen werden. Damit ist immerhin bei der Bedienung einer FMZ-Lok wieder Bewegungsspielraum und mehr Nähe zum Geschehen auf der Anlage geschaffen. Auch in diesem Punkt ist eine Parallele zu Märklin erkennbar, wo das stationäre Delta Control um einen mobilen Handregler, den Delta Pilot, erweitert werden kann. Vermutlich hat Fleischmann aus Kostengründen auf das schon bei der FMZ Control 4 verwendete Handsteuergerät zurückgegriffen. Während Fahrtrichtung und Geschwindigkeitssteuerung von FMZ-Loks beim DIGITALcontrol mit der bewährten Einknopfbedienung erfolgen, werden dieselben Funktionen beim Handsteuergerät mittels Schiebepotentiometer mit Mittelstellung gesteuert. Identische Bedienungselemente für gleichartige Funktionen wären unter ergonomischen Gesichtspunkten sinnvoller.

Für den zusätzlichen Betrieb von Analog-Loks bedarf die Grundausstattung – wie bereits erwähnt – einer Ergänzung durch einen FMZ-Koppler und ein Gleichstrom-Fahrpult. Solche Fahrpulte sind ortsfest und binden den Benutzer an einen Standort – insofern paßt dies mit dem stationären Konzept des DIGITALcontrol ebenso zusammen wie die bei beiden Geräten verwendete Einknopfbedienung.

Die Rückkehr zur Einknopfbedienung ist gerade bei einem Digital-Einsteigergerät sicherlich die richtige Entscheidung. Aber eine ortsgebundene Bedienung und die konzeptionelle Ausrichtung auf nur einen Bediener sind nicht ohne weiteres nachvollziehbar. Angesagt ist vielmehr die aktive Beteiligung mehrerer Partner am Spiel mit der Eisenbahn. Und dazu gehört auch, daß ein Zug an einen anderen Partner übergeben werden kann, bzw Züge von ihm übernommen werden können. Genau dies läßt sich aber mit dem DIGITALcontrol nicht verwirklichen.

Stromversorgung und Anschluß

Zur Versorgung der DIGITALcontrol enthalten die Startpackungen einen auch einzeln erhältlichen Spezialtransformator, der bei 16,5 Volt Wechselspannung bis zu 2,73 Ampere liefert. Der Trafo verfügt über einen zweiten Sekundärausgang, der eine Wechselspannung von 14 Volt und einen Ausgangsstrom von bis zu 3,2 Ampere zum Anschluß von Magnetartikeln und Beleuchtungen zur Verfügung stellt. Insgesamt kann der Trafo eine Gesamtleistung von 45 VA zur Verfügung stellen und ist damit als üppig dimensioniert einzustufen. Das Gerät trägt u.a. das GS-Zeichen und entspricht damit den einschlägigen Sicherheitsbestimmungen.

Übrigens legt Fleischmann Wert darauf, daß zur Versorgung des DIGITALcontrol nur der

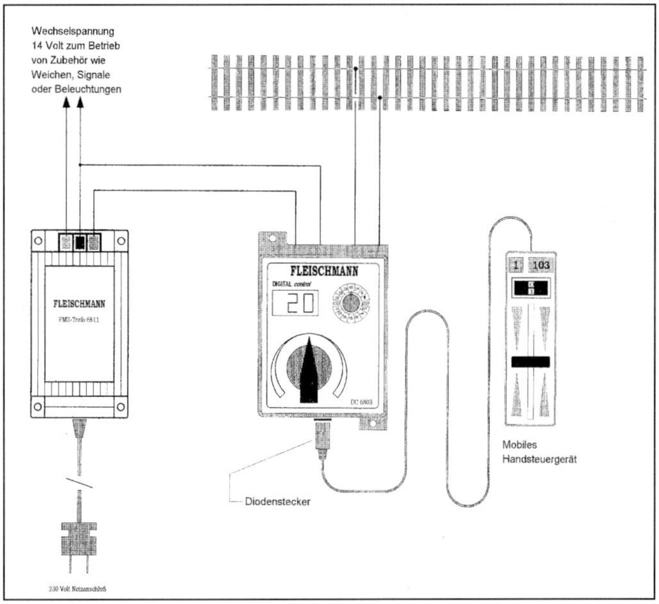

Stromversorgung und Anschluß

DIGITALcontrol Trafo Nr. 6811 verwendet wird, weil seine Ausgangsspannung von 16,5 Volt den Notwendigkeiten der FMZ-Technik am besten entspricht. Die kostengünstige Weiterverwendung ggf. schon vorhandener Trafos zur Stromversorgung des DIGITAL-control scheidet damit eigentlich aus.

Aus dem möglichen Ausgangsstrom des Trafos von 2,73 Ampere darf nicht der Schluß gezogen werden, daß das DIGITALcontrol dieselbe Stromstärke für den Betrieb von Fahrzeugen zur Verfügung stellt; der am Gleis nutzbare Strom ist auf etwa 1,5 Ampere begrenzt. Dies reicht zum gleichzeitigen Betrieb von ungefähr drei unbeleuchteten H0-Zügen.

Aus dem DIGITALcontrol führt eine dort fest montierte, zweiadrige schwarz/gelbe Leitung, welche an die solide ausgeführten und überdies noch schwarz/gelb gekennzeichneten Trafoklemmen angeschlossen werden muß. Die zweite am DIGITALcontrol fest montierte, zweiadrige weiß/violette Leitung ist mit den Schienen zu verbinden. Alle Kabelenden sind abisoliert und verzinnt. Perfekter kann man einen Anschluß kaum vorbereiten.

Ein vorwiegend für N-Bahner gedachter Tip: Die bei vielen N-Loks immer noch überhöhte Geschwindigkeit läßt sich bei FMZ-Betrieb reduzieren, indem man das DIGITALcontrol mit einer niedrigeren Betriebsspannung versorgt. So kann das Gerät auch an den 14 Volt Ausgang des FMZ-Trafos angeschlossen werden. Auch die Verwendung eines anderen Trafos mit entsprechender Ausgangsspannung führt zum Ziel.

Inbetriebnahme-vorbereitungen

Adressenzuordnung bei bereits programmierten Digital-Loks

Jede FMZ-Lok hat eine Adresse zwischen 1 und 119. Die Adressen der zu steuernden Loks müssen bekannt sein und einer der mit 1A bis 4A gekennzeichneten Stellungen des Lokwahlschalters zugeordnet werden. Wird die Option zum zusätzlichen Anschluß eines Handsteuergerätes an das DIGITALcontrol genutzt, dann erfolgt die Lokadressenzuordnung der fünften Digital-Lok zur Stellung 5A des Lokwahlschalters.

Die Zuordnung der Loks geschieht folgendermaßen. Zuerst den Lokwahlschalter zum Beispiel auf 1A (A wie Adresse) stellen. Im dreistelligen LED-Display des DIGITALcontrol erscheint eine Adresse. Danach wird die Adresse der gewünschten Lok – zum Beipiel 20 – durch drehen des Geschwindigkeitssteuerknopfes der Stellung 1A des Lokwahlschalters zugeordnet. Hierfür den Geschwindigkeitsteuerknopf leicht nach rechts drehen – Adresse zählt langsam von der zuletzt eingestellten Adresse bis 119 herauf bzw. bei Linksdrehung des Geschwindigkeitssteuerknopfes bis Adresse 1 herunter. Ist Adresse 20 erreicht, stellt man den Geschwindigkeitssteuerknopf auf Null (=Mittelstellung). Die jeweils eingestellte Adresse wird im Display angezeigt und die Zuordnung der ersten FMZ-Lok ist damit abgeschlossen.

Mit den weiteren drei bzw vier Loks verfährt man bei den Lokwahlschalterstellungen 2A bis 5A analog.

Nach der Adressenzuordnung wird der Lokwahlschalter in eine der Stellungen 1B (B wie Betrieb) bis 4B gedreht und nun ist eine den Stellungen 1A bis 4A zugeordneten Loks mit dem Geschwindigkeitssteuerknopf hinsichtlich Fahrtrichtung und Geschwindigkeit steuerbar. Wird der Lokwahlschalter beispielsweise von Stellung 1B nach 4B gedreht, so fährt Lok 1 mit der zuvor gewählten Fahrtrichtung und Geschwindigkeit weiter und Lok 4 ist über den Geschwindigkeitssteuerknopf direkt steuerbar. Lok 1 fährt solange weiter, bis sie erneut mit dem Lokwahlschalter in Stellung 1B aufgerufen wird.

Die fünfte Digital-Lok braucht natürlich nicht über den Lokwahlschalter aufgerufen zu werden, weil sie dem Handsteuergerät (über die Stellung 5A) fest zugeordnet wurde und von dort immer gesteuert werden kann.

Programmierung von Lokadressen

Die geschilderte Verfahrensweise zur Inbetriebnahme setzt die Kenntnis der Lokadressen voraus. Aber das DIGITALcontrol bietet – wie verschiedene andere Einsteigersysteme – auch die Möglichkeit, Lokadressen individuell zu programmieren. Voraussetzung hierzu sind FMZ-Loks mit Lok-Decodern der neuen Generation, also extern programmierbare Decoder. Die Programmierung funktioniert folgendermaßen:

– eine Lok auf die Schienen stellen (alle anderen Fahrzeuge zuvor entfernen)

– Lokwahlschalter in Stellung „Adr" drehen

– gewünschte Lok-Adresse durch drehen des Geschwindigkeitssteuerknopfes wählen; hierfür den Geschwindigkeitsteuerknopf leicht nach rechts drehen – Adresse zählt langsam von der zuletzt eingestellten Adresse bis 119 herauf bzw bei Linksdrehung des Geschwindigkeitssteuerknopfes bis Adresse 1 herunter. Ist die gewünschte Adresse erreicht, stellt man den Geschwindigkeitssteuerknopf auf Null (=Mittelstellung). Die Adresse wird im LED-Display angezeigt.

– Lokwahlschalter ca vier Sekunden lang in Stellung „<" drehen bis im Display „AA" erscheint

– Lokwahlschalter nochmals in Stellung „Adr" drehen

Danach ist die Lok auf die gewünschte Adresse programmiert. Anschließend folgt die beschriebene Vorgehensweise mit der nächsten Lok und einer anderen Lokadresse. Die Triebfahrzeuge sind dann mit den entsprechenden Lokadressen den Lokwahlschalterstellungen 1A bis 4A bzw. 5A zuordenbar und über die Lokwahlschalterstellungen 1B bis 4B bzw das Handsteuergerät steuerbar. Die Zuordnung bleibt selbstverständlich auch bei ausgeschalteter Stromversorgung gespeichert. Es ist dem Anwender überlassen, in welcher Reihenfolge er welche FMZ-Lok welcher Lokwahlschalterstellung (1A bis 5A) zuscheidet. Vorteilhaft erscheint, daß bei diesem Programmierungsverfahren weder eine ursprüngliche (z.B. eine werksseitig eingestellte) Lok-Decoderadresse bekannt sein muß, noch benötigt der Anwender irgendeine Code-Tabelle. Eine einmal gewählte Adresse läßt sich jederzeit durch die Wiederholung der Programmierung ändern.

Die Voraussetzungen zur Inbetriebnahme einer Fleischmann-FMZ-Lok erscheinen kompliziert. Während bei anderen Einsteigersystemen lediglich der Lokwahlschalter in eine Stellung gebracht werden muß, die der bereits werksseitig betriebsfertig programmierten Digital-Lok entspricht, muß bei Fleischmann die Adresse (zwischen 1 und 119) der zu steuernden Digital-Lok bekannt sein und zuerst einmal diese Lok einer Lokwahlschalterstellung (1A bis 4A) zugeordnet werden. Der Betrieb selbst geschieht dann wieder mit anderen Lokwahlschalterstellungen (1B bis 4B).

> Aber man sollte ebenso sehen, daß das Fleischmannsystem auch einen beachtlichen Vorzug bietet: Man kann nämlich weitaus mehr als vier bzw fünf FMZ-Loks auf einer Anlage einsetzen – lediglich die Zahl der gleichzeitig steuerbaren FMZ-Loks Loks ist auf vier bzw fünf begrenzt. Hier ist also eine Auswahl von 4 bzw. 5 Digital-Loks aus insgesamt 119 Loks möglich, indem immer wieder andere Digital-Loks den Lokwahlschalterstellungen 1A bis 4A zugeordnet und mit den Stellungen 1B bis 4B betrieben werden.

Bedienung

Im Idealfall sollte eine Einsteiger-Digitalsteuerung der Maxime genügen, Lok auswählen und losfahren (möglichst ohne Studium der Bedienungsanleitung). An dieser Wunschvorstellung muß sich auch das DIGITALcontrol messen lassen.

Trafo

Der Fleischmann-Trafo ähnelt äußerlich dem Roco-Trafo und ist ebenso in für leistungsstarke Audio-Geräte verwendetem Schwarz gehalten. „Kühlrippen" signalisieren trotz angenehm kompakter Bauform viel Power. Diese geschickte Verpackung darf aber nicht über kleinere Funktionsmängel hinwegtäuschen. So besitzt der Trafo vier Befestigungslöcher für Holzschrauben jedoch keine Gummifüßchen. Deshalb rutscht das immerhin 1,3 kg wiegende Exemplar auf glattem Untergrund hin und her. Die bei vielen Modellbahntrafos übliche, optische Betriebs- und Kurzschlußanzeige sucht man leider vergebens. Positiv hervorzuheben sind der Sicherheitsstandard und die eindeutige Bezeichnung der Anschlußklemmen, sowie deren solide Ausführung.

DIGITALcontrol

Das pultförmige Gehäuse entspricht üblichem Modellbahnstandard. Es hat zwei Befestigungslöcher für Schrauben, aber keine Gummifüßchen. So rutscht es (ohne Befestigung) bei der Bedienung auf glatten Unterlagen hin und her. Die Anschlußbuchse für ein zusätzliches Handsteuergerät ist zweckmäßigerweise an der Gerätefrontseite positioniert.

Betrachtet man sich die Bedienungsoberfläche, so fällt zunächst einmal ein Drehschalter mit 16 verschiedenen Stellungen auf – kein anderes Einsteigergerät verfügt über eine solche „Auswahl"! Unter den beiden mit STOP gekennzeichneten und den zwei mit Lampensymbolen markierten Stellungen vermag man sich noch etwas vorzustellen, aber die übrigen 12 Schalterpositionen setzen ein Studium der Bedienungsanleitung zwingend voraus.

Diese kompliziert anmutende Bedienungseinrichtung ist eine Konsequenz des Fleischmannkonzeptes alle FMZ-Loks (Adressen 1 bis 119) mit einem Einsteigergerät fahren zu wollen.

Der Aufruf der gewünschten Lok geschieht (nachdem die Zuordnung der FMZ-Loks im Rahmen der Inbetriebnahmevorbereitung erfolgt ist) durch drehen des Lokwahlschalters in eine der Stellungen 1B (B = Betrieb) bis 4B. Die Adresse der ausgewählten Lok wird im Display angezeigt. Danach lassen sich Fahrtrichtung und Geschwindigkeit mit der Einknopfbedienung in der gewohnten Weise steuern. Wird der Lokwahlschalter beispielsweise von Stellung 1B nach 4B gedreht, so fährt Lok 1 mit der zuvor gewählten Fahrtrichtung und Geschwindigkeit weiter und Lok 4 ist über den Geschwindigkeitssteuerknopf direkt steuerbar. Lok 1 fährt solange weiter, bis sie erneut mit dem Lokwahlschalter in Stellung 1B aufgerufen wird.

Der Drehschalter ist im übrigen kein Schalter mit definierten Stellungen, sondern offenbar ein schlichtes Potentiometer. Deshalb rastet er in den einzelnen Stellungen auch nicht ein. Man muß den angespritzten Zeiger des Knopfes vielmehr einigermaßen präzise auf das jeweilige Symbol ausrichten. Daß ein Potentiometer deutlich preiswerter als ein Schalter mit 16 Stellungen ist, steht außer Zweifel. Aber diese Lösung ist zumindest etwas gewöhnungsbedürftig.

Der Drehknopf des DIGITALcontrol hat – wie beispielsweise das DELTA-Gerät von Märklin – zwei mit „STOP" gekennzeichnete Stellungen, wovon die rechte Stellung mit einem Anschlag versehen ist, so daß diese Stellung einfacher erreicht werden kann.

Dies ist ein System-Not-Halt, das heißt die Digitalspannung am Gleis wird ausgeschaltet und alle Fahrzeuge halten unverzögert an und die Innenbeleuchtungen in Wagen erlöschen. Der Betriebszustand wird im LED-Display mit „H" (wie Halt) angezeigt. Rückgängig gemacht wird der Not-Halt-Befehl, indem die Digital-Loks über die Drehschalterstellungen 1B bis 4B wieder aufgerufen werden. Wird ein Not-Halt mit dem Wippschalter auf dem Handsteuergerät ausgelöst, so halten ebenfalls alle Digital-Loks und ein „H" erscheint im Gerätedisplay. Aber der Befehl wird auf eine andere Weise rückgängig gemacht, als bei einer Not-Halt Betätigung auf dem DIGITALcontrol. Es genügt die Rückstellung des Wippschalters in seine Ausgangsstellung, damit sämtliche Digital-Loks wieder losfahren. Übrigens reagieren ausschließlich Digital-Loks auf den Not-Halt-

Befehl. Im Digitalstromkreis eingesetzte Analog-Loks fahren bei Not-Halt unbeeindruckt weiter. Folglich kann mit diesem Not-Halt nicht unter allen Betriebsbedingungen ein Crash verhindert werden.

Die Not-Halt Bedienung vermag nicht zu überzeugen. Insbesondere erscheinen die unterschiedlichen Rückstellungsverfahren und die Wirkungslosigkeit bei Analog-Loks unlogisch. Zudem wäre ein Not-Halt-Taster (mit Statusanzeige im ohnehin vorhandenen Display) einfacher zu bedienen als der verwendete Drehknopf.

Die fünfte Digital-Lok braucht natürlich nicht über den Lokwahlschalter aufgerufen zu werden, weil sie dem Handsteuergerät (über die Stellung 5A) fest zugeordnet wurde und von dort immer gesteuert werden kann.

Analog-Loks werden mit dem Gleichstrom-Fahrpult (optionale Ergänzung) in gewohnter Weise mit der Einknopfbedienung gesteuert.

Angenehm fällt die Liebe zum Detail auf. Die fest montierten Anschlußleitungen sind abisoliert und verzinnt; in den Gehäuseboden des DIGITALcontrol ist sogar das Farbschema der Anschlußkabel eingespritzt.

Besonderheiten

Das DIGITALcontrol hebt sich in zwei Punkten von Produkten vieler Mitbewerber ab. So erlaubt dieses Einsteigergerät die Einstellung einer Anfahr- und Bremsverzögerung bei Digital-Loks. Dabei kann zwischen acht verschiedenen Stufen gewählt werden, was eine individuelle Anpassung der Massensimulation an die Verhältnisse auf der jeweiligen Anlage erlaubt. Bei Signalen mit Zugbeeinflussung funktioniert diese Einrichtung natürlich nicht. Eine zweite bemerkenswerte Eigenschaft stellt die Möglichkeit zur Doppeltraktion dar. So kann in der Stellung „3+4" des Drehknopfes mit den unter der Stellung 3A und 4A zugeordneten Digital-Loks ein echter Doppeltraktionsbetrieb gefahren werden.

Weitere Bedienungsstellen

Das optional einsetzbare Handsteuergerät wird über ein ca. 1,3 m langes Kabel mit Diodenstecker verwechslungsfrei an eine an der Frontseite des DIGITALcontrol angeordnete und somit gut zugängliche Buchse angeschlossen. Eine Verlängerungsleitung ist nicht im Angebot. Zum Lieferumfang jedes Handsteuergerätes zählt ein Adapter einschließlich Befestigungsschrauben, der auf einer Grundfläche befestigt werden kann. Das Handsteuergerät läßt sich in den Adapter einclipsen und wird so zu einer wahlweise stationären Bedienungseinrichtung – ein praxisgerechtes Detail. Zum anbringen der beiliegenden Schildchen für die Nummer des Handsteuergerätes und der Lokbaureihe sind bei der Gehäusegestaltung sogar Vertiefungen in der Gehäuseform berücksichtigt worden.

Fahrtrichtung und Geschwindigkeit sind an einem Schiebewiderstand mit Mittelstellung einstellbar. Der bei der Bedienung wirkende mechanische Widerstand ist günstig ausgelegt – nicht zu leicht, aber auch nicht schwergängig. Die Einrastung in der Mittelstellung (Null-Stellung) des Schiebewiderstandes ist deutlich fühlbar. Da der Knopf des Schiebepotentiometers bei jedem Fahrt-

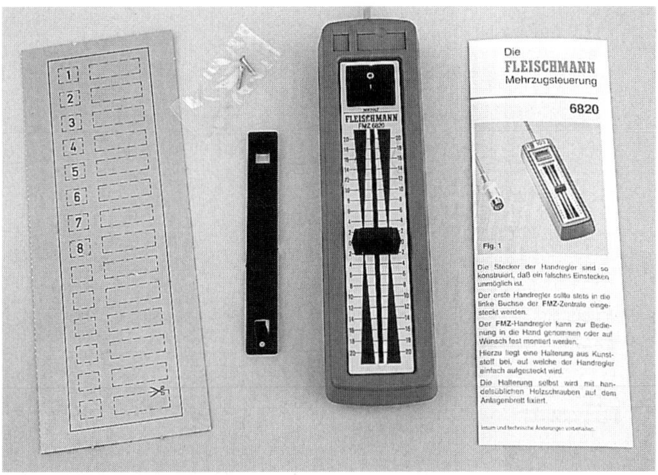

FMZ-Handsteuergerät mit Zubehör (Beschriftungsvorlagen, Adapter, Schrauben, usw.)

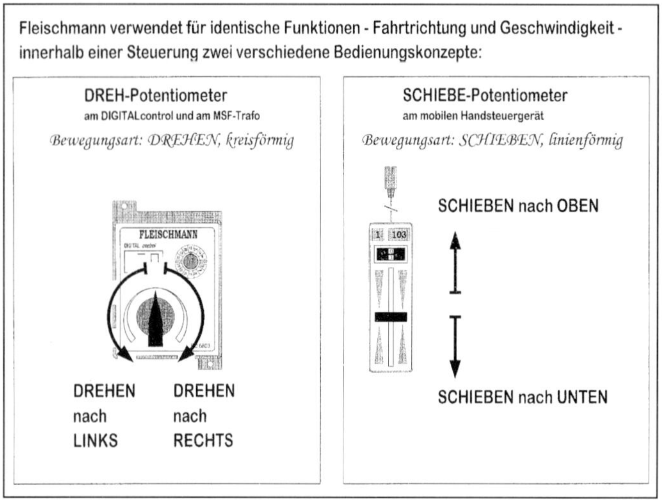

Einknopfbedienung und Schiebewiderstand – zwei Bedienungsarten innerhalb einer Steuerung für identische Funktionen

richtungswechsel über die Mittelstellung hinwegbewegt werden muß, ist ein Richtungswechsel bei hoher Geschwindigkeit praktisch ausgeschlossen. Wegen der fahrtrichtungsabhängigen Stirnlampenbeleuchtung ist die eingestellte Fahrtrichtung von Digital-Loks auch bei Mittelstellung (= Fahrzeugstillstand) des Schiebepotentiometers erkennbar.

Prinzipiell praxisgerecht ist der zusätzliche Not-Halt auf dem Handsteuergerät. Abstriche in punkto Bedienungsfreundlichkeit müssen gemacht werden, da dieser Not-Halt als Wippschalter und nicht als leichter bedienbarer Taster ausgeführt ist.

Die Erweiterung des DIGITALcontrol um ein Handsteuergerät offenbart gewisse Ungereimtheiten im Bedienungskonzept. Während die dem mobilen Handsteuergerät zugeordnete FMZ-Lok mit einem Schiebewiderstand (Auf/Ab-Bewegung) an mobilen Handsteuergeräten gesteuert wird, müssen dieselben Funktionen bei den mit dem DIGITALcontrol bedienten FMZ-Loks mittels Drehbewegung (Einknopfbedienung mit Mittelstellung oben) an einem ortsfesten Fahrpult vorgenommen werden. Unter ergonomischen Gesichtspunkten gesehen, sollten gleichartige Funktionen auch mit identischen Bedienungshandlungen ausgeführt werden. Anstelle eines Handsteuergerätes mit Schiebepotentiometer wäre ebenso ein mobiles Handsteuergerät mit Einknopfbedienung – wie beispielsweise das Delta-Mobil Gerät von Märklin – realisierbar gewesen.

Bedienungsanleitung

Jeder Komponente liegt eine sorgfältig aufgebaute, dank Piktogrammen gut verständliche Bedienungsanleitung bei. Leider hat auch Fleischmann auf Aussagen über das Fahrzeugangebot und auf Umrüstungsmöglichkeiten für Fleischmann-Analog-Loks und Fremdfabrikate vollkommen verzichtet.

Fahrzeugangebot

Betriebsfertige Digital-Loks

Das Angebot an betriebsfertigen Fleischmann-H0-Digital-Fahrzeugen beläuft sich im Katalog 1996/97 auf 51 verschiedene Fahrzeuge (einschließlich Farbvarianten) und ist damit als durchaus passabel einzustufen. Das Angebot 1996/97 an FMZ-Loks der Baugröße N ist dagegen auf etwa 27 Fahrzeuge (einschließlich Farbvarianten) begrenzt.

Weder bieten andere Modellbahnhersteller betriebsfertige Loks mit FMZ-Lok-Decodern an, noch können mit dem DIGITALcontrol Digital-Loks mit Lok-Decodern anderer Digitalfabrikate gesteuert werden, wie dies zum Beispiel mit dem Trix Central Control 2000 möglich ist. Mit Fleischmann FMZ geht man eine enge Fabrikatsbindung ein.

Diese Feststellung wird allerdings durch den systemspezifischen Vorzug relativiert, daß bei Fleischmann – nach Erweiterung durch einen FMZ-Koppler und ein durch ein Gleichstrom-Fahrpult – zusätzlich herkömmliche Analog-Loks im Digitalstromkreis eingesetzt werden können. Dadurch vergrößert sich die Auswahl einsetzbarer N- und H0-Fahrzeuge beträchtlich.

Elektrische Schnittstelle / Umrüstung von Analog-Loks auf Digitalbetrieb

FMZ-Lok-Decoder sind für Fahrzeuge der Baugrößen N und H0 auch einzeln erhältlich. Damit steht der Ausrüstung von Fremdfabrikaten mit FMZ-Lok-Decodern prinzipiell nichts entgegen.

FMZ-Lok-Decoder sind wegen des aus technischen Gründen (beim gleichzeitigen Einsatz von Analog-Fahrzeugen im Digitalstromkreis) erforderlichen Kondensators im Vergleich zu denen der Mitbewerber jedoch recht voluminös. Daraus folgt, daß – insbesondere bei Baugröße N – deutlich weniger Fahrzeuge für einen Einbau dieser Lok-Decoder in Betracht kommen. Erschwerend wirkt, daß auch die Nachrüstung vorhandener Fleischmann-N-Analog-Loks aufwendig ist, weil hier ein Nachrüstkonzept – wie bei Arnold mittels Platinentausch, oder bei Trix und Roco mittels genormter Elektrischer Schnittstellen – nicht vorgesehen ist. Zum Einbau einzeln erhältlicher Lok-Decoder sind in der Regel spanabhebende Arbeiten (z.B. Fräsarbeiten) an Fahrgestellen und eine individuelle Verdrahtung notwendig.

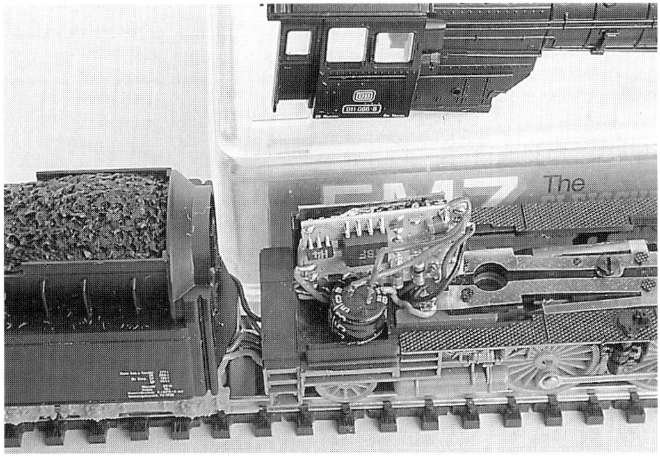

Elektronisches Innenleben einer werksseitig mit Lok-Decoder lieferbaren FMZ-Lok der Baugröße N; gut zu erkennen ist der neben dem eigentlichen Decoder zusätzlich erforderliche Kondensator

Fleischmann beabsichtigt offenbar nicht, seine Fahrzeuge und seine Lok-Decoder mit den inzwischen für alle Baugrößen nach NEM genormten Schnittstellen auszustatten. Dies kompliziert nicht nur die Umrüstung von Fremdfabrikaten (Analog-Loks anderer Hersteller) auf des FMZ-System, sondern erschwert ebenso die Nachrüstung von Lok-Decodern in Fleischmann-Fahrzeuge.

Und wer sich für eine andere Digitalsteuerung entscheidet, der wird Fleischmann-Analog-Loks wegen der fehlenden Schnittstelle zur Anpassung an sein System auch nicht gerade bevorzugen, weil fehlende Schnittstellen die Digitalisierung von Loks nicht nur technisch erschweren, sondern in Folge davon auch verteuern.

Lok-Decoderangebot

Das Lok-Decoderangebot der Fa. Fleischmann umfaßt zwei Typen, einen für die Baugröße N und einen für Fahrzeuge der Baugröße H0. Beiden ist gemeinsam, daß zusätzlich zum eigentlichen Decoder noch Raum zur Unterbringung eines bipolaren Kondensators erforderlich ist. Anläßlich der Spielwarenmesse 1997 in Nürnberg wurden für N- und H0-Fahrzeuge weiterentwickelte Decoder vorgestellt, welche die bisherigen ersetzen werden. Die Neuheiten unterscheiden sich von den Vorgängertypen durch ei-

Fleischmann-N- und H0-Lok-Decoder (Nr. 6841 und Nr. 6844) jeweils mit - zugehörigem bipolarem Kondensator

Übersicht Fleischmann Lok-Decoder

Anbieter:	**Fleischmann**	**Fleischmann**	**Fleischmann**	**Fleischmann**
Lok-Decoder mit Kabel für Lötanschluß:	6841	6842 (Neuheit 97)	6844	6843 (Neuheit 97)
Lok-Decoder mit Kabel u. m. Schnittstellenstecker:	nein	nein	nein	nein
Geeignet für Baugröße:	N	N	H0	H0
Einstellung der Lok-Decoder-eigenschaften ohne Öffnung der Lok	ja	ja	ja	ja
Fahrstufenzahl zur Geschwindigkeitssteuerung	15	15	15	15
Motordrehzahlregelung integriert	nein	ja	nein	ja
Lokbezogene Höchst-geschwindigkeitseinstellung	nein	nein	nein	nein
Geschwindigkeitskennlinie lokbezogen einstellbar	nein	nein	nein	nein
Mindestanfahrspannung vorwählbar	nein	nein	nein	nein
Massensimulation (Brems- u. Anfahrverhalten) einstellbar	ja, in 8 Stufen	ja, in 8 Stufen	ja, in 8 Stufen	ja, in 8 Stufen
Maximalbelastbarkeit des Motorausganges	0,5 A	0,5 A	1,0 A	0,8 A
Zahl der fernsteuerbaren Funktionen:	1	1	1	1
Lok-Decoderabmessungen L x B x H in mm	18 x 11 x 5 zzgl. Kondens. mit L= 11 mm und D=5 mm	14 x 9 x 5 zzgl. Kondensator mit L= 11 mm und D=5 mm	25 x 11 x 5 zzgl. Kondensator mit L= 11 mm und D=5 mm	25 x 9 x 4 zzgl. Kondensator mit L= 11 mm und D=5 mm

ne integrierte Motordrehzahlregelung und geringere Abmessungen. Die Decodereigenschaften der bisherigen und der künftig erhältlichen Decoder gehen aus der Tabelle hervor.

Die Aufzählung der Eigenschaften läßt erkennen, daß bei diesem System noch einige Eigenschaften zur Optimierung der Fahreigenschaften ergänzt werden sollten. Zieht man einen Vergleich zu Digital Plus oder Selectrix, so fallen beispielsweise die bei Fleischmann deutlich geringere Fahrstufenzahl und die fehlende Höchstgeschwindigkeitseinstellung, sowie die fehlenden Möglichkeiten zur Beeinflussung des Regelverhaltens auf.

Fahreigenschaften

Fleischmann verwendet im Zusammenhang mit dem DIGITALcontrol keine Lok-Decodersparversionen, sondern die von der Vollversion der FMZ-Steuerung her bekannten Lok-Decodertypen.

Zur Geschwindigkeitssteuerung stehen bei diesem System 15 Fahrstufen zur Verfügung. Die Schrittweite zwischen den Stufen ist nicht einfach gleichmäßig gestaltet, sondern der Motorcharakteristik angepaßt. Kleinere Schritte bei niedrigen Geschwindigkeiten und größere im oberen Geschwindigkeitsbereich sollen zu einer akzeptablen Geschwindigkeitssteuerung mit nur 15 Fahrstufen führen. Die zuschaltbare und in acht Stufen einstellbare Massensimulation wirkt sich positiv auf den Gesamteindruck aus.

Nach Auslieferung der neuen Lok-Decoder mit integrierter Motordrehzahlregelung Nr. 6842 und Nr. 6843 wird sich das Fahrverhalten von FMZ-Loks sichtbar von dem herkömmlicher Analog-Loks abheben.

Wegen der auf 15 begrenzten Fahrstufenzahl wird auch künftig keine so feinfühlige Geschwindigkeitssteuerung möglich sein wie bei Digital Plus (28 Stufen) oder gar Selectrix (31 Stufen) und die fehlende Höchstgeschwindigkeitsvorgabe trägt auch nicht zur Optimierung des Fahrverhaltens bei – dennoch dürfte der mit den neuen Fleischmann-Decodern erreichbare Fahrkomfort beispielsweise deutlich über dem von Roco liegen.

Die Betätigung der Not-Halt-Funktion bewirkt wie bei allen anderen Einsteigergeräten ein abschalten der Versorgungsspannung. Alle Digital-Loks mit Schneckengetrieben und ohne mechanische Schwungmasse halten somit ohne Verzögerung.

Das Fahrverhalten von Analog-Loks im Digitalstromkreis ist u.a. von den Eigenschaften des verwendeten Gleichstromfahrpultes abhängig. Mit einem Fleischmann MSF-Trafo kann die Geschwindigkeit im unteren Bereich wegen der hier verwendeten Halbwellentechnik und des gedehnten Rangiergeschwindigkeitsbereichs feinfühlig eingestellt werden – zweifellos ein Pluspunkt.

Eine Massensimulation ist für Analog-Fahrzeuge jedoch ebensowenig verfügbar wie ein lokspezifischer Not-Halt.

Der im Stillstand bei Analog-Loks im Digitalstromkreis vernehmbare „Pfeifton" verschwindet beim fahren. Diese konstruktiv bedingte Begleiterscheinung geht im Geräuschpegel des übrigen Fahrbetriebes unter. Triebfahrzeuge mit Glockenankermotoren dürfen nicht als Analog-Lok im FMZ-Stromkreis eingesetzt werden.

Fahreigenschaften in Signalhalteabschnitten

Herstellerseitig werden (auch für die Vollversion der FMZ-Steuerung) keine Schaltungen für vorbildgerecht verlaufende Bremsvorgänge in Signalhalteabschnitten angeboten. Selbstbauschaltungen sind ebenfalls nicht bekannt.

Fernsteuerbare Funktionen

Konstruktiv ist in Fleischmann-Decodern nur eine fernsteuerbare Funktion integriert. Mit dem DIGITALcontrol kann diese Funktion ein- und ausgeschaltet werden. Allerdings geht dies nur gemeinsam für alle Digital-Loks und nicht individuell für jedes Fahrzeug. Serienmäßig sind Fleischmann-Digital-Los mit einer fernsteuerbaren, fahrtrichtungsabhängigen Stirnlampenbeleuchtung ausgerüstet, die systembedingt gleichmäßig hell leuchtet. Sie geht beim Betrieb mit dem DIGITALcontrol jedoch erst an, wenn sich das Triebfahrzeug in Bewegung setzt. Einmal abgesehen davon, daß dies nicht gerade vorbildgerecht ist, verhindert diese Eigenschaft auch, daß man die eingestellte Fahrtrichtung bei stehenden Fahrzeugen an der Stirnlampenbeleuchtung erkennt.

Die Stirnlampenbeleuchtung von Analog-Loks arbeitet im Digitalstromkreis ständig. Wegen des Digitalspannungsverlaufes sind bei Analog-Loks trotz eingebauter Dioden (für eine fahrtrichtungsabhängige Umschaltung) lediglich richtungsabhängige Helligkeitsunterschiede erkennbar. Die entgegen der Fahrtrichtung liegende Stirnlampenbeleuchtung erlischt nicht. Wichtig: serienmäßige 14 Volt-Lämpchen in beleuchteten Wagen und in Analog-Loks müssen bei Einsatz auf FMZ-Anlagen durch spannungsfestere 24 Volt-Versionen ersetzt werden. Wird das versäumt, dann gehen die serienmäßigen Lämpchen schnell kaputt. Folgenschwerer wiegt, daß sich die 14 Volt Lämpchen bis zu ihrem Ausfall stärker erwärmen und deshalb Kunststoffteile (z.B. Wagendächer) verformen können.

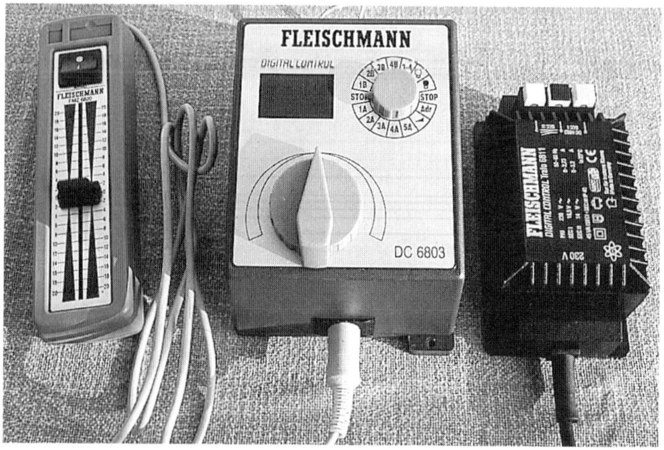

Stationäre DIGITALcontrol erweitert um ein ortsveränderliches Handsteuergerät zur Steuerung einer weiteren Digital-Lok

Gemessen an den Mitbewerbern Digital Plus und Roco Digital bietet Fleischmann mit dem DIGITALcontrol hinsichtlich fernsteuerbarer Funktionen nur ein Minimum. Wie bei Märklin, so wird auch hier Hobby-Einsteigern das Vergnügen optischer und akustischer Spielereien eher vorenthalten.

Erweiterungen

Wichtigster Schritt dürfte die Ergänzung durch einen FMZ-Koppler und ein Gleichstrom-Fahrpult sein, damit auch Analog-Loks fahren können. Pro zusätzlich gewünschtem Analogstromkreis sind ein FMZ-Koppler (Breite 110 mm, Länge 164,5, Höhe 85,5 mm) und ein Gleichstrom-Fahrpult (Breite 110 mm, Länge 164,5, Höhe 85,5 mm) notwendig.

Aufstieg zur Vollversion

Genügt eines Tages der Betrieb mit vier bzw fünf Digital-Loks nicht mehr, oder sollen zusätzlich Magnetartikel digital geschaltet werden, dann ist unter Beibehaltung des Trafos und des Handsteuergerätes sowie ggf. eingesetzter FMZ-Koppler ein Aufstieg zur großen FMZ-Zentrale möglich. An den Digital-Loks sind keinerlei Änderungen notwendig. Das DIGITALcontrol läßt sich allerdings nicht mehr weiter verwenden.

Einige Besonderheiten der großen FMZ-Zentrale sollten übrigens vor der Systementscheidung für eine Fleischmann Mehrzugsteuerung bekannt sein: Mit der großen Zentrale können Magnetartikel (Weichen, Signale) digital gesteuert werden. Sogar eine Fahrstraßenschaltung ist in die große FMZ-Zentrale integriert. Das Decoderangebot beschränkt sich jedoch auf einen einzigen Typ, der zur direkten Ansteuerung von elektromagnetischen Antrieben mit Doppelspulen ausgelegt ist. Decoder mit Relaisausgängen, wie sie beispielsweise zur Schaltung von Fahrstrom in Signalhalteabschnitten oder zur Steuerung von Lichtsignalen erforderlich sind, befinden sich nicht im Angebot. Auch fehlen Decodertypen mit Rückmeldefunktion für Magnetartikelstellungen. Ebenso sind keine Decoder zur Erfassung und Meldung von Fahrzeugstandorten (Meldung von freien und besetzten Gleisabschnitten) und zur zuggesteuerten Kontaktgabe im Programm. Je nach gewünschter Ausbaustufe einer Digitalsteuerung kann dies eine deutliche Einschränkung der Möglichkeiten bedeuten.

Qualität und Funktionssicherheit

Beim Testbetrieb traten weder mechanische noch elektrische Funktionsmängel am DIGITALcontrol und den Lok-Decodern auf. Dies ist die für den Interessenten wohl wichtigste Feststellung.

Das Qualitätsniveau entspricht üblichem Modellbahnstandard, erreicht aber beim Gehäuse des DIGITALcontrol nicht ganz die ansonsten gewohnte Fleischmannsolidität. Ein Beispiel: Das dünnwandige Gehäuse biegt sich bereits wenn man den Stecker des Handsteuergerätes in die Buchse steckt oder herauszieht. Ausgesprochen positiv fällt dagegen die Liebe zum Detail auf – das reicht bis hin zu beigefügten selbstklebenden Schildchen zur Beschriftung des Handsteuergerätes mit der von dort gesteuerten Lokbaureihennummer.

Kosten

Fleischmann verlangt einen relativ hohen Einstiegspreis für Verdrahtungsfreiheit und die unabhängige Steuerung von nur vier Fahrzeugen innerhalb eines Stromkreises. Dies liegt sicher zum Teil in der Gerätekonzeption begründet, die im Unterschied zu Märklin ein zusätzliches dreistelliges LED-Display und einen speziellen Trafo erfordert.

Zumindest N-Bahner kommen an zusätzlichen Investitionen für den Einsatz von Analog-Loks nicht vorbei. Denn auch die neuen Fleischmann-Lok-Decoder sind vergleichsweise voluminös und passen deshalb nur in relativ wenige N-Loks. Das verteuert die Grundausrüstung zusätzlich. Für die Eigenschaft, gleichzeitig Analog-Loks im Digitalstromkreis einsetzen zu können, muß bei Fleischmann ein nicht unerheblicher Aufpreis bezahlt werden. Bei Digital Plus bekommt man diese Eigenschaft gratis mitgeliefert.

Ungefähre Richtpreise für die Fleischmann-Mehrzugsteuerung DIGITALcontrol

Grundausstattung:	
1 Stk FMZ-Trafo Nr. 6811 zur Stromversorgung	125,– DM
1 Stk DIGITALcontrol Nr. 6803	299,– DM
1 Stk FMZ-Handregler Nr. 6820	59,– DM
1 Stk FMZ-Lok-Decoder (großer Decoder)	90,– DM
1 Stk FMZ-Lok-Decoder (kleiner Decoder)	110,– DM
Aufpreis für Analog-Betrieb:	
1 Stk MSF-Trafo	119,– DM
1 Stk FMZ-Koppler	115,– DM

Zusammenfassung

Wie die meisten Mitbewerber hat sich auch Fleischmann bei der Entwicklung der DIGITALcontrol auf den Fahrzeugbetrieb konzentriert. Digitales schalten ist der großen FMZ-Zentrale vorbehalten.

Die Konzeption von Fleischmann zeigt mehrere Parallelen zu Märklin Delta und dem Delta Pilot. Hier wie dort handelt es sich um standortgebundene Geräte zur Steuerung von je vier Digital-Loks, beide Hersteller messen fernsteuerbaren Zusatzfunktionen bei Einsteigergeräten eine eher untergeordnete Bedeutung bei und beide Geräte lassen sich nur um jeweils ein mobiles Handsteuergerät zum Betrieb einer weiteren Digital-Lok ausbauen.

Gleichwohl ist die Bedienung des DIGITALcontrol ungleich komplizierter als die der Märklin Delta Control. Gleichermaßen überzeugend gelungen ist in Göppingen und Nürnberg die Konstruktion von Geräten mit einem Minimum an Verdrahtungsaufwand.

Prinzipiell gefällt beim DIGITALcontrol die Möglichkeit zum zusätzlichen Betrieb konventioneller Gleichstrom-Loks im Digitalstromkreis. Der Objektivität wegen muß jedoch auf den nicht unerheblichen Mehrpreis dieser Option hingewiesen werden und auf die Tatsache, daß man diese Eigenschaft andernorts gratis mitgeliefert bekommt.

Unter dem Gesichtspunkt des Preis/Leistungsverhältnisses vermag das DIGITALcontrol nur schwer zu überzeugen. Hinzu kommt, daß eine Entscheidung für das Fleischmann-Mehrzug-System eine besonders ausgeprägte Fabrikatsbindung zur Folge hat, denn Fahrzeuge mit Fleischmann-Lok-Decodern können bei keinem anderen System eingesetzt werden.

10 Fleischmann FMZ-Control 4

Diese ebenfalls in erster Linie für Fleischmann N- und H0-Gleichstrombahnen entwickeite Einsteiger-Digitalsteuerung ist zum Betrieb von bis zu vier Zügen ausgelegt. Die Bedienung erfolgt ausschließlich mittels mobiler Handsteuergeräte. Die Technik orientiert sich am fleischmanneigenen FMZ-Standard. Nach Erweiterung der leistungsfähigen Basis-Geräte durch ein Gleichstromfahrpult und einen sog. FM Koppler lassen sich im FMZ-Stromkreis zusätzlich Analog-Loks steuern.

Erläuterung

In zahlreichen Punkten sind die Eigenschaften der Mehrzugsteuerung FMZ Control 4 identisch mit den bereits im Zusammenhang mit dem DIGITALcontrol beschriebenen. Deshalb wird im folgenden häufig auf das im vorangegangenen Kapitel ausführlich dargestellte Gerät verwiesen.

Kompatibilität

Hinsichtlich der Kompatibilität und der Vorteile der bei Fleischmann als Option angebotenen Analogkompatibilität gelten für die Mehrzugsteuerung FMZ Control 4 die bereits im Zusammenhang mit dem DIGITAL-control gemachten Aussagen.

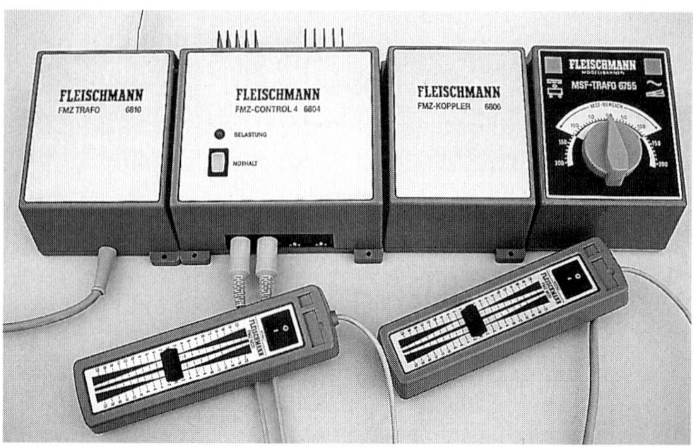

FMZ-Control 4 hier erweitert um eine Gleichstromfahrpult und einen FMZ-Koppler für den zusätzlichen Betrieb einer Analog-Lok im Digitalstromkreis. Diese Gerätekombination beansprucht vergleichsweise viel „Standplatz"

Aufbau

Die FMZ-Control 4 besteht aus

– einem ortsfesten Trafo zur Stromversorgung,

– der ebenfalls stationären FMZ Control 4 und

– bis zu vier ortsveränderlichen Handsteuergeräten.

Wer zusätzlich mit Analog-Loks fahren möchte, muß die FMZ-Control 4 pro Analogstromkreis um einen FMZ-Koppler und ein Gleichstrom-Fahrpult ergänzen.

Die stationären Komponenten dieser Steuerung beanspruchen bereits in der Grundausstattung vergleichsweise viel Stellfläche. Hinzu kommt, daß die Rückseite der FMZ-Control 4 zugänglich bleiben muß, weil dort die Miniaturschalter zur Lokadresseneinstellung und zur Massensimulation angeordnet sind.

Bedienungskonzept

Fleischmann hat bei dieser Steuerung ein „paralleles" Bedienungskonzept für bis zu vier Bediener bzw Fahrzeuge verwirklicht. Erweiterungen sind nicht vorgesehen. Jeder Digital-Lok ist ein eigenes Steuergerät – und zwar stets dasselbe – fest zugeordnet. Es handelt sich um mobile Handsteuergeräte, so daß man immer in der Nähe der gesteuerten Lok sein kann.

Lag beim stationären DIGITALcontrol der Vergleich zum ortsfesten Märklin Delta Control nahe, so bestehen zwischen der FMZ Control 4 und der Märklin Delta Station gewisse Parallelen. In beiden Fällen lassen sich vier Digital-Loks mit mobilen Handsteuergeräten betreiben.

Fahrtrichtung und Geschwindigkeit werden bei der FMZ Control 4 an Schiebepotentiometern mit Mittelstellung eingestellt. Bemerkenswerterweise setzt Märklin dazu die ansonsten bei diesem Hersteller nicht verbreitete Einknopfbedienung ein – verkehrte Welt?

Jede Fleischmann Walk-Around-Control besitzt einen lokbezogen wirksamen Not-Halt-Schalter; Märklin verwendet bei der Delta Station bedienungsfreundliche Not-Halt-Taster.

Dieses Bedienungskonzept erübrigt einerseits Lokwahlschalter. Nutzt man die FMZ-Steuerung überwiegend alleine, dann muß andererseits sehr oft von einem zum anderen Handsteuergerät gewechselt werden. Auch kann eine Lok nicht vom Bediener 1 (Standort Handsteuergerät 1) an den Bediener 2 (Standort Handsteuergerät 2) und umgekehrt übergeben werden – es muß das ganze Handsteuergerät übergeben bzw übernommen werden. In diesem Punkt bietet die Märklin Delta Station Vorteile, weil dort mit jedem Handsteuergerät jede der vier Digital-Loks bedient werden kann und eine Übergabe bzw. Übernahme von einem Fahrzeug von einem Handsteuergerät zum anderen möglich ist.

Für den zusätzlichen Betrieb von Analog-Loks bedarf die Grundausstattung einer Ergänzung durch FMZ-Koppler und Gleichstromfahrpulte. Solche Fahrpulte sind ortsfest und binden den Benutzer an einen Standort. Während Fahrtrichtung und Geschwindigkeitssteuerung von Digital-Loks mittels Schiebepotentiometer mit Mittelstellung erfolgen, erfolgt die Betätigung derselben Funktionen bei Analog-Loks mit der bewährten Einknopfbedienung. Ein lokbezogen wirksamer Not-Halt steht für Analog-Loks nicht zur Verfügung.

Märklin bietet bei der Delta Station keine Möglichkeit zum Einsatz herkömmlicher Märklin-Loks; hier muß zunächst einmal jede Lok mit Lok-Decoder ausgestattet werden.

Fleischmann hat mit der realisierten Bedienungskonzeption zwar alle bei einer Modellbahn vorkommenden Fahrpultanordnungen – zentral, dezentral und ortsveränderlich – abgedeckt, aber für Digital- und Analog-Loks unterschiedliche Bedienungsarten innerhalb einer Steuerung gewählt.

Stromversorgung und Anschluß

Bei der Auswahl eines Trafos zur Stromversorgung der FMZ-Control 4 ist man prinzipiell nicht auf Fleischmann-Trafos angewiesen – so die Fleischmann-Aussage bei der FMZ Control 4, die sich damit von der Herstellervorgabe beim DIGITALcontrol unterscheidet.

Jeder übliche Lichtstromtrafo mit einer Ausgangsspannung von 16 Volt kann über einen unter der Artikel-Nr. 6884 erhältlichen Adapter an die Spezialbuchse an der Rückseite der FMZ Control 4 angeschlossen werden. Dann stellt die FMZ-Control 4 allerdings eine deutlich geringere Leistung zur Verfügung. Dies spiegelt sich unter anderem in um ca. 20% geringeren Fahrzeughöchstgeschwindigkeiten wider. Eine wesentlich bedeutendere Folge als geringere Geschwindigkeiten ist der Drehmomentverlust (Zugkrafteinbuße) der Fahrzeuge.

Diese Art der Stromversorgung kann bestenfalls am Anfang, oder bei Verwendung der Steuerung für die Baugröße N, befriedigen.

Auch wenn damit höhere Kosten verbunden sind, die solide Lösung heißt FMZ-Trafo von Fleischmann. Er arbeitet mit einer höheren Spannung als übliche Modellbahntrafos und gibt zudem zwei Spannungen (23 Volt und 7 Volt) ab. In diesem Fall steht an der FMZ-Control 4 ein Ausgangsstrom von 2 Ampere zur Verfügung.

Der FMZ-Trafo wird über ein fest montiertes Spezialkabel verwechslungsfrei mit einer

Betriebsfertiger Anschluß einer FMZ-Control 4 Steuerung

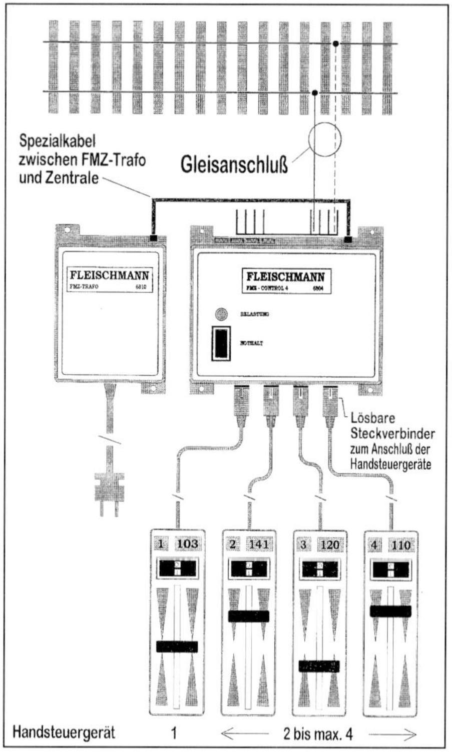

Steckersonderausführung an die FMZ-Control 4 angeschlossen. Die Schienen werden über eine zum Lieferumfang zählende zweiadrige Leitung mit der FMZ-Control 4 verbunden. Und schließlich sind noch die maximal vier Handsteuergeräte mittels Diodensteckern an der FMZ-Control-Frontseite anzuschließen.

Auch diese Mehrzugsteuerung entspricht den VDE-Sicherheitsbestimmungen, wenn zur Stromversorgung ein VDE-geprüfter Modellbahn-Trafo eingesetzt wird.

Inbetriebnahme-vorbereitungen

Weil mit der FMZ-Control 4 sämtliche Fleischmann-Digital-Loks gesteuert werden können, müssen die vier ausgewählten FMZ-Loks zuerst einmal den entsprechenden Handsteuergeräten zugeordnet werden. Diese Zuordnung ist üblicherweise eine einmalige, vor der erstmaligen Inbetriebnahme auszuführende Tätigkeit. Sie geschieht mit den an der FMZ-Control-Rückseite angeordneten vier Achtfach-Miniaturschaltern.

Jede FMZ-Lok ist werkseitig auf eine bestimmte Lok-Adresse eingestellt. Diese Adresse steht auf der Fahrzeugverpackung und ist zusätzlich auf der Fahrzeugunterseite aufgedruckt, sofern werkseitig programmierte Lok-Decoder in den Fahrzeugen eingebaut sind. Nun muß eine der FMZ-Control 4 beigefügte Codiertabelle (Bestandteil der Bedienungsanleitung) zur Hand genommen werden, in welcher alle 119 möglichen Adressen mit den zugehörigen Schalterstellungen dargestellt sind. Die zu jeder Lok-Adresse gehörende Schalterstellung ist auszuwählen und muß an einem der vier Achtfach-Miniaturschalter an der FMZ-Control 4 Rückseite eingestellt werden. Durch die Wahl eines der vier Miniaturschalter wird zugleich dasjenige der vier Handsteuergeräte ausgewählt, mit dem künftig diese FMZ-Lok gesteuert wird. Anschließend muß einmal der Not-Halt-Wippschalter auf dem zugehörigen Handsteuergerät betätigt werden. Dann ist die Adresseneinstellung wirksam.

Es ist dem Anwender überlassen, in welcher Reihenfolge er welche Digital-Lok welchem Handsteuergerät zuordnet. Die Zuordnung ist jederzeit änderbar.

Nachdem Fleischmann zwischenzeitlich auch auf anwenderseitig programmierbare Lokdecoderausführungen umstellt, entfallen die Angaben der Lokadressen auf den Fahrzeugunterseiten. Mit Einführung der neuen Decodergeneration wurde auch ein entsprechendes Programmiergerät namens FMZ-Codierer angeboten. Mit ihm können u.a. Lokadressen gelesen (angezeigt) und programmiert werden. Während die Programmierfunktion beim DIGITALcontrol bereits integriert ist, muß diese Funktion bei der FMZ Control 4 in Form eines separaten Zusatzgerätes erworben werden.

Bedienung

Angenehm fällt die Liebe zum Detail auf. Mitgelieferte Anschlußleitungen 0,75 mm2 mit abisolierten und verzinnten Enden bestätigen dies ebenso, wie die in das Gehäuse eingespritzten Bezeichnungen für Miniaturschalter, Trafoanschluß und die selbstklebenden Beschriftungsschilder für die Handsteuergeräte. Die Gehäuse von FMZ-Trafo und FMZ-Control 4 besitzen allerdings keine Gummifüßchen als Vorkehrung gegen herumrutschen, aber wenigstens Bohrungen für eine Schraubbefestigung.

Einziges Bedienungselement auf der FMZ-Control 4 Oberfläche ist ein orangefarbig hervorgehobener Wippschalter für den System-Not-Halt. Damit wird die an den Schienen anstehende Spannung abgeschaltet und alle auf einer Anlage befindlichen Fahrzeuge – also Digital- und Analog-Loks – halten unverzögert an und Innenbeleuchtungen von Wagen erlöschen. Rückgängig gemacht wird der Not-Halt-Befehl, indem der Schalter in seine Ausgangslage zurückgestellt wird. Einfacher zu bedienen als der verwendete Wippschalter wäre ein Taster (mit Stellungsanzeige).

Oberhalb des Not-Halt-Schalters befindet sich zur Anzeige von Überlastungen (also auch Kurzschlüssen) eine rote Leuchtdiode. Auf eine Betriebsanzeige wurde verzichtet.

An der Geräterückseite – und damit relativ schlecht zugänglich – sind die vier Achtfach-Miniaturschalter zur Einstellung der Lok-Adressen (Schalter 1 bis 7) und zum aktivieren eines vorbildgerechten Anfahr/Bremsverhaltens (Schalter 8) bzw. für die Zuordnung der vier Loks zu den vier Handsteuergeräten angeordnet. Zwar zählt die Adressenwahl zu den seltenen Bedienungshandlungen – trotzdem kommt man nicht an der Feststellung vorbei, daß dies keine sonderlich glückliche Lösung darstellt. Sowohl die Anordnung der Miniaturschalter an der schlechter zugänglichen Geräterückseite, als auch die Tatsache, daß zu deren Einstellung ein Hilfsmittel (z.B. kleiner Schraubenzieher)

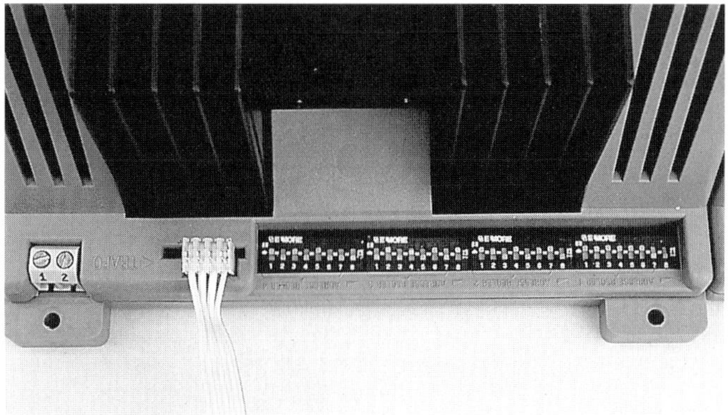

Vier Achtfach-Miniaturschalter zur Adressenzuordnung und zum ein- und ausschalten der Massensimulation befinden sich an der Geräterückseite

notwendig ist, erscheint nicht gerade benutzerfreundlich. Es gibt nämlich auch Miniaturschalter mit Hebelchen. Sie würden zumindest das vielleicht häufiger erforderliche ein- und ausschalten der Anfahr/Bremsverzögerung erleichtern.

Die vier Handsteuergeräte werden über jeweils ca. 1,3 m lange Kabel mit Diodensteckern verwechslungsfrei an die FMZ-Control 4 angeschlossen. Eine Verlängerungsleitung ist nicht im Angebot. Die Anschlußbuchsen sind gut zugänglich an der Gerätefrontseite angebracht. Zum Lieferumfang jedes Handsteuergerätes zählt ein Adapter einschließlich Befestigungsschrauben, der auf einer Grundfläche befestigt werden kann. Das Handsteuergerät läßt sich in den Adapter einclipsen und wird so zu einer stationären Bedienungseinrichtung – ein praxisgerechtes Detail. Zum Anbringen der beiliegenden Schildchen für die Nummer des Handsteuergerätes und der Lokbaureihe sind bei der Gehäusegestaltung Vertiefungen in der Gehäuseform berücksichtigt worden.

Fahrtrichtung und Geschwindigkeit sind an einem Schiebewiderstand mit Mittelstellung einstellbar. Der bei der Bedienung wirkende mechanische Widerstand ist günstig ausgelegt – nicht zu leicht, aber auch nicht schwergängig. Die Einrastung in der Mittelstellung (Null-Stellung) des Schiebewiderstandes ist deutlich fühlbar. Da der Knopf des Schiebepotentiometers bei jedem Fahrtrichtungswechsel über die Mittelstellung hinwegbewegt werden muß, ist ein Richtungswechsel bei hoher Geschwindigkeit praktisch ausgeschlossen. Wegen der fahrtrichtungsabhängigen Stirnlampenbeleuchtung ist die eingestellte Fahrtrichtung von Digital-Loks auch bei Mittelstellung (= Fahrzeugstillstand) des Schiebepotentiometers erkennbar.

Praxisgerecht ist der lokspezifisch wirksame Not-Halt auf jedem Handsteuergerät; weil damit gezielt die mit dem jeweiligen Gerät gesteuerte Lok angehalten werden kann. Die anderen Triebfahrzeuge fahren währenddessen weiter. Abstriche in punkto Bedienungsfreundlichkeit müssen gemacht werden, da auch dieser Not-Halt als Wippschalter und nicht als leichter bedienbarer Taster ausgeführt ist. Die Rückstellung des mit einem Taster ausgelösten Not-Halts könnte beispielsweise automatisch in Mittelstellung (Fahrzeugstillstand) des Schiebewiderstandes erfolgen.

Als Besonderheit ist die für jede Digital-Lok separat ein- und ausschaltbare Massensimulation zu erwähnen. Dadurch verlaufen bei handgesteuerten Fahrvorgängen Anfahr- und Bremsvorgänge vorbildgerecht verzögert. Zwischen Stillstand und Höchstgeschwindigkeit wird beim beschleunigen eine Strecke von etwa 80 cm zurückgelegt. Der Bremsweg ist ebenso lange. Bei Signalen mit Zugbeeinflussung durch ein- und ausschalten des Fahrstromes in einem Signalhalteabschnitt funktioniert diese Einrichtung verständlicherweise nicht. Aktiviert wird die Funktion für jede der vier Digital-Loks am jeweiligen Schalter 8 der vier an der Rückseite der FMZ-Control 4 angeordneten 8-fach Miniaturschalter. Diese Bedienung ist nicht sonderlich benutzerfreundlich.

Wird die FMZ-Control 4 durch einen FMZ-Koppler und ein Fleischmann-MSF-Fahrpult erweitert, so werden Ungereimtheiten im Bedienungskonzept deutlich: Während Digital-Loks mit einem Schiebewiderstand (Auf/Ab-Bewegung) an mobilen Handsteuergeräten gesteuert werden, müssen dieselben Funktionen bei Analog-Loks mittels Drehbewegung (Einknopfbedienung mit Mittelstellung oben) an einem ortsfesten Fahrpult vorgenommen werden. Unter ergonomischen Gesichtspunkten gesehen, sollten gleichartige Funktionen auch mit identischen Bedienungshandlungen ausgeführt werden.

Trotzdem die FMZ-Control 4 vergleichsweise sehr viel Platz benötigt, darf man sie nicht einfach unter die Anlage verbannen. Dann wären Schalter für die Massensimulation, Störungsanzeige und vor allem der System-Not-Halt nicht mehr zugänglich.

Eine Möglichkeit zum Doppeltraktionsbetrieb – wie sie beim DIGITALcontrol vorhanden ist – besitzt die FMZ Control 4 übrigens nicht.

Bedienungsanleitung

Jeder FMZ-Komponente liegt eine sorgfältig aufgebaute, gut verständliche Bedienungsanleitung bei. Allerdings sollten die Anschlußschaltbilder ein Größe haben, bei der auch die Klemmenbezeichnungen lesbar sind. Leider hat auch Fleischmann auf Aussagen über das FMZ-Fahrzeugangebot und auf Umrüstungsmöglichkeiten für Fleischmann-Analog-Loks und Fremdfabrikate verzichtet.

Fahrzeugangebot und Fahreigenschaften

Die im Zusammenhang mit dem DIGITALcontrol getroffenen Feststellungen hinsichtlich

– Fleischmann-Digital-Lokangebot der Baugrößen N und H0,

– Ausrüstung von Triebfahrzeugen mit einer Elektrischen Schnittstelle,

– Umrüstung von Analog-Loks auf Digitalbetrieb,

– des Fleischmann-Lok-Decoderangebotes

– Fahreigenschaften von Fleischmann Digital- und Analog-Loks und

– Fahreigenschaften in Signalhalteabschnitten

gelten uneingeschränkt für den Betrieb mit der FMZ Control 4.

Fernsteuerbare Funktionen

Im Unterschied zum DIGITALcontrol – bei welchem wenigstens die Stirnlampenbeleuchtung der Triebfahrzeuge ein- und ausschaltbar ist – existiert beim FMZ Control 4 überhaupt keine Möglichkeit zur Fernsteuerung von Funktionen.

Erweiterungen

Wichtigster Schritt dürfte die Ergänzung durch einen FMZ-Koppler und ein Gleichstrom-Fahrpult sein, damit auch Analog-Loks fahren können.

Die Ausgangsleistung der FMZ-Control 4 läßt sich durch einen FMZ-Booster in Verbindung mit einem FMZ-Trafo weiter erhöhen. Sinnvoll kann dies sein, wenn viele Fahrzeuge gleichzeitig betrieben werden und zudem Züge mit beleuchteten Wagen zum Einsatz kommen.

Aufstieg zur Vollversion

Genügt eines Tages der Betrieb mit vier Digital-Loks nicht mehr, oder sollen zusätzlich Magnetartikel digital geschaltet werden, dann ist unter Beibehaltung des FMZ-Trafos und der Handsteuergeräte ein Aufstieg zur großen FMZ-Zentrale möglich.

An den Digital-Loks sind keinerlei Änderungen notwendig. Ihr Gebrauchswert steigt, weil nun eine fernsteuerbare Funktion genutzt werden kann und außerdem das Massensimulationsverhalten in acht verschiedenen Stufen den individuellen Verhältnissen angepaßt werden kann.

Die FMZ-Control 4 läßt sich in Verbindung mit einem FMZ-Trafo als Leistungsverstärker (Booster) sinnvoll weiter verwenden.

Erfreulich für den Fleischmann Interessenten ist demnach, daß auch bei einem Aufstieg zur großen FMZ-Zentrale alle Komponenten der FMZ Control 4 sinnvoll weiter verwendet werden können. In diesem Punkt unterscheidet sich dieses Gerät vorteilhaft vom DIGITALcontrol für welches beim Aufstieg zur Vollversion keine weitere Verwendung besteht.

Qualität und Funktionssicherheit

Wie schon angedeutet, hinterläßt die elektromechanische Ausführung dieser Steuerung einen sehr soliden Eindruck. Alle Komponenten der FMZ-Control 4 überzeugten in diesem wichtigen Punkt. Der gebotene Qualitätsstandard liegt deutlich über dem der DIGITALcontrol. Während des Testbetriebes traten auch bei den FMZ-Loks keinerlei Funktionsstörungen auf.

Kosten

Fleischmann verlangt bei der FMZ Control 4 einen relativ hohen Einstiegspreis für Verdrahtungsfreiheit und die unabhängige Steuerung von nur vier Fahrzeugen innerhalb eines Stromkreises. Darüberhinaus muß man auf fernsteuerbare Funktionen verzichten.

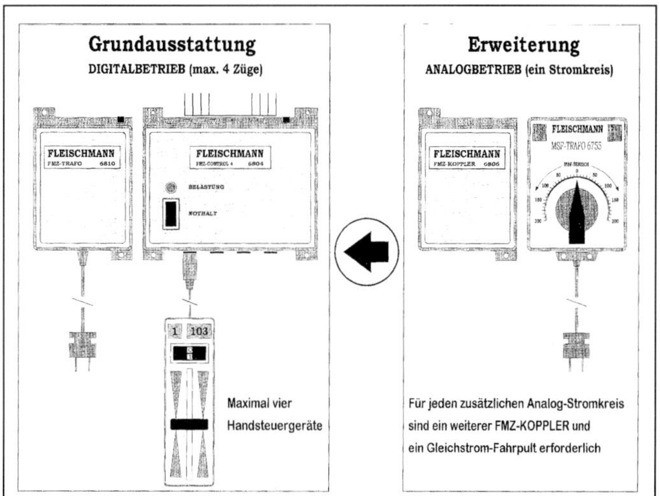

Erweiterung der FMZ-Control 4 für Analogbetrieb

Ungefähre Richtpreise für die Fleischmann-Mehrzugsteuerung FMZ-Control 4

Grundausstattung zum Betrieb mit zwei Loks:	
1 Stk FMZ-Trafo zur Stromversorgung	125,– DM
1 Stk FMZ-Control 4	299,– DM
2 Stk FMZ-Handregler à 59,– DM	118,– DM
1 Stk FMZ-Lok-Decoder (großer Decoder)	90,– DM
1 Stk FMZ-Lok-Decoder (kleiner Decoder)	110,– DM
2 Stk Lokomotiven	200,– DM
Betrieb mit zwei Digital-Loks:	942,– DM
Betrieb mit zwei Loks (Loks vorhanden):	742,– DM
Aufpreise für Erweiterungen:	
1 Stk MSF-Trafo	119,– DM
1 Stk FMZ-Koppler	115,– DM
Aufpreis für den Einsatz einer Analog-Lok	234,– DM
1 Stk FMZ-Handregler (für jede weitere FMZ-Lok notwendig)	59,– DM

Zwar wird die FMZ-Control 4 ausdrücklich nicht als Einsteiger-Gerät, sondern vielmehr als „kleine" Mehrzugsteuerung bezeichnet. Aber die Frage muß unbeantwortet bleiben, welche Funktionen diese Steuerung angesichts des erheblich höheren Preises mehr bietet, als die Einsteiger-Geräte anderer Hersteller und das DIGITALcontrol aus demselben Haus.

Zumindest N-Bahner kommen an zusätzlichen Investitionen für den Einsatz von Analog-Loks nicht vorbei. Denn Fleischmann-Lok-Decoder sind besonders voluminös und passen deshalb nur in vergleichsweise wenige N-Loks. Das verteuert die FMZ Control 4 zusätzlich. Für die Eigenschaft, gleichzeitig eine Analog-Lok im Digitalstromkreis einsetzen zu können, muß bei Fleischmann ein nicht unerheblicher Aufpreis bezahlt werden. Andernorts bekommt man diese Eigenschaft gratis mitgeliefert.

Zusammenfassung

Bei der FMZ-Control 4 hat sich Fleischmann auf die Steuerung von Triebfahrzeugen konzentriert, aber so konsequent, daß dabei sogar die Fernsteuerung von Funktionen ausgeklammert wurde. An der FMZ-Control 4 gefallen

– das Bedienungskonzept mit wahlweise ortsveränderlichen Handsteuergeräten

– die mit Ausnahme der Miniaturschalter einfache Bedienbarkeit

– der Ausgangsstrom von 2 Ampere, der auch den Betrieb von Zügen mit innenbeleuchteten Wagen ermöglicht

– der minimale Verdrahtungsaufwand

– prinzipiell die Möglichkeit zum zusätzlichen Betrieb konventioneller Gleichstrom-Loks im FMZ-Stromkreis und

– die Möglichkeit bei einem Aufstieg zur Vollversion der Digitalsteuerung alle Komponenten weiter verwenden zu können.

Das mit der FMZ-Steuerung erreichbare Fahrverhalten hebt sich von herkömmlichen Fahrzeugsteuerungen im wesentlichen nur durch die Massensimulation ab. Allerdings ändert sich dies zum Positiven, wenn ab Herbst die neue Lok-Decodergeneration mit serienmäßig integrierter Motordrehzahlregelung zur Auslieferung gelangt.

N-Bahner müssen ein begrenztes Digitalfahrzeugangebot akzeptieren und hinsichtlich der Umrüstungsmöglichkeiten für Fremdfabrikate – wegen vergleichsweise voluminöser FMZ-Lok-Decoder – Einschränkungen in Kauf nehmen.

Der Betrieb von Analog-Loks erfordert nicht zu vernachlässigende Mehrausgaben, also Ausgaben für eine Systemeigenschaft, die man bei dem ebenfalls für Gleichstrombahnen ausgelegten System Digital Plus umsonst mitgeliefert bekommt.

Unter dem Gesichtspunkt des Preis/Leistungsverhältnisses vermag dieses Fleischmann Angebot kaum zu überzeugen. Hinzu kommt, daß eine Entscheidung für das Fleischmann-FMZ-System eine besonders enge Fabrikatsbindung zur Folge hat, denn Fahrzeuge mit Fleischmann-Lok-Decodern können bei keinem anderen System eingesetzt werden. Sie lassen sich auch nicht mit konventionellen Gleichstrom-Fahrpulten steuern.

Wegen des hohen Einstiegspreises zählt der Eisenbahnerstinteressent wohl kaum zur Zielgruppe dieses Produktes. Vielmehr dürfte dieses Gerät vorwiegend für passionierte Fleischmannanhänger gedacht sein.

11 Zusammenfassung und Empfehlungen

Abschließend sind die wesentlichen Merkmale und Eigenschaften der verschiedenen Einsteiger-Digitalsteuerungen in zahlreichen Tabellen – gegliedert nach de wichtigsten Kriterien – zusammengefaßt und einander vergleichend gegenübergestellt. Jeder Interessent kann seine Schwerpunkte individuell setzen und anhand der Angaben in den Tabellen die seinen Wünschen entsprechende Steuerung auswählen.

Verwendungsmöglichkeiten

Märklin-Anhänger können zwischen Delta Control ggf. ergänzt um den Delta Pilot und der Delta-Station in Verbindung mit Delta-Mobil wählen, wenn sie nicht gleich mit der Vollversion Märklin-Digital beginnen möchten.

Gleichstrom-Interessenten steht eine ganze Palette verschiedener Angebote mit unterschiedlichen Eigenschaften zur Wahl. Das beginnt bei einzelnen Digitalfahrpulten für die Baugrößen N und H0 und reicht bis hin zu betriebsbereiten Digitalstart- und Ergänzungspackungen für verschiedene Baugrößen.

Wesentliche Geräteeigenschaften

Anbieter:	**Märklin**	**Märklin**	**Roco**	**Lehmann**	**Lenz**	**Arnold**	**Trix**
Bezeichnung:	Delta Control	Delta Station	Roco Digital	LGB Digital	Digital Plus	Comman-der 9	Central Control 2000
Eignung für Baugröße:	H0	H0 und I	H0	IIm	N bis I	N und H0	N und H0
Zahl d. steuerbaren Loks:	5 (mit Delta-Pilot)	4	8	8	100	9	9
Analog-Loks im Digitalstromkreis steuerbar	–	–	–	1	1	–	–
Digital-Loks im Analogstromkreis steuerbar	nein	nein	ja	ja	ja	ja	nein
Digital-Loks anderer Digitalsysteme (Normen) einsetzbar	nein	nein	nein	nein	nein	nein	ja, Arnold, Märklin=, Roco, Digital Plus
Geräteaufbau (ohne Trafo)	einteilig bis maximal zweiteilig	zweiteilig bis maximal fünfteilig	zweiteilig bis maximal fünfteilig	zweiteilig bis maximal fünfteilig	dreiteilig bis „unbegrenzt"	einteilig	einteilig bis „unbegrenzt"
Fahrzeugbedienung (Basisgerät):	stationär	mobil	mobil	mobil	mobil	stationär	stationär
Stromversorgung:	nur mit Märklin-Trafo	vorzugsweise mit Märklin 52 VA-Trafo	durch mitgelieferten Trafo	nur mit LGB-Trafo	beliebiger Trafo	beliebiger Trafo	beliebiger Trafo
Fahrstrom:	1 A	3 A	ca. 2,5 A	3 A	3 A	2 A	2,5 A

Eine Erläuterung: Im Zusammenhang mit der Vorstellung des Commander 9 von Arnold wurde bereits darauf hingewiesen, daß dieses Gerät noch nicht zu Testzwecken zur Verfügung stand. Soweit verläßliche Angaben vorlagen, haben sie in die Wertung Eingang gefunden, aber bei zahlreichen Details fehlten die notwendigen Fakten. Deshalb konnte das Gerät bei der folgenden Wertung nicht im üblichen Umfang berücksichtigt werden.

Kompatibilität

Die beiden für den Märklin-Fahrer in Betracht kommenden Angebote Delta-Control und Delta-Station sind in diesem Punkt gleichwertig. Alle Loks müssen bei Märklin mit einem Lok-Decoder ausgestattet werden. Für den Einsteiger erscheint diese Hürde wegen der preiswert angebotenen Delta-Loks weniger hoch, aber für alle an einem Umstieg von Analog- auf Digital-Betrieb interessierten Märklinanhänger wird der notwendige Decodereinbau zur Kostenfrage.

Auf dem Gleichstromsektor existiert hinsichtlich der Kompatibilität eine klare Rangfolge. Digital Plus und LGB-Digital stehen an erster Stelle, erfüllen doch diese Steuerungen als einzige alle Anforderungen. Herausragendes Merkmal ist die Möglichkeit, auch Analogloks im Digitalstromkreis einsetzen zu können. Diese Eigenschaft gestattet Umsteigern eine schrittweise Umstellung ihres Fahrzeugparks.

Roco bietet gerade diese wichtige Eigenschaft bei seiner Systemvariante nicht. Hier müssen von Anfang an alle Triebfahrzeuge mit einem Lok-Decoder ausgestattet werden – eine kostenintensive Sache, obwohl die Decoderpreise für einfache Typen auf ein bemerkenswert niedriges Niveau gesunken sind.

Während bei Arnold Digital (alt) der Einsatz einer Analog-Lok im Digitalstromkreis möglich war, ist dies bei Arnold Digital (neu) – also auch beim neuen Commander 9 – ausgeschlossen. Somit besteht heute bei Arnold Digital der Zwang zur Umrüstung aller Loks. Die stets wiederholte Behauptung, Arnold Digital (neu) sei identisch mit Arnold Digital (alt) ist in diesem wesentlichen Punkt falsch.

Trix hat schon immer auf ein artreines System gesetzt. Alle Triebfahrzeuge müssen einen Lok-Decoder haben. Das funktioniert wegen der besonders kleinen Decoder selbst bei vielen N-Loks, kostet aber eben doch einiges. Dafür wird eine andere Besonderheit geboten: auch Fahrzeuge mit Decodern anderer Hersteller lassen sich gemeinsam mit Selectrix-Loks innerhalb eines Digitalstromkreises steuern. Diese Möglichkeit ist wohl weniger für Einsteiger, als möglicherweise für Modellbahner interessant, die – aus welchen Gründen auch immer – mit der ursprünglichen Wahl ihres Systems nicht zufrieden sind, das System wechseln möchten und wenigstens die schon vorhandenen Fahrzeuge weiter verwenden wollen.

Fleischmann	Fleischmann
DIGITAL control	FMZ Control 4
N und H0	N und H0
5 (m. Handsteuergerät)	4
>1 bei Ergänzung mit Fahrpult(en) und FMZ-Koppler(n)	>1 bei Ergänzung mit Fahrpult(en) und FMZ-Koppler(n)
nein	nein
nein	nein
zwei- bis dreiteilig b. Digitalbetrieb, je Analogstromkreis zwei zusätzl. Komponenten	zweiteilig b. max. fünf teilig, je Analogstrom kreis zwei zusätzliche Komponenten
stationär	mobil
spezieller FMZ Trafo	nur mit FMZ-Trafo (anderer Trafo bedeutet Leistungseinbuße)
1,5 A	ca. 2 A

Bleibt noch Fleischmann, das neben Digital-Loks auch den Einsatz von Analog-Loks im FMZ-Stromkreis erlaubt. Diese Eigenschaft kostet zusätzliches Geld, weil neben einem Fahrpult auch noch ein sog. FMZ-Koppler angeschafft werden muß. Ferner ist man zum Tausch sämtlicher Birnchen in Analog-Loks und beleuchteten Wagen gegen eine spannungsfestere Ausführung gezwungen, was zu weiteren Mehrausgaben führen kann.

Ein System, bei dem zusätzlich zu den Digital-Loks herkömmliche Analog-Loks fahren können und das den Betrieb von Digital-Loks auch mit normalen Fahrpulten erlaubt, ist vielseitiger und erlaubt dem Umsteiger eine zeitlich gestaffelte Umstellung der Fahrzeug- und der Anlagentechnik. Auch der Hobbyetat wird weniger belastet. Kompatibilität bedeutet Vielseitigkeit und hilft sparen.

Für die Baugröße N stellt Kompatibilität sogar ein Muß dar, weil Lok-Decoder nicht in jedes Modell hineinpassen.

Übersicht Fahrzeugzahl

Einsteiger-Gerät	Maximale Fahrzeugzahl Digital-Loks	Fahrzeugzahl Analog-Loks
Digital Plus	99	1
Trix Central Control 2000	9 1)	–
Arnold Commander 9	9	–
Roco-Digital	8	–
LGB Digital	8	1
Märklin Delta-Control	4 2)	–
Fleischmann DIGITALcontrol	4 4)	3)
Fleischmann FMZ Control 4	4	3)
Märklin Delta-Station	4	–

1) Wahlweise 9 Selectrix-Loks oder 5 Selectrix-Loks und zusätzlich 4 Fahrzeuge mit Arnold-, Roco-, Lenz-, oder Märklin=- Lok-Decoder

2) Nach Ergänzung durch das Handsteuergerät Delta-Pilot lassen sich fünf Fahrzeuge mit Lok-Decoder einsetzen

3) Nach Ergänzung durch einen FMZ-Koppler, ein Gleichstrom-Fahrpult und dem Ersatz der Lämpchen durch eine spannungsfestere 24 Volt Ausführungen in Analog-Loks, sowie in Wagen mit Innenbeleuchtung kann zusätzlich eine Analog-Lok eingesetzt werden

4) Nach Ergänzung durch ein Handsteuergerät lassen sich fünf Fahrzeuge mit Lok-Decoder einsetzen

Aufbau

Was den Aufbau anlangt, liegen sämtliche Einsteiger-Geräte auf nahezu gleich gutem Niveau. In der Regel besteht die gesamte Steuerung nur aus einem Trafo und einem Steuergerät. Somit gestaltet sich der Aufbau vollkommen problemlos und ist vor allem in kürzester Zeit erledigt.

Bedienungskonzept

Zwei Steuerungskonzepte konkurrieren um die Gunst des Käufers. Das erste ist gekennzeichnet durch einen Lokwahlschalter. Mit ihm werden die Fahrzeuge nacheinander aufgerufen und nur das jeweils aufgerufene läßt sich direkt steuern. Alle anderen Züge fahren derweil mit den zuletzt eingegebenen Steuerbefehlen und zwar so lange, bis sie wieder aufgerufen werden.

Beim zweiten Konzept wird jeder Lok ein eigenes Steuergerät zugeordnet und jede Lok kann jederzeit mit dem zugehörigen Gerät direkt bedient werden.

Steuerungen mit Lokwahlschalter erscheinen übersichtlicher als eine Vielzahl einzelner Handsteuergeräte, aber zwei Bedienungseinrichtungen sollten es schon sein, damit ein aktives, gemeinsames Spiel zweier Partner ermöglicht wird. Die Übergabe/Übernahme eines Zuges von einem Bediener zu einem anderen zählt ebenfalls zu den unverzichtbaren Eigenschaften.

Ein weiteres Unterscheidungsmerkmal ist in der Mobilität des Bedieners zu sehen. Hier stehen ortsfeste – also standortgebundene – Bedienungseinrichtungen mit mobilen Handsteuergeräten im Wettbewerb. Mobile Handsteuergeräte vermitteln mehr Spaß am Spiel; das steht außer Frage. Nur so läßt sich ein Zug bei seiner Fahrt begleiten und beobachten, eine Handweiche stellen, Wagen abkuppeln und gleich rangieren, usw. Folglich wird zu Systemen mit mobilen Bedienungseinrichtungen geraten. Optimal ist eine Kombination aus stationären und mobilen Geräten.

Fahrzeugzahl

Die Zahl gleichzeitig steuerbarer und beobachtbarer Fahrzeuge ist natürlich begrenzt. Zwei Loks sind für einen Bediener das Maximum, wobei auch der Spurplan der jeweiligen Anlage eine Rolle spielt. Was darüber hinausgeht, kann an jeder beliebigen Stelle der Anlage ohne Verdrahtungsaufwand abgestellt und bei Bedarf aufgerufen und eingesetzt werden.

Die bei manchen Einsteiger-Geräten gebotene Fahrzeugzahl reicht nicht nur für einen Einstieg ins Modellbahnhobby, sondern ebenso für professionelle Nebenbahnanlagen. Besonders Umsteiger wird dieser Aspekt interessieren.

Stromversorgung

Das Delta Control von Märklin funktioniert ausschließlich in Verbindung mit einem herkömmlichen Märklin Trafo. Beide Fleischmann-Digitalsteuerungen und LGB-Digital erfordern ebenfalls die Verwendung spezieller Trafos zur Stromversorgung.

Andere Systeme bieten die Möglichkeit der Verwendung eines üblichen Modellbahntrafos als Stromversorgung. Für Umsteiger von Analog- auf Digitalbetrieb ist das zweifellos ein interessanter Aspekt, lassen sich doch auf diese Weise vorhandene Trafos sinnvoll weiter verwenden.

Einsteigern wird empfohlen, gleich mit einem leistungsstarken Trafo zu beginnen, weil schwächere Geräte schon nach den ersten Erweiterungen ersetzt werden müssen.

Elektrische Leistungsfähigkeit

Die DIN/VDE-Bestimmungen begrenzen die elektrische Leistung von Modellbahntrafos – sofern sie die Anforderungen als Spielzeugtrafos im Sinne der DIN/VDE-Bestimmungen erfüllen – auf etwa 60 VA. Zur Erfüllung der durchaus sinnvollen Sicherheitsstandards verwenden Modellbahnhersteller üblicherweise sog. Streufeldtransformatoren in Verbindung mit Bimetallschaltern (Thermoschalter). Damit ist bei den notwendigen Ausgangsspannungen ein Strom von rund 4 Ampere erreichbar.

Reicht diese Stromstärke nicht aus, so muß eine Modellbahnanlage in mehrere Stromkreise aufgeteilt werden und jeder Strom-

Verdrahtungsaufwand zum betriebsbereiten Anschluß der Basisgeräte

Anbieter:	Märklin	Märklin	Roco	Lehmann	Lenz	Arnold	Trix	Fleischmann	Fleischmann
Bezeichnung:	Delta Control	Delta Station	Roco Digital	LGB Digital	Digital Plus	Commander 9	Central Control 2000	DIGITAL control	FMZ Control 4
Verbindung zw. Stromversorgung und Digitalgerät	3 Leitungen zw. Märklin-Trafo u. Delta-Control	2 Leitungen	2 Leitungen	2 Leitungen	2 Leitung.	2 Leit.	2 Leit.	2 Leit.	1 Spezialkabel zum FMZ-Trafo
Verbindungen zw. Digital-Komponenten (nur Basisgerät)	keine	Je 1 Spezialkabel zw. Zentrale u. jedem Handsteuergerät	Je 1 Spezialkabel zw. Zentrale u. jedem Handsteuergerät	Je 1 Spezialkabel zw. Zentrale u. jedem Handsteuergerät	Je 1 Speziakabel zw. Zentrale u. jedem Handsteuergerät	keine	keine	keine	Je 1 Spezialkabel zw. Zentrale u. jedem Handsteuergerät
Verbindung zw. Digital-Geräten u. Gleisanlage	2 Leitungen	2 Leitungen	Zweiadrige Leitung mit Spezialstecker	2 Leitungen	2 Leitungen	2 Leit.	2 Leit.	2 Leit.	2 Leit.

kreis ist aus einem eigenen Trafo zu versorgen.

N-Bahner verbuchen wegen des niedrigeren Stromverbrauches ihrer Modelle im Vergleich zu H0-Anhängern zweifellos Vorteile, weil N-Triebfahrzeuge einen um größenordnungsmäßig 30% geringeren Stromverbrauch haben. Dennoch spielt das Kriterium der elektrischen Leistungsfähigkeit bei Startpackungen beider Baugrößen noch keine dominierende Rolle. Denn der eine höhere Leistung erfordernde, signalstellungsabhängige (automatische), gleichzeitige Betrieb mehrerer Züge stellt bei Einsteigeranlagen die Ausnahme dar.

Soll dagegen eine IIm- oder eine Spur I-Bahn betrieben werden, so stößt man zumindest bei beleuchteten Zügen schnell an die Leistungsgrenze von Einsteigergeräten. Wenn sich bei Einsteiger-Digitalgeräten für Großbahnen die elektrische Leistung nicht erhöhen läßt – dies ist zum Beispiel bei der Märklin Delta Station und LGB Digital der Fall – dann sollte anstelle der Einsteigersteuerung besser gleich eine durch Leistungsverstärker erweiterbare Vollversion gewählt werden.

Elektrischer Anschluß

Meistens besteht die gesamte Verdrahtung aus nur vier kurzen Drähten, zwei zum Trafo und zwei zu den Schienen. Damit überzeugen sämtliche Geräte durch eine äußerst übersichtliche und damit einfache Verdrahtung, die zudem innerhalb kürzester Zeit ausgeführt werden kann. In diesem Punkt gefallen alle Einsteiger-Geräte sehr gut. Sie erfüllen damit eine der grundlegenden Einsteiger-Forderungen: Null-Verdrahtung.

Inbetriebnahmeaufwand

Anbieter:	Märklin	Märklin	Roco	Lehmann	Lenz	Arnold	Trix
Bezeichnung:	Delta Control	Delta Station	Roco Digital	LGB Digital	Digital Plus	Commander 9	Central Control 2000
Sofort. Betriebsbereitschaft nach Anschluß	nein	nein	ja, bei Startpackung	ja, bei Lok aus Ergänzungsset	nein	nein	ja, bei Startpackung
Erforderlicher Aufwand bei erstmaliger Inbetriebnahme	Einstellung d. Lokadresse an Vierfach-Miniaturschalter in der Lok m. Code-Tabelle	Einstellung d. Lokadresse an Vierfach-Miniaturschalter in der Lok m. Code-Tabelle	Programmierung der Lok-Adressen mittels integriertem Programmer	Programmierung der Lok-Adressen mittels integriertem Programmer	Programmierung d. Lok-Adressen mittels integriertem Programmer	Programmierung der Lok-Adressen mittels integriertem Programmer	Programmierung der Lok-Adressen mittels integriertem Programmer
Verfahren zur Einstellung der Lokadressen	mechanisch, m. Vierfach-Miniaturschalter	mechanisch, m. Vierfach-Miniaturschalter	elektronisch mittels kompliz. Tastenbedienung	elektronisch mittels kompliz. Tastenbedienung	elektronisch mittels benutzergeführter Tastenbedienung	elektronisch	elektronisch, m. zwei Tasten
Muß die jew. im Lok-Decoder eingestellte Adresse bekannt sein?	ja, zusätzl. Codiertabelle erforderlich	ja, zusätzl. Codiertabelle erforderlich	nein	nein	nein	nein	nein
Muß die Lok zur Adresseneinstellung geöffnet werden?	ja	ja	nein	nein	nein	nein	nein

Inbetriebnahme-vorbereitungen

Zwei Programmierungsverfahren für Lokadressen stehen einander gegenüber: mechanische Einstellung der Adresse an Miniaturschaltern und elektronische Adresseneinstellung ohne die Notwendigkeit zum öffnen von Fahrzeugen.

Bei der Fleischmann FMZ Control 4 muß die werksseitig im Fahrzeug programmierte Lokadresse bekannt sein und mit Hilfe einer Code-Tabelle die Adresseneinstellung an einem 8-poligen Miniaturschalter am Fahr-Gerät vorgenommen werden. Bei Märklin müssen sogar die H0-Fahrzeuge geöffnet werden, eine Code-Tabelle ist zur Hilfe zu nehmen und dann kann an einem vierpoligen Miniaturschalter die entsprechende Adresse eingestellt werden.

Fleischmann	Fleischmann
DIGITAL control	FMZ Control 4
ja, bei Startpackung	nein
Programmierung der Lok-Adressen mittels integriertem Programmer	Einstellung der Lok-Adressen an vier Miniaturschaltern mit FMZ-Code-Tabelle
elektronisch mittels Drehschalterbedienung	mechanisch, über vier Achtfach-Miniaturschalter an Gehäuserückseite
ja, zusätzlich FMZ-Codiertabelle erforderlich (von Lokdecoderbauart abhängig)	ja, zusätzlich FMZ-tabelle erforderlich (von Lokdecoder-bauart abhängig)
nein	nein

Digital Plus, Fleischmann DIGITALcontrol, Roco, Trix, LGB Digital und Arnold (neu) gehen einen zeitgemäßeren Weg. Hier müssen weder Fahrzeuge geöffnet werden, noch benötigt man Code-Tabellen. Aber ohne Bedienungsanleitung schafft man die hier angewandte elektronische Adresseneinstellung auch nicht, denn die Reihenfolge der erforderlichen Bedienungshandlungen vermag sich kaum jemand zu merken.

Vor- und Nachteile beider Verfahren halten sich bei Einsteiger-Geräten noch die Waage. Wer jedoch einen späteren Übergang auf die Vollversion einer Digitalsteuerung in seine Überlegungen mit einbezieht, sollte einem System mit elektronischer Programmierung den Vorzug zu geben, weil dort teilweise schon benutzerführende Programmierungsverfahren realisiert sind (Anzeige der jeweiligen Bedienungshandlungen/Einstellungen auf Display). Unter diesem Gesichtspunkt wird zu einem Einsteigersystem mit elektronischer Adresseneinstellung geraten.

Bedienungs- und Anzeigeelemente

Ursächlicher Zweck jeder Steuerung ist letztlich ein möglichst perfekter Fahrzeugbetrieb. Folglich ist das Fahrpult nur ein Mittel zum Zweck. Der Bediener sollte dem Fahrzeug seine ganze Aufmerksamkeit widmen – und sich nicht etwa auf Bedienungselemente konzentrieren müssen. Das wiederum setzt eine ergonomische Ausführung der Bedienungsgeräte voraus.

Für die praktische Geräteausführung bedeutet das im wesentlichen bedienungsgerechte Anordnung, zweckdienliche Formgebung und eindeutige Kennzeichnung der Bedienungseinrichtungen für Lokauswahl, Fahrtrichtung, Geschwindigkeit und Not-Halt. Anzeigen müssen schnell und zweifelsfrei erkennbar sein.

Im großen und ganzen genügen die Bedienungs- und Anzeigeelemente der meisten Einsteiger-Geräte diesem Anspruch, insbesondere wenn man berücksichtigt, daß der

Preis einen engen Gestaltungsspielraum erlaubt.

Bedienungsanleitung

Ideal wäre es, käme man gänzlich ohne Bedienungsanleitung aus. Aber das bleibt ein Wunschtraum. Gerade der Modellbahn-Einsteiger darf aber eine inhaltlich logisch aufgebaute und vollständige Bedienungsanleitung erwarten. Unterstützend wirken farbige Zeichnungen. Am Anfang muß eine Aussage über die Verwendungsmöglichkeiten (Baugröße, Zweischienen-Zweileiter oder Dreischienen-Zweileiter-System, ausschließlich Digital-Loks oder auch Analog-Loks, usw) stehen. Dann sollte der Anschluß der Geräte erklärt werden, anschließend die Lok-Adresseneinstellung und schließlich das fahren mit einer und mit mehreren Loks. Ein Überblick über verfügbare Digital-Loks, die Umrüstmöglichkeiten für vorhandene Analog-Loks und Erweiterungsmöglichkeiten (zweite Bedienungsstelle), sowie der spätere Aufstieg zu einer Vollversion der Digitalsteuerung sollten die Ausführungen ergänzen. Technische Daten und ein Hilfetext zur Störungsbeseitigung zählen ebenso zum notwendigen Inhalt einer Bedienungsanleitung.

Leider genügen nicht alle Anleitungen diesen Mindestanforderungen. Vergleichsweise gut gelungen wirken die Anleitungen von Märklin und Roco.

Fahrzeugangebot

Das Angebot betriebsfertiger Märklin-H0-Delta-Loks ist umfangreich und wird konse-

Bedienungs- und Anzeigeelemente

Anbieter:	Märklin	Märklin	Roco	Lehmann	Lenz	Arnold	Trix
Bezeichnung:	Delta Control	Delta Station	Roco Digital	LGB Digital	Digital Plus	Commander 9	Central Control 2000
Betriebsbereitschaftsanzeige	nein	ja, rotes Ruhelicht auf der Zentrale	ja, rote LED auf Lokmaus	ja, rote LED auf Lokmaus	ja	nicht bekannt	nein
Not-Halt-Funktion	ja, mit Drehschalter	ja, mit Taste	ja, mit Taste	ja, mit Taste	ja, mit Taste	ja, mit Taste	ja, mit Taste
Anzeige der aktivierten Not-Halt-Funktion	ja, an Position der Lokwahlschalterstellung	ja, LED auf jedem Handsteuergerät	ja, LED auf jedem Handsteuergerät	ja, LED auf jedem Handsteuergerät	ja, im Display auf jedem Handsteuerger.	nicht bekannt	ja, Strich im Display
Verfahren zum Aufruf einer Lok	Drehschalter	Schiebeschalter an jedem Handsteuergerät	Schiebeschalter an jedem Handsteuergerät	Schiebeschalter an jedem Handsteuergerät	Tastendruck auf Handsteuergerät	nicht bekannt	Tastendruck auf stationärem Gerät
Aufgerufene Lokadresse erkennbar	ja, an Drehschalterstellung	ja, an Schiebeschalterstellung	ja, an Schiebe-	ja, an Schiebe-	ja, Anzeige auf LCD-Display	ja, LED-Display	ja, Anz. auf LCD-Display
Fahrtrichtungssteuerung	wie b. Wechselstrombetrieb am Märklin-Trafo	Einknopfbedienung	Einknopfbedienung	Einknopfbedienung	Richtungs-Taste	Richtungs-Tasten	Richtungs-Taste
Eingestellte Fahrtrichtung erkennbar	nein	ja, an Einknopfbedienung	ja, an Einknopfbedienung	ja, an Einknopfbedienung	ja, Anzeige auf LCD-Display	nicht bekannt	ja, Anz. auf LCD-Display
Geschwindigkeitssteuerung	Drehknopf	Einknopfbedienung	Einknopfbedienung	Einknopfbedienung	Tasten	Endlosdrehknopf	270°-Drehknopf
Eingestellte Geschwindigkeit erkennbar	ja, an Drehknopfstellung	ja, an Drehknopfstellung	ja, an Drehknopfstellung	ja, an Drehknopfstellung	ja, Fahrstufenanzeige im Display	nicht bekannt	ja, an Drehknopfstellung

quent ausgebaut. Neben Delta-Loks können auch Digital-Loks verwendet werden, was die Fahrzeugauswahl weiter vergrößert. Bei der Maxi-Bahn und auf dem Spur I Sektor sind die Triebfahrzeuge ausnahmslos mit Lok-Decodern ausgestattet. Ein für Umrüster bei andern Fabrikaten wesentliches Problem stellt sich bei Märklin erst garnicht: Raum für Lok-Decoder. Platz ist durch den mit jedem Decodereinbau einhergehenden Ausbau des Fahrtrichtungsschalters automatisch vorhanden.

Roco hat für H0-Modelle gemeinsam mit der Fa. Lenz eine Elektrische Schnittstelle für Gleichstrom-H0-Loks kreiert und zusätzlich Einbauraum für Lok-Decoder in diesen Lokomotiven reserviert. Ein Stecker mit Leitungsverbindungen wird gegen einen Lok-Decoder mit Stecker getauscht – eine einfache und kostengünstige Lösung. In allen anderen Fahrzeugen muß der notwendige Raum für Lok-Decoder geschaffen werden, wobei dies bei Baugröße H0 aber in der Regel mit vertretbarem Aufwand gelingt.

Fleischmann bietet auf dem H0-Sektor ein umfangreiches Angebot betriebsfertiger FMZ-Loks; in der Baugröße N ist das Angebot eher als begrenzt einzustufen.

N-Bahner sind in besonderem Maße auf betriebsfertige Digital-Loks oder auf ein Nachrüstkonzept für Lok-Decoder (Platinentausch) angewiesen. Eine Variante sind Loks mit integrierter Elektrischer Schnittstelle. Ohne derartige Vorkehrungen sind für den Lok-Decodereinbau oftmals spanabhebende Arbeiten unvermeidlich. An dieser Stelle wird die besondere Bedeutung der Kompatibilität einer Digitalsteuerung für die kleine Baugröße N wieder deutlich: Loks in denen kein Raum für einen Lok-Decoder ist, können bei Digital Plus und Fleischmann als Analog-Lok im Digital-Stromkreis eingesetzt werden, sind also keineswegs vom Betrieb ausgegrenzt – ein eindeutiger Pluspunkt dieser beiden Digitalsteuerungen für N-Bahnen.

Fleischmann	**Fleischmann**
DIGITAL control	FMZ Control 4
nein	nein
ja, mit Drehschalter	ja, mit Wippschalter
ja, an Position der Lokwahlschalterstellung	ja, an der Stellung des Wippenschalters
Drehschalter	durch Wahl des entsprechenden Handsteuergerätes
ja, an Drehschalterstellung bzw. Display	nein
Einknopfbedienung	Schiebepotentiometer
ja, an Einknopfbedienung	ja, an Schiebepotentiometerstellung
Drehknopf	Schiebepotentiometer
ja, an Drehknopfstellung	ja, an Schiebepotentiometerstellung

Fahreigenschaften

Fahren ist ein wesentliches Ziel des Modellbahnhobbys. Weil dem so ist, sollte man annehmen, daß jeder Anbieter versucht, gerade diese herausragende Aufgabe optimal zu lösen.

Brauchbare Ergebnisse liefert Märklin-Delta, was sowohl auf die unübertroffen sichere Stromabnahme und den Antrieb mittels Allstrom-Motor (ohne Rastmoment) und Stirnzahnradgetrieben zurückzuführen ist. Überzeugende Resultate werden durch Lok-Decoder mit digitalem Hochleistungsantrieb erzielt. Dies ist zwar teuer, aber man erhält einen hohen Gegenwert in Form von sehr guten Fahreigenschaften.

Gleichstrom-Anhänger erreichen akzeptable Fahreigenschaften mit schwungmassenbestückten Fahrzeugen. Durchgreifende Verbesserungen bringen jedoch auch hier nur

Lok-Decoder mit integrierter Motordrehzahlregelung. In diesem Punkt hat eine erfreuliche Entwicklung eingesetzt. Bei Trix Selectrix zählt die Motordrehzahlregelung bereits seit der Markteinführung zur Standardausstattung. Seit geraumer Zeit sind solche Lok-Decoder auch für Digital Plus und damit für Roco Digital und LGB Digital erhältlich. Ab Herbst 1997 wollen Arnold und Fleischmann ihre Lok-Decoder ebenfalls serienmäßig mit dieser Technik ausrüsten. So wird nicht nur das Fahrverhalten neuer Loks optimiert, sondern auch betagte Konstruktionen gewinnen durch diese Technik.

Darüberhinaus bieten Digital Plus und Arnold jeweils 28 und Selectrix sogar 31 Fahrstufen, was zu einer besonders feinfühligen Geschwindigkeitssteuerung führt.

Fahreigenschaften in Signalhalteabschnitten

In Abhängigkeit von Signalstellungen – also in spannungslos geschalteten Signalhalteabschnitten – bieten Märklin-Delta-Loks verhältnismäßig annehmbare Fahreigenschaften, d.h. aufgrund ihrer elektromechanischen Konstruktion rollen Märklin Loks etwas aus und halten nicht abrupt. Für alle anderen Systeme gilt das nur, sofern Triebfahrzeuge mit mechanischen Schwungmassen zum Einsatz kommen.

Wirklich vorbildgerechte Bremsvorgänge in Abhängigkeit von Signalstellungen erfordern einen systemabhängigen Zusatzaufwand, der in der Regel nur in Verbindung mit der jeweiligen Vollversion einer Digitalsteuerung

Fahrzeugangebot im Vergleich

Anbieter:	**Märklin**	**Märklin**	**Roco**	**Lehmann**	**Lenz**	**Arnold**	**Trix**
Bezeichnung:	Delta Control	Delta Station	Roco Digital	LGB Digital	Digital Plus	Commander 9	Central Control 2000
Betriebsfertige Digital-Loks	ja, >30 Delta-Loks	ja, >30 Delta-Loks	ja, ca. 60 Loks mit Schnittstelle		nein	ja, >50 Loks angekündigt	ja, ca 10 Loks mit Schnittstelle
Fahren auch Analog-Loks im Digitalstromkreis?	nein	nein	nein	ja, ohne zusätzlichen Aufwand	ja, ohne zusätzl. Aufwand	nein	nein
Freizügigkeit bei der Fahrzeugwahl bzw. einsetzbare Fahrzeuge	Märklin-Delta-Loks, Märklin-Digital-Loks, Märklin-Digital-Loks m. digit. Hochleistungsantrieb	Märklin-Delta-Loks, Märklin-Digital-Loks, Märklin-Digital-Loks m. digit. Hochleistungsantrieb	Loks mit Arnold-, Märklin=-, Roco- und Digital-Plus-Lok-Decodern	Loks mit LGB- u. Digital-Plus-Lok-Decodern	Loks mit Arnold-, Märklin=-, Roco-, LGB- u. Digital-Plus-Lok-Decodern sowie Analog-Loks	Loks mit Arnold-, Märklin=-, Roco- und Digital-Plus-Lok-Decodern	Loks mit Selectrix-Lok-Decoder und Loks mit Arnold-, Märklin=-, Roco- und Digital-Plus-Lok-Decodern
Umrüstkonzept für vorhandene Analog-Loks (Schnittstelle, Platinentausch)	ja, Delta-Lok-Decoder statt Relais für alle Märklin-Loks	ja, Delta-Lok-Decoder statt Relais für alle Märklin-Loks	ja, H0-Schnittstelle	ja, Loks teilw. mit Anschlußmöglichkeiten ausgerüstet	nein, da keine Fahrzeugherstellung	angekündigt	ja, Loks teilweise mit N-Schnittstelle
Umrüstungsaufwand für Fremdfabrikate	entfällt	entfällt	gering, bei H0-Fahrzeugen m. Schnittstelle minimal	entfällt	bei N nicht zu vernachlässigender Aufwand, b. H0-Fahrzeugen m. Schnittstelle minimal	Lok-Decoderabmessungen noch nicht endgültig fixiert	relativ gering, da minimale Lok-Decoderabmessungen

Wertung der Fahreigenschaften bei handgesteuertem Betrieb mit Einsteiger-Geräten

Anbieter:	**Märklin**	**Märklin**	**Roco**	**Lehmann**	**Lenz**	**Arnold**	**Trix**	**Fleischmann**	**Fleischmann**
Bezeichnung:	Delta Control	Delta Station	Roco Digital	LGB Digital	Digital Plus	Comman-der 9	Central Control 2000	DIGITAL control	FMZ Control 4
Fahrstufenzahl	14	14	14	14	28	28	31	15	15
Motodreh-zahlregelung	nein [1]	nein [1]	nein [2]	nein [2]	ja	ja	ja, bei allen Decodern	ja, ab 1997	ja, ab 1997
Höchstge-schwindigkeit einstellbar mit Einsteigergerät	nein, ja bei Deco-dern mit Regelung	nein, ja bei Deco-dern mit Regelung	nein	nein	ja	nein	nein	nein	nein
Massensimul. bei handgesteuertem Betrieb mit Ein-steigergerät verfügbar	nein	nein	nein	nein	ja	nein	nein	ja	ja

1) Eigenschaft bei Verwendung von Lok-Decodern mit digitalem Hochleistungsantrieb (z.B. Nr. 6090) verfügbar
2) Eigenschaft bei Verwendung von Lok-Decodern aus dem Digital Plus Angebot verfügbar

Fleischmann	**Fleischmann**
DIGITAL control	FMZ Control 4
ja, in H0 >40 Loks, in N >20 Loks	ja, in H0 >40 Loks, in N >20 Loks
ja, nach System-erweiterung	ja, nach System-erweiterung
FMZ-Loks, nach System-ausbau auch Analog-Loks	FMZ-Loks, nach Systemausbau auch Analog-Loks
in Baugröße N nein, in Baugröße H0 Löt-schnittstelle geplant	in Baugröße N nein, in Baugröße H0 Löt-schnittstelle geplant
Lok-Decoder mit externem Kondensator, daher zusätzlicher Raumbedarf bei N- und H0-Loks	Lok-Decoder mit externem Konden-sator, daher zusätzli cher Raumbedarf bei N- und H0-Loks

realisierbar ist. Wichtig erscheint in diesem Zusammenhang, daß die ins Auge gefaßte Vollversion einer Digitalsteuerung diese Option bietet.

Bei Märklin Digital funktioniert das, wenn Triebfahrzeuge mit digitalem Hochleistungsantrieb und die Signalhalteabschnitte mit einem Universal-Fernschalter für geregeltes Anhalten Nr. 72441 ausgerüstet werden. Digital Plus muß um einen Bremsgenerator und einen Leistungsverstärker ergänzt werden; diese Gerätekombination genügt zur Ausrüstung vieler Signalhalteabschnitte. Bei Trix genügt schon der Einbau einer Bremsdiode in jeden Signalhalteabschnitt. Für Fleischmann ist bislang keine Möglichkeit für vorbildgerecht verlaufende Fahrvorgänge in Abhängigkeit von Signalstellungen bekannt.

Fernsteuerbare Funktionen

In diesem Punkt unterscheiden sich die Einsteiger-Systeme sehr deutlich. Während beide Märklin-Steuerungen und die Fleischmann FMZ Control 4 überhaupt keine steuerbaren Zusatzfunktionen bieten, haben beispielsweise Roco und Trix den verkaufsfördernden Effekt fernsteuerbarer Funktionen bereits bei den Einsteiger-Geräten genutzt

Fahreigenschaften in Abhängigkeit von Signalstellungen

Anbieter:	Märklin	Märklin	Roco	Lehmann	Lenz	Arnold	Trix	Fleischmann	Fleischmann
Bezeichnung:	Delta Control	Delta Station	Roco Digital	LGB Digital	Digital Plus	Comman-der 9	Central Control 2000	DIGITAL control	FMZ Control 4
Masssensimul. in Abhängigkeit von Signalstellungen m. Einsteigergerät	nein 1)	nein 1)	nein	nein	ja 2)	nein	nein 3)	nein	nein

1) Eigenschaft nur in Verbindung mit digitalem Hochleistungsantrieb und Universal-Fernschalter für geregeltes Anhalten Nr. 72441 verfügbar
2) Zusatzgeräte (Bremsgenerator und Leistungsverstärker) erforderlich
3) Nach Ergänzung von Signalhalteabschnitten mit Bremsdioden und zusätzlichem Fahr-Gerät (wie Lok Control 2000 oder Control Handy 2000) verfügbar

und jeweils zwei steuerbare Funktionen an den Bedienungsgeräten vorgesehen. Fahrzeugseitig sind bislang nur zwei Roco Loks mit zwei fernsteuerbaren Funktionen ausgerüstet.

Ausbaumöglichkeiten und Aufstieg zu Vollversionen

Weil der Schritt von einer Einsteiger-Digitalsteuerung zu einer Vollversion überwiegend innerhalb desselben Digitalsystems vollzogen wird, fällt die Entscheidung über die später einmal zur Verfügung stehenden Möglichkeiten im Grunde schon bei der Wahl des Einsteigersystems – darüber sollte sich der Interessent im klaren sein. Folglich sind die Kenntnisse über die Vollversionen insbesondere für den Einsteiger von hohem Stellenwert.

Die Vollversionen bieten ein unterschiedliches Leistungsspektrum. So sind die Angebote von Arnold (neu) und Fleischmann auf die Aufgabengebiete „digital Fahren und digital Schalten" begrenzt, während mit den Digitalsteuerungen Märklin Digital, Digital Plus, Trix Selectrix – oder auch ZIMO – zusätzlich das wichtige Aufgabengebiet des „digitalen Meldens von Fahrzeugstandorten und Schaltzuständen" abgedeckt wird.

Die Ausbaumöglichkeiten der Einsteiger-Digitalgeräte selbst sind verständlicherweise in der Regel begrenzt; zumindest eine weitere Bedienungsstelle für ein gemeinsames Spiel zweier Partner stellt eine Minimalforderung dar. Ebenso wichtig erscheint, daß Einsteiger-Digitalgeräte nach einem Aufstieg zur Vollversion nicht überflüssig werden, sondern für einen anderen Verwendungszweck sinnvoll weiter genutzt werden können – beispielsweise als Leistungsverstärker oder Bremsgenerator.

Für alle Einsteiger-Digitalgeräte gilt die erfreuliche Feststellung, daß die einmal angeschafften Digital-Loks (mit ihren Lok-Decodern) unverändert bei einem Aufstieg zur

Zusatzfunktionen

Anbieter:	Märklin	Märklin	Roco	Lehmann	Lenz	Arnold	Trix	Fleischmann	Fleischmann
Bezeichnung:	Delta Control	Delta Station	Roco Digital	LGB Digital	Digital Plus	Comman-der 9	Central Control 2000	DIGITAL control	FMZ Control 4
Dauerzugbeleuchtung (Wagen)	nein	ja	ja	ja	ja	ja	ja	ja	ja
Fernsteuerbare Funktionen bei Einsteigergeräten vorhanden	nein	nein	ja	ja	ja	ja	ja	ja	nein

Ausbaumöglichkeiten

Anbieter:	Märklin	Märklin	Roco	Lehmann	Lenz	Arnold	Trix	Fleischmann	Fleischmann
Bezeichnung:	Delta Control	Delta Station	Roco Digital	LGB Digital	Digital Plus	Commander 9	Central Control 2000	DIGITAL control	FMZ Control 4
Zusätzliche Fahr-Geräte ergänzbar	ja, ein zweites Gerät	ja, bis zu 4 Geräte	ja, bis zu 4 Geräte	ja, bis zu 8 Geräte	ja, bis zu 30 Geräte	nein	ja, bis zu 15 Geräte	ja, ein zweites Gerät	ja, bis zu 4 Geräte
Ausführung	mobiles Handsteuergerät	mobile Handsteuergeräte	ausschl. mobile Handst.-geräte	ausschl. mobile Handst.-geräte	ausschl. mobile Handst.-geräte	–	wahlweise mobil oder stationär, o. gemischt	mobiles Handsteuergerät 1)	mobile Handsteuergeräte 1)
Besonderheiten	4)				6)	5)	2)		3)

1) Mobile Handsteuergeräte wahlweise auch stationär (durch beigefügten Einclipsbügel) einsetzbar

2) Central Control 2000 wird durch Erweiterung mit einem Lok Control 2000 oder dem Control Handy zu einer vollwertigen Digitalzentrale (einschließlich Programmiereinheit) für die drei Bereiche FAHREN, SCHALTEN und MELDEN!

3) FMZ Control 4 nach Aufstieg zur Vollversion Fleischmann FMZ als Booster weiterverwendbar, FMZ-Trafo und Handsteuergeräte ebenfalls weiterhin einsetzbar

4) Delta-Control nach Aufstieg zur Vollversion als Booster verwendbar

5) Commander 9 bei Vollversion als Bremsgenerator verwendbar

6) Digital Plus Set 01 ist bereits die komplette Vollversion (einschließlich Programmiereinheit) für die drei Bereiche FAHREN, SCHALTEN und MELDEN!

Vollversion des jeweiligen Systems weiter verwendet werden können. Teilweise stehen beim Betrieb mit den Vollversionen sogar umfangreichere Decodereigenschaften zur Verfügung, als bei den Einsteigerversionen.

Gestaltungsmerkmale

Nützliche Details fallen häufig erst im „täglichen Gebrauch“ auf. Deshalb einmal ein vergleichender Blick auf einige solcher „Kleinigkeiten“. Ein mobiles Handsteuergerät soll einmal kurz auf der Anlage abgelegt werden, weil man gerade beide Hände frei haben möchte und schon rutscht das gute Stück gen Fußboden, weil es keine Gummifüßchen und keine Vorrichtung zum aufhängen am Anlagenrand hat. Oder man möchte einen Lokwahlschalter drehen und muß mit der anderen Hand das Gerät festhalten, weil es sich sonst gleich mitdreht.

Kosten

Gleichgültig ob man nun zum Kreis der Märklin-Einsteiger (Neubeginn ohne vorhandenes Modellbahnmaterial), oder Märklin-Umsteiger (Erstausstattung bereits vorhanden) zählt, das Delta-Control und die Delta-Lok-Decoder sind sehr preiswert. Zumindest H0-Anfänger werden sich sehr genau überlegen, ob das bessere Bedienungskonzept der Delta-Station mit den bis zu vier Handsteuergeräten Delta-Mobil den nicht gerade unerheblichen Mehrpreis rechtfertigt. Wer Spaß an fernsteuerbaren Funktionen hat und wer Wert auf vorbildgerechte Fahreigenschaften legt, sollte dennoch überlegen, ob er nicht besser gleich mit der Vollversion Control Unit einsteigt und so spätere Zusatzausgaben vermeidet.

Auf dem Gleichstrom-Sektor erscheint eine differenziertere Betrachtung angebracht. H0-Einsteiger werden sicher das Roco-Angebot interessant finden, zumal sich hinter der nackten Vergleichszahl eine komplette Startpackung mit Gleisen, einer Weiche, Wagen, usw verbirgt – ein Angebot, das nicht zuletzt auch durch das mobile Bedienungskonzept und günstige Lok-Decoderpreise sehr attraktiv wirkt.

Für H0-Umsteiger kann die Roco-Offerte in einem anderen Licht erscheinen. Diese artreine Digitalsteuerung bedingt, daß alle vorhandenen Triebfahrzeuge auf einmal mit Lok-Decodern ausgerüstet werden müssen. Auch ist eine schrittweise Umstellung der Anlagentechnik – beispielsweise die vorübergehende Beibehaltung einiger Analogstromkreise unter Kombination mit zunächst einem Digitalstromkreis – ist bei Roco-Digital ausgeschlossen. Nicht zuletzt sind digitales Schalten und Melden erst nach einem Aufstieg zu Digital Plus realisierbar.

Deshalb dürfte auch für den Kreis der Umsteiger (von Analog- auf Digitalbetrieb) ein Beginn mit dem Digital Plus Start Set 01 die zweckmäßigere Lösung sein, zumal wenn Kompatibilität, ausgeprägter Fahrkomfort, ein durchdachtes Bedienungskonzept und vielfältige Zusatzfunktionen zu den Interessensschwerpunkten zählen.

Das Angebot von Trix erscheint sowohl für Einsteiger, als auch für Umsteiger auf den ersten Blick nicht sonderlich kostengünstig.

Gestaltungsmerkmale

Anbieter:	**Märklin**	**Märklin**	**Roco**	**Lehmann**	**Lenz**	**Arnold**	**Trix**	**Fleischmann**	**Fleischmann**
Bezeichnung:	Delta Control	Delta Station	Roco Digital	LGB Digital	Digital Plus	Commander 9	Central Control 2000	DIGITAL control	FMZ Control 4
Gerät sowohl als stationäre, wie auch als mobile Bedienungseinrichtung konzipiert?	nein	nein	nein	nein	nein	nein	nein (bis 1997 war Combi-Control in Verbindung m. dem sog. Funktionspult (Ablage) erhältlich)	nein	ja, jedem Handsteuergerät liegt ein Adapter bei
Dauerhafte Befestigungsmöglichkeit mittels Schrauben f. stationäre Geräte vorhanden?	ja	ja	Trafo ja, Zentrale nein	ja	nein	ja	ja	ja	ja
Stationäre Geräteteile rutschfest ausgeführt?	nein	ja	Trafo nein, Zentrale ja	nein	ja	nicht bekannt	nein	nein	nein
Handsteuergerät am Anlagenrand „aufhängbar“ oder einclipsbar?	nein	nein	nein	nein	ja	entfällt	entfällt (nein auch b. Erweiterung Control Handy)	nein	nein
Handsteuergerät rutschsicher auf der Anlage bzw. einer Fläche ablegbar?	nein	nein, besonders nachteilig, weil wenig flexibles Kabel verwendet wird	nein	nein	nein	entfällt	entfällt (nein auch b. Erweiterung Control Handy)	nein, mit Adapter zur gleichzeitigen, stationären Verwendung geeignet	nein, mit Adapter zur gleichzeitigen, stationären Verwendung geeignet
Bedienungshinweise direkt auf dem Gerät (z.B. Klebeschild) angebracht?	nicht erforderl.	nicht erforderl.	wäre für Not-Halt u. dessen Resetfunktion zweckm.	wäre für Not-Halt u. dessen Resetfunktion zweckm.	nein, wäre aber sehr hilfreich	nein	nein, wäre aber bei Control Handy sehr hilfreich	nicht erforderlich	nicht erforderlich

Entscheidend ist jedoch das Preis/Leistungsverhältnis und wessen Ziel optimale Fahreigenschaften sind, der kann dieses Angebot als durchaus erwägenswert ansehen. Die konkurrenzlos preiswerte Möglichkeit zur Realisierung vorbildgerecht verlaufender Brems- und Anfahrvorgänge in Signalhalteabschnitten macht Selectrix für Anwender, die viele Züge gleichzeitig mit einer Blocksteuerung in Abhängigkeit von Signalsteuerungen betreiben wollen, lukrativ. Allerdings besteht auch hier der Zwang zur Ausrüstung aller Fahrzeuge mit einem Lok-Decoder.

Fleischmann stellt – wie Trix – ein in sich geschlossenes Digitalsystem mit der Folge einer ausgeprägten Fabrikatsbindung dar. Als Vorteil ist die Kompatibilität herauszustellen, welche Umsteigern den Zwang zur Ausrüstung aller Fahrzeuge mit Lok-Decodern erspart. Allerdings kostet Kompatibilität bei Fleischmann zusätzliches Geld (FMZ-Koppler und Gleichstromfahrpult), während diese Eigenschaft bei Digital Plus zum Nulltarif mitgeliefert wird. Die neue DIGITALcontrol ist der FMZ Control 4 wegen ihres günstigeren Preis/Leistungsverhältnisses sicher vorzuziehen. Denkt man ein einen Aufstieg zur Vollversion, so sollte man sich im klaren darüber sein, daß bislang für das Aufgabengebiet „digital Melden" keine Lösung angeboten werden. Ebensowenig bietet Fleischmann für ein vorbildgerecht verlaufendes, signalstellungsabhängiges Bremsen keinen Baustein an.

Bei so manchem N-Modell kann der Einbau eines Lok-Decoders zu einem zusätzlichen Kostenfaktor werden und zwar immer dann, wenn spanabhebende Arbeiten (z.B. Fräsarbeiten an einem Fahrgestell) zur Unterbringung eines Lok-Decoders durch einen Umrüstbetrieb erforderlich werden. Mit der Wahl einer Digitalsteuerung – die neben Digitalfahrzeugen auch den Einsatz von Analog-Loks ermöglicht – lassen sich solche Folgekosten zumindest reduzieren. Zwei Fabrikate verfügen über diese Eigenschaft, nämlich Digital Plus und Fleischmann. Deshalb dürften die Steuerungen dieser Hersteller für N-Bahner von besonderem Interesse sein.

Qualität einschließlich Funktionssicherheit

Während der Testphase traten an keinem Gerät und an keinem Lok-Decoder elektrische oder mechanische Funktionsmängel auf – eine durchaus erfreuliche Feststellung, die zeigt, daß alle Anbieter in die Weiterentwicklung ihrer jeweiligen Technik investiert haben.

Nicht nur zwischen dem jeweils gebotenen Leistungsumfang, sondern auch zwischen der elektromechanischen Güte und dem Gerätepreis besteht ein gewisser Zusammenhang.

Eine qualitative Spitzengruppe bilden Digital Plus Set 01, Märklin Delta-Station mit Delta Mobil Handsteuergeräten und die Fleischmann FMZ Control 4. Die zweite Gruppe bilden Märklin Delta Control, LGB Digital, Roco Digital, Trix Central Control 2000 und Fleischmann DIGITALcontrol. Bei einem auch in der zweiten Gruppe durchaus insgesamt zufriedenstellenden Qualitätsniveau sind einzelne Komponenten – wie im Zusammenhang mit den jeweiligen Geräten geschildert – optimierungsfähig.

Zusammenfassung

Manchem mag die Angebotsvielfalt auf diesem Sektor schon zu groß zu sein – aber der Kunde hat die Freiheit zu wählen und dies ist gut so. Der Anwender sollte sich bei seiner Wahl allein von Sachargumenten leiten lassen, wobei die Gewichtung der verschiedenen Eigenschaften durchaus unterschiedlich vorgenommen werden kann – entscheidend ist am Ende allein die Zufriedenheit mit dem Ergebnis der eigenen Wahl.

Alle Hersteller haben den fahrenden und im positiven Sinne spielenden Eisenbahfan wieder entdeckt. Freude und Spaß am Spiel erlangen wieder einen Stellenwert. Die Technik – hier eben die sogenannten Digitalsteuerungen – leistet als Hilfsmittel einen bedeutenden Beitrag zum Spiel mit der Modellbahn. Der Einsteiger wird von Verdrahtungsarbeiten gänzlich befreit, mehr Abwechslung kommt durch viele Züge und fernsteuerbare Zusatzfunktionen ins Spiel.

Am Schluß stellt sich natürlich die Frage: Soll man moderne Digitalsteuerungen den konventionellen Fahrpulten vorziehen ?

Dem „ernsthaften" Modellbahner werden mit der Digitaltechnik geradezu optimale Chancen zur Nachbildung eines am Vorbild orientierten Fahrzeugeinsatzes geboten. Beste Fahreigenschaften sind heute kein unerreichbares Ziel mehr, sondern längst vielfach praktizierte Modellbahnrealität. Dies gilt selbst für die Übertragung von spezifischen Vorbild-Triebfahrzeugeigenschaften – wie z.B. Höchstgeschwindigkeit, Anfahr- und Bremsverhalten – auf die Modellbahn. Nicht zuletzt gestatten Digitalsteuerungen echte Rückmeldungen von Signal- und Weichenstellungen ebenso wie das Stellen kompletter Fahrstraßen – und dies nicht etwa mit einem Schrank voller Relais, sondern einem einzigen Tastendruck auf einem Fahrstraßenstellpult.

So kann die Antwort auf die Schlußfrage nur ein eindeutiges JA sein – und das spricht wohl am meisten für den Nutzen der Digitaltechnik für unsere Modellbahn!

Sachregister